21世纪高等学校规划教材｜电子信息

光纤通信原理

（第2版）

袁国良　编著

清华大学出版社

北京

内 容 简 介

本书主要介绍光纤通信的原理及其发展;光纤通信的物理学基础;光纤的传输理论和特性;光源和光电检测器的结构与工作原理;光发射机和光接收机,光缆和光纤通信器件;光纤通信系统的构成、性能和设计;系统性能的提高,包括光放大和色散补偿技术、光波分复用技术、相干光通信、光孤子通信等;光纤通信的基本实验。

本书力求从基础知识出发,深入浅出、循序渐进,以方便读者阅读。本书可以作为高等学校本科生和研究生的教材,也可以作为从事光纤通信的科研人员、工程技术人员和其他相关人员的参考书。

图书在版编目(CIP)数据

光纤通信原理 / 袁国良编著. —2 版. —北京:清华大学出版社,2012.5(2024.7重印)

(21 世纪高等学校规划教材·电子信息)

ISBN 978-7-302-26331-9

Ⅰ. ①光⋯ Ⅱ. ①袁⋯ Ⅲ. ①光纤通信—高等学校—教材 Ⅳ. ①TN929.11

中国版本图书馆 CIP 数据核字(2011)第 152381 号

责任编辑:魏江江 顾 冰
封面设计:傅瑞学
责任校对:时翠兰
责任印制:刘 菲

出版发行:清华大学出版社
  网 址:https://www.tup.com.cn,https://www.wqxuetang.com
  地 址:北京清华大学学研大厦 A 座   邮 编:100084
  社 总 机:010-83470000   邮 购:010-62786544
  投稿与读者服务:010-62776969,c-service@tup.tsinghua.edu.cn
  质量反馈:010-62772015,zhiliang@tup.tsinghua.edu.cn
  课件下载:https://www.tup.com.cn ,010-62795954
印 装 者:三河市龙大印装有限公司
经 销:全国新华书店
开 本:185mm×260mm   印 张:19.5   字 数:470 千字
版 次:2004 年 7 月第 1 版 2012 年 5 月第 2 版 印 次:2024 年 7 月第 12 次印刷
印 数:24401~24900
定 价:49.00 元

产品编号:037314-02

编审委员会成员

西南交通大学	冯全源	教授
	金炜东	教授
重庆工学院	余成波	教授
重庆通信学院	曾凡鑫	教授
重庆大学	曾孝平	教授
重庆邮电学院	谢显中	教授
	张德民	教授
西安电子科技大学	彭启琮	教授
	樊昌信	教授
西北工业大学	何明一	教授
集美大学	迟　岩	教授
云南大学	刘惟一	教授
东华大学	方建安	教授

出 版 说 明

随着我国改革开放的进一步深化,高等教育也得到了快速发展,各地高校紧密结合地方经济建设发展需要,科学运用市场调节机制,加大了使用信息科学等现代科学技术提升、改造传统学科专业的投入力度,通过教育改革合理调整和配置了教育资源,优化了传统学科专业,积极为地方经济建设输送人才,为我国经济社会的快速、健康和可持续发展以及高等教育自身的改革发展做出了巨大贡献。但是,高等教育质量还需要进一步提高以适应经济社会发展的需要,不少高校的专业设置和结构不尽合理,教师队伍整体素质亟待提高,人才培养模式、教学内容和方法需要进一步转变,学生的实践能力和创新精神亟待加强。

教育部一直十分重视高等教育质量工作。2007 年 1 月,教育部下发了《关于实施高等学校本科教学质量与教学改革工程的意见》,计划实施“高等学校本科教学质量与教学改革工程”(简称“质量工程”),通过专业结构调整、课程教材建设、实践教学改革、教学团队建设等多项内容,进一步深化高等学校教学改革,提高人才培养的能力和水平,更好地满足经济社会发展对高素质人才的需要。在贯彻和落实教育部“质量工程”的过程中,各地高校发挥师资力量强、办学经验丰富、教学资源充裕等优势,对其特色专业及特色课程(群)加以规划、整理和总结,更新教学内容、改革课程体系,建设了一大批内容新、体系新、方法新、手段新的特色课程。在此基础上,经教育部相关教学指导委员会专家的指导和建议,清华大学出版社在多个领域精选各高校的特色课程,分别规划出版系列教材,以配合“质量工程”的实施,满足各高校教学质量和教学改革的需要。

为了深入贯彻落实教育部《关于加强高等学校本科教学工作,提高教学质量的若干意见》精神,紧密配合教育部已经启动的“高等学校教学质量与教学改革工程精品课程建设工作”,在有关专家、教授的倡议和有关部门的大力支持下,我们组织并成立了“清华大学出版社教材编审委员会”(以下简称“编委会”),旨在配合教育部制定精品课程教材的出版规划,讨论并实施精品课程教材的编写与出版工作。“编委会”成员皆来自全国各类高等学校教学与科研第一线的骨干教师,其中许多教师为各校相关院、系主管教学的院长或系主任。

按照教育部的要求,“编委会”一致认为,精品课程的建设工作从开始就要坚持高标准、严要求,处于一个比较高的起点上。精品课程教材应该能够反映各高校教学改革与课程建设的需要,要有特色风格、有创新性(新体系、新内容、新手段、新思路,教材的内容体系有较高的科学创新、技术创新和理念创新的含量)、先进性(对原有的学科体系有实质性的改革和发展,顺应并符合 21 世纪教学发展的规律,代表并引领课程发展的趋势和方向)、示范性(教材所体现的课程体系具有较广泛的辐射性和示范性)和一定的前瞻性。教材由个人申报或各校推荐(通过所在高校的“编委会”成员推荐),经“编委会”认真评审,最后由清华大学出版社审定出版。

目前,针对计算机类和电子信息类相关专业成立了两个"编委会",即"清华大学出版社计算机教材编审委员会"和"清华大学出版社电子信息教材编审委员会"。推出的特色精品教材包括:

(1) 21 世纪高等学校规划教材·计算机应用——高等学校各类专业,特别是非计算机专业的计算机应用类教材。

(2) 21 世纪高等学校规划教材·计算机科学与技术——高等学校计算机相关专业的教材。

(3) 21 世纪高等学校规划教材·电子信息——高等学校电子信息相关专业的教材。

(4) 21 世纪高等学校规划教材·软件工程——高等学校软件工程相关专业的教材。

(5) 21 世纪高等学校规划教材·信息管理与信息系统。

(6) 21 世纪高等学校规划教材·财经管理与应用。

(7) 21 世纪高等学校规划教材·电子商务。

(8) 21 世纪高等学校规划教材·物联网。

清华大学出版社经过三十多年的努力,在教材尤其是计算机和电子信息类专业教材出版方面树立了权威品牌,为我国的高等教育事业做出了重要贡献。清华版教材形成了技术准确、内容严谨的独特风格,这种风格将延续并反映在特色精品教材的建设中。

清华大学出版社教材编审委员会

联系人：魏江江

E-mail：weijj@tup.tsinghua.edu.cn

前　言

自从 1966 年高锟博士提出光纤通信的概念以来，光纤通信的发展远远超乎人们的想象，它以其独特的优点掀起通信领域的一次革命性的变革。目前，光纤通信已经遍及世界各地，成为现代通信网的主要支柱。光纤通信的发展势头方兴未艾，各种新兴的技术和新型光器件层出不穷，"掺铒光纤放大器(EDFA)＋波分复用(WDM)＋非零色散光纤(NZDSF)＋光电集成(OEIC)"正成为国际上光纤通信的主要发展方向。

因此，许多高校纷纷开设光纤通信的有关课程，以满足社会的需求。光纤通信是一门综合性的学科，理论性较强、知识面较广。学生的知识结构和层次不尽相同，所以很多学生感到该课程很难掌握。本书力求从基础知识出发，循序渐进、由浅入深，对光纤通信原理进行全面的介绍。本书可以满足对高等学校信息与通信工程专业本科生和研究生的教学需要，也可供相关专业的学生学习，同时可供从事该领域工作的广大科研与工程技术人员参考。

本书的第 1 章、第 4 章～第 9 章由袁国良编写，第 2 章由郑学峰编写，第 3 章由郭玉彬编写。袁国良同时负责全书的统稿编著工作。

本书在编写过程中采纳了多届本科生、研究生和成人高等教育学员的意见和建议，得到了吉林大学领导和广大师生的支持和帮助，并得到了上海海事大学信息工程学院的大力协助，在此一起表示深深的感谢。由于作者水平有限，本书中难免会有一些错误或不足之处，敬请广大读者批评指正。

编　者

2012 年 2 月

目　　录

第1章 光纤通信概述

1.1 什么是光纤通信

通信科学的发展历史悠久。近代通信技术分为电通信和光通信两类。电通信又分为有线通信和无线通信,这是两种相当成熟的通信技术。在通信技术的发展过程中,围绕着增加信息传输的速率和距离,提高通信系统的有效性、可靠性和经济性方面进行了许多工作,取得了卓越的成就。光通信技术就是当代通信技术发展的最新成就,已成为现代通信的基石。

目前广泛使用的光通信方式是利用光导纤维传输光波信号的通信方式。这种通信方式称为光纤通信。光纤通信工作在近红外区,其波长是 $0.8 \sim 1.8 \mu m$,对应的频率为 $167 \sim 375THz$。光纤通信技术的发展十分迅速,已经处于举足轻重的地位,发展方向十分广阔。

实现光通信要解决两个问题

第一个是光信号问题,第二个是传输介质问题。

提到传输介质,人们首先想到以大气作为传输介质,即所谓大气光通信。近几十年的实验实现了点到点大气激光通信,但是通信能力和质量受气候影响十分严重。雨、雾和灰尘的吸收和散射使光波能量衰减很大,尤其是大雾可以造成高达 $120dB/km$ 的衰减,造成长时间通信中断。此外,由于大气气温不均匀,使它的密度或折射率不均匀,加之大气端流的影响,使光线发生漂移和抖动,通信的信噪比变差,造成传输不稳定。另一方面,大气传输设备要求架设在高处,收发两地无障碍物,这种使用条件使大气激光通信的应用有局限性。

经过科研人员的不懈努力,传输介质问题得到解决,利用光导纤维实现了长距离大容量的通信。光导纤维简称为光纤,是一种传输光波信号的介质。如图 1-1 所示,图的上部很细的玻璃丝是光纤,下部是电话双绞线,可以看出光纤非常细。

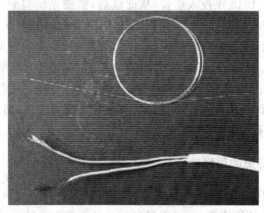

图 1-1 光纤与电话双绞线的对比图

目前使用的通信光纤大多数采用的基础材料为 SiO_2 的光纤。它工作在近红外区,波长为 $0.8\sim1.8\mu m$,对应的频率为 $167\sim375THz$。光纤通信技术的发展十分迅猛,在通信领域已经起到了举足轻重的作用,发展方向十分广阔。

1.2 光纤通信的发展历史

1. 早期的光通信

利用光进行通信并不是一个新概念,在早期的光通信研究中,人们做了许多尝试。我国古代使用的烽火台就是大气光通信的最好例子,那时候大部分文明社会已经使用烟火信号传递单个的信息,后来的手旗、灯光甚至交通红绿灯等均可划入光通信的范畴,但可惜它们所能传递的距离和信息量都是十分有限的。

2. 近代光通信的雏形

近代光通信的雏形可追溯到 1880 年 Bell 发明的光电话,他用阳光作为光源、硒晶体作为光接收检测器件,通过 200m 的大气空间成功地传送了语音信号。虽然在以后的几十年中,科技工作者对 Bell 的光电话具有浓厚的兴趣,但由于缺乏合适的光源及光在大气中传输的严重衰减性,这种大气通信光电话未能像其他电通信方式那样得到发展。

19 世纪 30 年代电报的出现则用电取代了光,人们进入了电信时代。1876 年电话的发明引起了通信技术的本质变化,电信号通过连续变化电流的模拟方式传送,这种模拟电通信技术统治了通信系统达 100 年之久。

20 世纪电话网的发展导致了电通信系统的许多改进,使用同轴电缆代替了双绞线大大提高了通信容量,第一代同轴电缆在 1940 年投入使用。由于需要传送的信息数量急剧增加,对通信的带宽提出了更高的要求,需要使载波频率进一步提高才能满足要求。但是当频率超过 10MHz,使用同轴电缆的传统方式造成的通信损耗较大,这种限制导致了微波通信系统的发展。在微波系统中,人们利用了 $1\sim10GHz$ 的电磁波及合适的调制技术传递信号。最早的微波通信系统于 1948 年投入运营,从此以后,微波系统得到了较大的发展。但是微波通信系统依然存在着成本高、中继距离短、载波频率受限制的缺点。

系统的通信容量用比特率-距离积表示,B 为比特率,L 为中继间距。至 20 世纪 70 年代电通信技术获得的最大 BL 积不超过 $100Mb/s \cdot km$。20 世纪后半叶人们开始认识到,如果用光波作载波,BL 积可能增加几个数量级。然而当时发展光通信技术存在两个难以攻克的难题,第一个难题是无法找到适合光通信的低损耗传输介质,第二个难题是无合适的相干光源,使得光通信技术发展停滞不前。

3. 光纤通信发展历史的里程碑

光纤通信发展历史中的一个里程碑是 1966 年 7 月,英籍华人高琨博士在 Proc. IEE 杂志上发表了一篇十分著名的论文——《用于光频的光纤表面波导》。该论文从理论上分析证明了用光纤作为传输介质以实现光通信的可能性,设计了通信用光纤的波导结构,更重要的是他科学地预言了制造通信用低损耗光纤,即通过加强原材料提纯、加入适当的掺杂剂,可把光纤的衰减系数降低到 20dB/km 以下。但是在 20 世纪 60 年代,正常的光纤损耗超过了1000dB/km,高锟的预言被认为是可望而不可即的。1970 年光纤制造技术终于有了突破,美国康宁公司根据高锟论文的设想,使用改进型化学汽相沉淀法,制造出了世界上第一根超低损耗光纤,其在 1μm 附近波长区将光纤损耗降低到约 20dB/km。虽然康宁公司制造出的光纤只有几米长,但这证明了高锟预言的正确性,这是光纤制造技术的重大突破。

20 世纪 60 年代激光技术的发明解决了第二个问题。随后人们的注意力集中到寻找用激光进行通信的途径。1970 年,美国贝尔实验室研制出世界上第一只在室温下连续工作的砷化钾(GaAs)半导体激光器,为光纤通信找到了合适的光源器件。

4. 光纤通信在技术上经历了五个发展阶段

小型光源和低损耗光纤的同时问世,在全世界范围内掀起了发展光纤通信的高潮。光纤通信的发展确实很快,在四十多年的时间,比特率-距离积增加了数万个数量级,在技术上经历了各具特点的五个发展阶段。

(1) 第一代光纤通信系统在 20 世纪 70 年代末投入商业应用。第一代光纤通信系统的光源的波长为 0.85μm,光纤采用多模光纤。由于 0.85μm 波长上光纤损耗较大,多模光纤的传输带宽有限,因此第一代光波通信系统传输距离较短,传输速率也较低。如1976 年在美国亚特兰大建设的商用实验系统,传输码速率在 44.736Mb/s,中继间距10km。但是与同轴系统相比,中继间距已经长得很多,投资和维护费用也较低,因此被迅速投入工程和商业运营。

(2) 第二代光纤通信系统在 20 世纪 80 年代初问世,早期的第二代光波通信系统的光源是波长为 1.3μm 的半导体二极管或激光二极管,光纤采用多模光纤。由于 1.3μm 光波的光纤损耗较低,所以中继距离超过了 20km,但由于多模光纤的模间色散,早期的系统的比特率被限制在 140Mb/s 以下。后来人们研制了单模光纤,它能克服模间色散,所以传输距离可以延伸至几十千米,码速率可以达数百兆比特每秒以上。

(3) 第三代光纤系统采用 1.55μm 作为工作波长,以色散位移光纤作为传输介质。理论研究发现,石英光纤最低损耗在 1.55μm 附近,光纤损耗可以达到 0.2dB/km 的低损耗。光源采用单纵模激光器。这样工作于 1.55μm 的第三代光纤系统传输距离达到 100km 以上,码速率达到 2.5Gb/s。后来,通过精心设计的激光器和光接收机,其比特率能超过10Gb/s。

(4) 第四代光纤系统以采用光放大器(OA)增加中继距离和采用波分复用(WDM)增加比特率为特征。采用波分复用技术,目前已经在商用上实现了 160 波特的波分复用,实验室中的数据则远远高于这个水平。

(5) 第五代光纤通信系统是以新技术在光纤通信中的应用为标志的。如光孤子通信,它是基于光纤非线性压缩抵消光纤色散展宽的新概念产生的光孤子,实现光脉冲信号保形传输。这种基本思想在 1973 年就已被提出,但直到 1988 年才由贝尔实验室采用受激喇曼散射增益补偿光纤损耗,将数据传输了 4000km。目前实验室已经实现数万千米距离的光信号传输。其他新技术的应用也方兴未艾。

5. 五代光纤通信系统具有标志性的重大事件

1976 年,世界上的第一个以 44.736Mb/s 传输 10km 的光纤通信系统在美国的亚特兰大成功地投入现场实用化试验。

1977 年,美国 AT&T 贝尔实验室的科学家在电话公司中启用了世界上的第一个光纤通信系统,这个系统通过公共交换网可以向用户提供语音、数据和图像全业务通信。

1977 年,Tomlinson 和 Aumiller 首先成功地开发出了第一个光栅波分复用无源器件。

1986 年,日本住友公司利用轴向气相沉积法制造出的纯硅芯石英玻璃光纤(Pure Silica Core Fiber,PSCF)的衰减系数为 0.154dB/km,创造了 PSCF 的衰减系数世界纪录。2002 年,日本住友公司刷新了 PSCF 的最低衰减系数的纪录,所研制的 PSCF 在 1310nm 和 1550nm 的衰减系数进一步分别降低到 0.265dB/km 和 0.1495dB/km,该光纤在 1570nm 的最小衰减系数为 0.1484dB/km。

1987 年,人类发明了掺铒光纤放大器(Erbium Doped Optical Fiber Amplifier,EDFA)。由于激光器泵浦光源激励 EDFA 可以放大 1530~1565nm 窗口的信号光波长,而传输用的单模光纤和色散补偿单模光纤的工作波长范围都在 1520~1620nm,从而为中长距离的密集波分复用(Dense Wave Division Multiplexing,DWDM)传输的商用奠定了坚实的基础。

1988 年,人类完成了第一条连接北美和欧洲的跨洋海底光缆铺设任务。这条长度为 3148 英里(1 英里≈1609.344m)的海底光缆可以同时接通 120 000 路电话业务。

1990 年,美国 AT&T 贝尔实验室开展了传输速率为 2.5Gb/s,无中继传输距离为 7500km 的传输试验。为了保持传输光信号的形状和强度,这个系统使用了孤子激光器和掺铒光纤放大器。

1995 年,美国启动了世界上的第一个 8×2.5Gb/s 的 DWDM 试验系统,该系统具有多个光分/插复用接点和光交叉连接接点,传输业务包括数据、数字视频、分布有线电视等,传输距离全长为 2000km 以上。

1998 年,美国 AT&T 贝尔实验室开展了同时传输 100 个光信号,每个光信号的传输速率为 10Gb/s,传输距离为 400km 的 DWDM 传输试验。这个试验验证了,利用 DWDM 技术通过将多个波长组合成一个光信号在一根光纤中传输的方式,可使一根光纤中的总传输速率提高 1Tb/s。

1998 年,日本、韩国和瑞典等国家开展建设无源光网络的试验工程。

2001 年,日本 NEC 公司在实验室创造的 DWDM 最高传输容量已达 10.9 Tb/s(273×40Gb/s,其传输的距离是 100km)。

2002 年,美国朗讯科技公司实现了 60×40Gb/s 的 4000km 的超长距离波分复用传输试验。

2003 年,法国阿尔卡特公司采用非归零调制方式,在 G.652 单模光纤上成功地进行了 40×40 Gb/s 的 2540km 传输试验。

2003 年 3 月,国际电信联盟发布了第一个吉比特无源光网络标准,即 ITU-T G.984.1 "吉比特无源光网络(GPON)"。

2004 年 9 月 7 日,美国电气与电子工程师学会发布了第一个以太网无源光网络标准,即 IEEE 802.3ah——《用户接入网中的媒质控制参数、物理层和管理参数》。

2004 年,美国开始大规模的建设光纤到户无源光网络工程,使用户能够享受到高质量、高带宽的业务服务。

2007 年,以太网无源光网络、多模包层泵浦大功率光纤放大器、耐弯曲单模光纤(ITU-TG.657)等产品的商用,进一步推动了"光纤到户"的发展步伐。

2007 年 10 月,在德国召开的欧洲光通信会议(Europe Conference Optical Communications,ECOC)上,阿尔卡特朗讯研创中心公布了三个最新研究成果:

(1) 利用密集波分复用技术在单根光纤上成功地进行了 12.8Tb/s (160×80Gb/s),2550km 的长途传输试验。这个世界上最高速率、最多信道和最长距离的试验系统包括偏振复用、多阶光调制、相干检测、电信号灵敏度处理等创新成果。

(2) 人类通过简单、高效的调制方法开创性地实现了 8Tb/s(100×80Gb/s),520km 的数据传输试验。在这个 DWDM 系统中,各个信道间隔不超过 100GHz,以高密度进行高速率的信道传输,堪称光纤通信研究领域的一大突破。

(3) 人类在同一个 DWDM 系统中,首次实现了 100Gb/s 和 40Gb/s 两种速率的混合传输。这个试验证明,两种速率可以在同一个 DWDM 系统共存和升级。这个试验创造了系统的整体频谱效率的世界最新纪录为 1.4Gb/s/Hz,其重大意义在于为信道间隔为 50GHz 现有的 DWDM 系统升级到支持 100Gb/s 的 DWDM 系统,提供了切实可行的技术方案。

6. 我国对光纤通信的研究和应用

我国对光纤通信的研究和应用和国际先进水平同步,近些年的发展尤其迅速。

1982 年,中国开通了第一个光纤通信系统,这标志着我国开始进入光纤通信时代。

自 20 世纪 90 年代以来,光纤通信在我国得到了迅速发展,中国电信长途干线由链状结构逐步发展为环状网和网格网,市内中继通信线路已全部采用光纤。在 20 世纪 90 年代初期,我国干线通信建设全部以 G.652 单模光纤为主。

1993 年,武汉邮电科学研究院研制出中国第一套 565Mb/s 的 PDH 设备。

20 世纪 90 年代中期,非零色散位移单模光纤得到了充分的应用。我国已建成了横穿东西、纵贯南北的"八纵八横"的光纤干线骨干通信网,同时对一些业务发达地区进行了网络扩容,采用了高速同步数字体系(Synchronous Digital Hierarchy,SDH)技术和 DWDM 技术。省内的光缆干线也已初步建成。

1998 年,武汉邮电科学研究院开通了中国的第一个 DWDM 工程(中国电信国家一级干线,济南—青岛,8×2.5Gb/s)。

1999 年,武汉邮电科学研究院研制出中国第一套 32×2.5 Gb/s 的 DWDM 系统。

2000 年,武汉邮电科学研究院又开通了中国第一个 32 波 DWDM 工程(中国电信国家一级干线,贵阳—兴义,32×2.5Gb/s)。

2001 年,武汉邮电科学研究院研制的全球第一套互连互通的全光网设备进入实际工程应用。

2002 年,国内各大设备制造商已经成功研制出了超大容量的 160×10Gb/s DWDM 系统,标志着我国在 DWDM 光网络方面的发展与国际水平十分接近。非零色散位移光纤的使用,使得 SDH 系统向 WDM 过渡时可有效地抑制四波混频等非线性效应,为我国光纤通信系统向 WDM 全光网的发展铺平了道路,为我国大规模 SDH 系统的改造奠定了坚实的基础。不论是 IP over ATM、IP over SDH、IP over DWDM,还是 WDM 在城域网和接入网方面的发展,我国已建成的光网络都有坚实的基础设施,具有重大的作用和发展前景。在21 世纪,建设多色宽带网将是我国光网络发展建设的主要战略方向。

2003 年,武汉邮电科学研究院推出了城域网多业务传输平台设备,全面融入了多协议标签交换、链路容量自动调整、ATM 反向接口复用、智能控制等多种先进技术,可以充分应对传统传输网络向下一代光网络的平滑演进。

2004 年 2 月,由武汉邮电科学研究院独立研制出的"160×10Gb/s 的 3040km 超长距离DWDM 光传输系统"通过了国家 863 项目专家组的验收。这个系统的传输线路是由3040km 的 G.652 光纤组成的(38×80km),同时使用 C+L 波段;采用 50GHz 的信道间隔,通过拉曼放大技术对 C+L 波段进行同时放大;利用 160×10Gb/s DWDM 光传输设备作为基础应用平台,配合超长传输系统的关键技术,如分布式拉曼放大技术、非线性效应抑制管理技术、超强的前向纠错技术、动态增益均衡技术和多种编码(如非归零码、归零码、载波抑制-归零码)技术等实现超长距离传输。这个超长距离 DWDM 光传输系统是国内第一个商用超长距离 DWDM 光传输系统。它的成功研制标志着我国的光纤技术达到了国际业界同等水平。

2005 年 11 月,武汉邮电科学研究院已将 80×40Gb/s 的 DWDM 光传输系统设备装备到中国电信杭州—上海段传输干线。对这个系统的研究工作,攻克了高速率、大容量光纤通信的诸多关键技术难题,它的商用不仅标志着我国的光纤通信技术水平进入世界先进之列,同时也将为我国的 DWDM 构成的长途干线光网络的扩容升级积累丰富的设计、施工和维护经验。

2005 年,武汉邮电科学研究院在武汉、北京、上海等大城市开通了光纤接入试验工程,真正实现了语音、数据、高清晰电视、视频点播等宽带业务通过光纤到户。

2006 年 1 月,武汉邮电科学研究院通过"十五"科技攻关计划项目"40Gb/s SDH 光纤通信设备与系统"的验收,成功地开发出国际上第一套符合 ITU-T 建议的 STM-256 帧结构的 40Gb/s 光传输设备和系统,标志着我国在高速率传输系统研究方面更新的研究成果。

2007 年 8 月,中国电信发布"光进铜退"发展战略,在 16 个省全面开展了 FTTX 工程建设。

将我国国内的原六大电信运营商(中国电信、中国网通、中国移动、中国联通、中国铁通、中国卫通)重组为四家电信运营商:中国电信、中国移动、中国联通、神州通信。这四家电信运营商的骨干传输网络无一例外地均采用 DWDM 技术建设,目前我国各大公众通信网络运营商大规模采用 DWDM 系统进行网络建设,大量使用 32×2.5Gb/s、32×10Gb/s 等高速系统,单根光纤容量达 3200Gb/s。

由于光波通信技术的巨大发展,现在世界通信业务的 90% 需经光纤传输,光纤通信的业务量以每年 40% 的速度上升。随着光波通信系统技术的发展,光波系统在通信网中的应用得到了相应的发展。现在世界上许多国家都将光波系统引入了公用电信网、中继网和接入网中,光纤通信的应用范围越来越广。

1.3　光纤通信的优点及其应用

1. 光纤通信的优点

光纤通信之所以受到人们的极大重视,是因为和其他通信手段相比,具有无与伦比的优越性。

（1）通信容量大

从理论上讲,一根仅有头发丝粗细的光纤可以传输 100 亿个话路。虽然目前远未达到如此高的传输容量,但是已经向着这个目标逼近。用一根光纤单信道在实验室中可以实现 80Gb/s 的光波信号的传输速率（相当于同时传输 100 万个话路）,商用的系统已经达到 40Gb/s,这比传统的同轴电缆、微波传输等要高出几千乃至几十万倍以上。如果采用 WDM 技术,一根光纤可以传输上百个光波信号,通信容量就更大了。如阿尔卡特朗讯研创中心公布的利用密集波分复用技术在单根光纤上成功地进行了 12.8Tb/s（160×80Gb/s）。再如 2005 年 11 月,武汉邮电科学研究院已将 80×40Gb/s 的 DWDM 光传输系统设备装备到中国电信杭州—上海段传输干线。这些系统的通信容量大得惊人,而一根光缆中可以包括几十、几百根光纤,其通信容量就更加惊人了。

（2）传输距离远

由于光纤具有极低的衰减系数（目前达 0.25dB/km 以下）,若配以适当的光发射、光接收设备,可使中继距离达 100km 以上,比同轴电缆大几十倍。如果采用光放大器实现在线光放大,可以实现数万千米的光波信号的传输。即使超高速光纤系统也能实现数千千米的光纤通信。如 2007 年 10 月,在德国召开的欧洲光通信会议（Europe Conference Optical Communications,ECOC）上,阿尔卡特朗讯研创中心公布的最新研究成果,利用密集波分复用技术在单根光纤上成功地实现了 12.8Tb/s（160×80Gb/s）,这样的超高速系统实现了 2550km 的长途传输试验。

（3）抗电磁干扰能力强、无串话

光纤是非金属的光导纤维,即使工作在强电磁场附近或处于核爆炸后强大的电磁干扰的环境中,光纤也不会产生感应电压和感应电流。这有利于传送动态图像（如可视电话和电视节目）,靠近高压输电线和与电气化铁道并行敷设,通信也不受干扰,适于在工厂内部的自动控制和监视系统应用,也有利于在多雷地区、飞机上以及保密性要求强的军政单位使用。由于光信号被限制在光纤内传输,不会逸出光纤,所以光缆内光纤之间不会“串话”,即没有纤间串扰,不易被窃听。

（4）光纤细、光缆轻

光纤直径一般只有几微米到几十微米,相同容量话路光缆,要比电缆轻 90%～95%（光缆的质量仅为电缆的 1/10～1/20）,直径不到电缆的 1/5,故运输和敷设均比铜线电缆方便。光纤可以用于军用飞机的信号控制,也可以应用于航天领域。

（5）资源丰富,节约有色金属

光纤的纤芯和包层的主要原料是二氧化硅,资源丰富且价格便宜,取之不尽。而电缆所需的铜、铝矿产则是有限的,采用光纤后可节省大量的铜材。

光纤还具有易于均衡、抗腐蚀、不怕潮湿的优点。因而经济效益非常显著。

但是光纤通信同样也存在以下缺点:

- 需要光-电和电-光转换部分
- 直接放大光是很困难的
- 光纤弯曲半径不宜太小
- 需要高级的切割接续技术
- 不便于分路耦合

此外,光纤元件价格昂贵,且光纤质地脆、弯曲半径大、易因屈曲而损毁、机械强度低、布线时需要小心及需要专门的切割及连接工具,光纤的接续、分路及耦合比铜线麻烦等。但这些都不是严重的问题,随着科技的发展这些问题都会得到解决。

2. 光纤通信的应用

人类社会现在已经发展到了信息社会,声音、图像和数据等信息的交流量非常大,而光纤通信正以其容量大、保密性好、体积小、质量轻、中继距离长等优点得到广泛应用。它的应用不仅仅在电信传输的领域,其应用领域遍及通信、交通、工业、医疗、教育、航空航天、计算机等行业,并正在向更广更深的层次发展。光纤通信网可以分成三个层次:一是远距离的长途干线网;二是由一个大城市中的很多光纤用户组成城域网;三是局域网,比如一个单位、一个大楼、一个家庭组成的网络。

光纤通信的应用主要体现在以下几个方面。

(1) 光纤在公用电信网间作为传输线　由于光纤损耗低、容量大、直径小、重量轻和敷设容易,所以特别适合作室内电话中继线及长途干线线路,这是光纤的主要应用场合。

(2) 满足不同网络层面的应用　为适应光传送网向更高速、更大容量、更长距离的方向发展,光纤通信不同层次网络对光纤要求也不尽相同。在核心网层面和局域网层面,光纤通信都得到了广泛的应用。局域网应用的一种是把计算机和智能终端通过光纤连接起来,实现工厂、办公室、家庭自动化的局部地区数字通信网。

(3) 光纤宽带综合业务数字网及光纤用户线　光纤通信的发展方向是把光纤直接通往千家万户。在我国已敷设了光纤长途干线及光纤市话中继线,目前除发展光纤局域网外,还要建设和发展光纤宽带综合业务数字网以及光纤用户线。光纤宽带综合业务数字网除了开办传统的电话、高速数据通信外,还开办可视电话、可视会议电话、遥远服务以及闭路电视、高质量的立体声广播业务。

(4) 作为危险环境下的通信线　诸如发电厂、化工厂、石油库等场所,对于防强电、防辐射、防危险品流散、防火灾、防爆炸有很高要求。因为光纤不导电,没有短路危险,通信容量大,故最适合这类系统。

(5) 应用于专网　光纤通信主要应用于电力、公路、铁路、矿山等通信专网,例如电力系统是我国专用通信网中规模较大、发展较为完善的专网。随着通信网络光纤化趋势进程的加速,我国电力专用通信网在很多地区已经基本完成了从主干线到接入网向光纤过渡的过程。目前,电力系统光纤通信承载的业务主要有语音、数据、宽带、IP 电话等常规电信业务;电力生产专业业务有保护、完全自动装置、电力市场化所需的宽带数据等。可以说,光纤通信已经成为电力系统安全稳定运行以及电力系统生产生活中不可缺少的重要组成部分。

1.4　光纤通信系统的组成

1. 光纤通信的基本思想

光纤通信的基本思想十分简单,如图 1-2 所示。输入信号调制光源产生光信号,经过光纤传输到达接收机,然后解码获得信息。

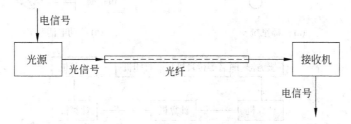

图 1-2　光纤通信的基本思想

2. 最简单的光纤通信系统

一个最简单的光纤通信系统也是由电发射机、光发射机、光接收机、电接收机和由光纤构成的光缆等组成,如图 1-3 所示,实际的光纤通信系统要比这复杂得多。

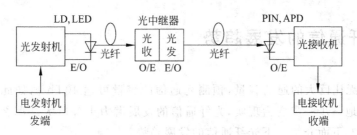

图 1-3　最简单的光纤数字通信系统

将电发射机输出的调制信号送入光发射机,光发射机主要有驱动电路和光源,其作用是把电发射机输入的电信号对光源进行调制,使光源产生出与电信号相对应的光信号进入光纤。由光纤构成的光缆实现光信号的传输。光信号传输结束后,通过光纤到达光接收机,光接收机主要由光电检测器、放大电路等组成。光信号进入光接收机后,光电检测器把光信号转换为相应的电信号,经过放大和信号处理后进入电接收机。

即使是最简单的光纤通信系统也包括了发射机和接收机以及光纤。

在远距离光纤通信系统中,为了补偿光纤的损耗并消除信号失真与噪声的影响,光缆经过一定距离需加装光中继器。光中继器有两种结构形式:一种是光-电-光中继器,它由光检测器、电信号放大器、判决再生电路、驱动器、光源等组成,其作用是将光信号变成电信号,经放大和再生,然后再变换成光信号送入下一段光纤中传输;另一种是用光纤放大器实现在线光放大。

3. 光纤通信系统的简单应用

如上所述的光纤通信系统虽然简单,但是在工程上也有广泛的应用。它可以构成广播系统、移动电话系统、局域网系统等,如图 1-4 所示。

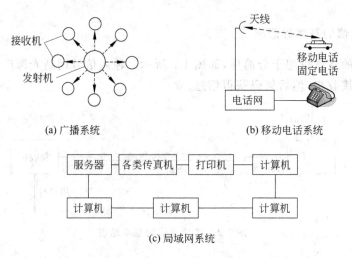

图 1-4　光纤通信系统的简单应用

实际的光纤通信系统远比上述模型复杂。根据不同的需要,光纤通信系统还包括各种无源光器件。光波分复用系统还包括波分复用器/解复用器等。

1.5　光纤通信的发展趋势

光载波有无比巨大的通信容量,预测光通信的容量可达 40Tb/s,如此巨大的通信容量正在奇迹般地一步一步变为现实,光纤通信的发展潜力十分巨大。那么光纤通信应向哪个方向发展?下面介绍一下光纤通信的发展趋势。

1. 时分复用(TDM)方式向超高速系统发展

从过去二十多年的电信发展看,网络容量的需求和传输速率的提高一直是一对主要矛盾。传统光纤通信的发展始终按照电的时分复用(TDM)方式进行,每当传输速率提高 4 倍,传输每比特的成本大约下降 30%～40%,因而高比特率系统的经济效益大致按指数规律增长。

高速光纤通信系统能够提高经济效益,光纤通信系统向着超高速方向发展也就是必然的发展趋势。随着技术的发展,电子瓶颈被一个个攻克,商用光纤通信系统传输码速率最初为 44.736Mb/s,经过多年的逐步发展,码速率不断提高,现在码速率为 2.5Gb/s 的高速系统、码速率为 10Gb/s 的高速系统已经实验成功,已被大量装备到光纤通信网络。

采用外调制技术、色散补偿技术和放大自发辐射(ASE)滤波等技术,码速率可以达到 40Gb/s,目前可靠且无误码地传输 40Gb/s 信号乃至 40Gb/s 以上的信号的技术已经实验成功,已经成为了商用系统。

目前已经实现了在单根光纤上传输 80Gb/s 光波信号的实验,随着技术的发展,不久的将来该技术就会投入商用。目前 100Gb/s 以上的超高速系统正在实验过程中,超高速系统发展仍然是行业的未来发展方向。

2. 波分复用(WDM)方式向密集化方向发展

采用电的时分复用(TDM)方式的扩容潜力已经接近极限,然而光纤的带宽资源仅仅利用了不到 1%,还有 99% 的资源尚待发掘。如果将多个不同波长的光源信号同时在一根光纤上传送,则可大大增加光纤的信息传输容量,这就是波分复用(WDM)的基本思路。

采用波分复用系统的主要好处是:①可以充分利用光纤的巨大带宽资源,使容量可以迅速扩大几倍至上百倍;②在大容量长途传输时可以节约大量光纤和再生器,从而大大降低传输成本;③与信号速率及电调制方式无关,是引入宽带新业务的方便手段;④利用 WDM 网络实现交换和恢复,可望实现未来透明的、具有高度生存性的光联网。

按照 ITU-T 建议的 WDM 系统的技术规范,目前广泛从标准中心频率为 196.10~192.10THz(波长为 1528.77~1560.61nm),信道间隔 25GHz,可配置 160 个信道。考虑到多通道 WDM 受 EDFA 的可用带宽和窄带光滤波器成本等各种技术上和经济上的限制,目前的实用水平广泛使用 16 波、32 波、40 波、64 波、80 波的系统,最高可达 160 波,构成的系统有 32×2.5Gb/s、40×10Gb/s、80×10Gb/s,目前 160×80Gb/s 的实验系统也已经研制成功。在实验室里的研究水平还要高,更高水平光波系统也在不断地投入商用。

3. 新型光纤不断发展

光纤是构筑新一代网络的物理基础。传统的 G.652 单模光纤在适应上述超高速长距离传输网络的发展方面已暴露出力不从心的态势,开发新型光纤已成为开发下一代网络基础设施工作的重要组成部分。

为了适应干线网和城域网的不同发展需要,非零色散光纤(G.655 光纤)已经广泛地应用于 WDM 光纤通信网络。非零色散光纤(G.655 光纤)在 1550nm 附近的工作波长区呈现一定大小的色散值,足以压制四波混合和交叉相位调制等非线性影响,同时满足 TDM 和 DWDM 两种发展方向的需要。

全波光纤(无水吸收峰光纤)也在不断的开发与应用。所谓全波光纤是设法消除 1385nm 附近的水吸收峰,使光纤的可用频谱大大扩展,用来满足城域网面临复杂多变的业务环境。目前光纤通信提高最大传输量的方法主要有两种:一种是提高传输码速率,另一种是增加传输的光波的数量。因为有效地使业务量进出光纤是网络设计至关重要的因素,采用具有数百个复用波长的 DWDM 技术将是一项很有前途的解决方案。因此开发具有尽可能宽的可用波段的光纤已成为关键,全波光纤就是在这种形势下诞生的。

使用全波光纤可以把波长扩展到 1260~1675nm,共有 415nm 宽度。当前各国光纤通信大都运用在 C(1530~1565nm)与 L(1565~1625nm)波段,而且仅使用其中的一小部分,还有大部分频率未被使用。一般把这 415nm 宽度划分成 O、E、S、C、L、U 六个波段,如果在波长扩展的单模光纤的工作波长范围 $1260 \sim 1675$nm 的 6 个波段上,可以应用的波长范围达到 415nm,按照波长间隔为 50GHz(0.4nm)开通 DWDM 系统,允许复用的波长数可高达 1000 个波道以上,以目前单信道 80Gb/s 的速率计算,波长扩展的单模光纤的单纤通信的总容量为 1000×80Gb/s 以上。

随着新光纤、新光器件和新调制方式的陆续问世,DWDM 的单信道传输速率、复用波长数、传输距离的最高纪录将会被不断地刷新。

4. Internet 技术

目前,国内各科研单位已纷纷投入 IP over WDM 的研究和开发,承担中国高速信息示范网(China Information Network,CAINONET)的各单位更把 IP over WDM 作为 CAINONET 建成以后的主要服务对象来研究。同时,CAINONET 也使 WDM 向城域网和企业网更走近了一大步,它会向电信运营商展示其无与伦比的魅力,使电信运营商更多地考虑在最短的时间内将 WDM 技术应用于城域网和企业网中。

5. 光纤用户接入网技术的发展

接入网是信息高速公路的最后 1 公里。以铜线组成的接入网成为宽带信号传输的瓶颈。为适应通信发展的需要,我国正在加紧改造和建设接入网,逐渐用光纤取代铜线,将光纤向家庭延伸。实现宽带接入网有各种不同的解决方案,其中光纤接入是最能适应未来发展的解决方案。

所谓光纤用户接入网(OFSAN)是以光纤作为传输介质、以光作为信息载体的一类用户接入网络。OFSAN 的特点是规模庞大、技术复杂、需要的投资巨大,世界各国光纤用户网的开发相差甚远。OFSAN 是当前先进国家开发与建设的热点之一。OFSAN 的建设是与干线传输网、交换网一起构成全光网络的必要条件。

6. 光纤用户接入网的巨大优越性

OFSAN 与其他用户接入网相比,有下述优越性。

(1) 巨大带宽 由于光纤的巨大带宽潜力(通常至少可达 Tb/s 数量级),使光纤用户接入网具有惊人的容量,可实现宽带交互式多媒体信息的高质量传输,从而消除了通常用户接入网的瓶颈效应;服务信息种类繁多,OFSAN 将会从单一的传统电话服务(POTS)发展到宽带综合服务信息服务,包括各类资料、电话、图像等宽带交互式多媒体信息。

(2) 安全保密 OFSAN 安全可靠,保密性强,目前还没有适当的手段窃听光缆中传输信息。

(3) 具有可扩展性 通过波分复用技术,可成倍增加使用的带宽而不必更换光缆线路。

(4) 传输距离长 网络覆盖的范围比较大,与其他类型接入网相比,网络传输信息的距离比较长。

(5) 通信协议相同 可采用与干线网络一样的光纤技术和通信协议。

因此因地制宜地发展宽带接入网,最终实现光纤到家庭,是接入网的发展方向。

7. 新一代光网络

随着 Internet 业务的爆炸性增长，以 IP 为代表的数据业务迅猛增长，已逐渐成网络业务的主流，然而传统的传送网是面向语音优化的，要让其高效地承载数据业务，势必面临许多问题，需要开发新的网络技术。

为了保证传输数据业务，传统的传送网络采用四层结构的方式，如图 1-5（a）所示。其中，IP 层用于承载业务；ATM 层用于集成多种业务，并为每种业务提供相应的服务质量保证；SDH 层用于细粒度的带宽分配，并为业务的传输提供可靠的保护机制；WDM 用于提供大容量的传输带宽。虽然这种四层结构的传输方式可保证数据业务的传输，但在运行中却存在诸多问题。

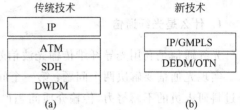

图 1-5　IP/WDM 网络的发展方向

传统的光传送网仅提供原始的带宽，缺乏上层业务所要求的智能性。带宽的提供大部分采用静态配置的固定光链路连接模式，无法根据业务的波动和网络拓扑的实时变化进行动态的资源分配。并且这种静态配置方式必须通过手工操作完成，不仅速度慢、效率低，还缺乏相应的适应网络拓扑结构变化的可扩展性，也不能适应数据业务的发展及其所固有的随机性和突发性，需要从根本上对网络的整体设计、组网方式、网络控制和管理进行全面彻底的调整和革新。由此推动了一种新型的网络体系，这就是自动交换传送网（ASTN）。其中以 OTN 为基础的 ASTN 又称自动交换光网络（Automatic Switched Optical Network，ASON），是近代光传送网技术的重大突破，其核心在于引入了控制技术，实现了自动交换。

为了实现自动交换，ITU-T 及各国际标准化组织普遍采用通用多协议标记交换（GMPLS）协议作为 ASON 的控制协议，它是由 MPLS 协议扩展而成的，以适应于 ASON。MPLS 采用基于约束的路由技术，可以实现流量工程和快速重新选路，可以取代 ATM，满足业务对服务质量的要求。同样，快速重新选路作为一种保护/恢复技术也完全可以取代 SDH。因此，使用 IP/MPLS 控制平台提供的流量工程和快速重新选路将使新的传输网络完全可以跨过 ATM 和 SDH 两层，如图 1-5（b）所示。直接实现 IP/WDM，实现了网络结构体系的扁平化，运行操作更简单、成本更低，最适合数据业务的传输网。然而，MPLS 是一种位于 OSI 七层模型中的第三层（网络层）和第二层（链路层）之间的 2.5 层技术，而 WDM 层属于光层，是第一层（物理层）的技术，要使 MPLS 跨过数据链路层直接作用于物理层，则必须对其进行修改和扩展。因此国际标准化组织 IETF 推出了可用于光层的通用多协议标签交换技术（GMPLS）。

8. 新型器件高新技术的应用和全光通信网络

由于科学技术日新月异、新型器件不断研发成功、各种高新技术不断被研究出来，并且逐步被应用于光纤通信中，必将进一步提高光纤通信的容量。

近年来新技术和新型器件的发展使全光通信网络逐步成为现实。这些技术包括光放大技术、色散补偿技术、光交换技术、光互连技术、光处理技术等，以上技术的实现依靠近些年来光电子器件的迅速发展。因此必将带动光纤通信商用系统水平的提高，全光通信网络成为发展的必然趋势。

小结

1. 什么是光纤通信

光纤通信是利用光导纤维传输光波信号的通信方式。

实现光通信要解决两个问题：第一个问题是光信号问题；第二个问题是传输介质问题。经过科研人员的不懈努力，传输介质问题得到了解决，利用光导纤维实现了长距离大容量的通信。

2. 光纤通信的发展历程

虽然人们做了许多尝试，但早期的光通信的传递距离和信息量都是十分有限。

近代光通信的雏形可追溯到 1880 年 Bell 发明的光电话，但是当时无法解决光通信技术存在两个难题：没有适合光通信的低损耗传输介质；没有合适的相干光源。

1966 年英籍华人高琨博士提出光纤通信的理论，是光纤通信发展历史的里程碑。

光纤通信在技术上经历了各具特点的五个发展阶段。

了解五代光波通信系统具有标志性的重大事件。

了解我国光纤通信的研究和应用。

3. 光纤通信的优点及其应用

与其他通信手段相比，光纤通信具有无与伦比的优越性：

(1) 通信容量大。

(2) 传输距离远。

(3) 抗电磁干扰能力强、无串话。

(4) 光纤细、光缆轻。

(5) 资源丰富，节约有色金属。

光纤通信正以其容量大、保密性好、体积小、质量轻、中继距离长等优点得到广泛应用：

(1) 光纤在公用电信网间作为传输线。

(2) 满足不同网络层面的应用。

(3) 实现了光纤宽带综合业务数字网及光纤用户线。

(4) 作为危险环境下的通信线。

(5) 应用于专网。

4. 光纤通信系统的组成

了解光纤通信的基本思想。

最简单的光纤数字通信系统也是由电发射机、光发射机、光接收机、电接收机、由光纤构成的光缆等组成的。

即使最简单的光纤通信系统在工程上也有很广泛的应用。

5. 光纤通信的发展趋势

可将目前光纤通信的发展趋势概括为下面几个方面：

- 由时分复用(TDM)方式向超高速系统发展。
- 由波分复用(WDM)方式向密集化方向发展。
- 新型光纤不断发展。
- Internet 技术。
- 光纤用户接入网技术的发展。
- 新一代光网络。
- 新型器件高新技术的应用和全光通信网络。

习题

1-1　什么是光纤通信？目前使用的通信光纤大多数采用基础材料为 SiO_2 的光纤，它工作在电磁波的哪个区？波长范围是多少？对应的频率范围是多少？

1-2　实现光纤通信要解决哪两个问题？

1-3　通信系统的容量用 BL 积表示，B 和 L 分别是什么含义？

1-4　1976 年在美国亚特兰大建设的商用实验系统，传输码速率是多少，中继间距是多少？

1-5　光纤通信在技术上经历了各具特点的五个发展阶段是什么？

1-6　第四代光波系统的特征是什么？

1-7　光纤通信的主要优点是什么？

1-8　试画出最简单的光纤通信系统组成的方框图。

1-9　请查阅最新资料，论述光纤通信的发展趋势。

第2章 光的性质

光学是研究光的发射、传播和吸收,以及光与物质相互作用及其应用的学科,它是物理学中最古老的基础学科之一。随着激光的问世,光学又成为当今科学领域中非常活跃的前沿阵地,具有广阔的发展前景。

很早以来,光就让人着迷。光使我们能看见令人振奋的彩虹、日出和日落时激动人心的色彩、花鸟的鲜明颜色。因而,光在大部分哲学和宗教方面占有显著地位就不奇怪了。

光的魅力也激起了许多科学家的好奇心。自远古时代以来,他们就试图解释光的性质,他们历经好几世纪的努力,就像砖工砌墙一次添一块砖那样使这个知识体系不断完善。今天,我们知道光是电磁波,像无线电波一样,它服从所有传播和相互作用的物理定律。

电磁波遍布在很宽的频率(或波长)谱上。然而,人眼不能看到这个频谱的全部。被我们称为可见光的那部分频谱是在很窄的波长范围内,从4000nm~7600nm(从深红到暗紫蓝色)。例如,钠灯的黄光的波长是5890nm,它所在的这部分频谱正好是我们眼睛的感受器官(视网膜圆锥细胞和杆状体)的响应范围。圆锥细胞使我们能感受颜色,而杆状体使我们能觉察非常小的光量,这就是我们能在黑暗中看到几英里外的光的缘故。我们眼睛的感觉器官对红色以下(称为红外或IR)的频率、对紫蓝色以上(称为紫外或UV)的频率不能响应,不过,某些动物眼睛的感受器官能够响应。

目前,大量的实验能够证实光拥有直线传播的性质。但是,当光线进入光学透明管中,就能被这个光学透明管引导,沿着它的弯曲形状传播,其原理就是光的全反射原理。古希腊科学家亚里士多德用一个很简单的实验令人信服地证实了这个观点,他用一个下部有小孔的水桶装满水,水从小孔中喷出而形成一道弯曲的水流,阳光按一定角度从桶的上部射入时,就会穿过这个小孔沿着弯曲的水流进行传播。

揭开光的秘密的探索一直没有停止。惠更斯研究出光的波动性,法布里和珀罗研究出光的相互作用,解释了它的干涉特性。人们还发现光除了波动性之外,还具有粒子性。起先,这个观点引起怀疑者的惊讶。但是,康普顿的真空中小型轻量螺旋桨演示,却非常让人信服,螺旋桨的一边涂黑(有高吸收能力),另一边是亮的(有高反射能力),光会使它产生机械的旋转,这仅用波动理论是无法解释的。

许多科学家在研究光的成分和将它分离成不同波长方面的课题。同样,塞曼研究光和其他场的相互作用,它利用强磁场分离出氯离子的黄色谱线。人们也在研究在透明材料中光波的传播特性,现在已开发出许多值得观注的材料。玻璃光纤已被选为高速、高可靠性和长途陆地及海上通信的传输媒介。目前,在单根光纤上的传输比特率已达40Gb/s。利用称为密集波分复用(DWDM)的波分复用,集合带宽的传输比特率已超过数万太比特每秒。

2.1　光的反射、折射和全反射

　　光是我们的老朋友,色彩斑斓的光的世界吸引着我们每一个人。很早以来光就让人着迷。光使我们能看见令人振奋的彩虹,日出和日落时激动人心的色彩、花鸟的鲜明颜色。光的魅力也激起了许多科学家的好奇心。自远古时代以来,人们就试图解释光的性质,历经几个世纪的努力,使这个知识体系不断完善。

　　光学是研究光的发射、传播和吸收以及光与物质相互作用及其应用的学科。光学是物理学中最古老的基础学科之一,随着激光的问世,它又成为当今科学领域中非常活跃的前沿阵地,具有广阔的发展前景。

　　那么物质是如何传导光,又是如何用来通信的呢?下面我们首先了解光的反射、折射和全反射。

1. 光的反射和折射

　　当光从一种透明物质进入另一种透明物质的界面时,通常会发生光的反射和光的折射现象,如图 2-1 所示。

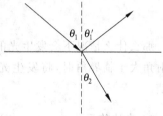

　　通过实验人们发现入射光线和反射光线、折射光线总是分居于法线两侧,而且满足如下规律:

$$\theta'_1 = \theta_1 \qquad\qquad (2\text{-}1)$$

$$\frac{\sin\theta_1}{\sin\theta_2} = \frac{n_2}{n_1} \qquad\qquad (2\text{-}2)$$

不同的介质,对光的折射率一般不同,表 2-1 列出的是一些常见介质对光的折射率。

图 2-1　光的反射和光的折射现象

表 2-1　一些常见介质对光的折射率

介质	真空	空气	水	玻璃	金刚石
折射率	1	1.000 28	1.33	1.5～1.9	2.42

　　人们习惯上将折射率相对大的介质称为光密介质,将折射率相对小的介质称为光疏介质。当光从光疏介质射入光密介质时,折射光应靠近法线;当光从光密介质射入光疏介质时,折射光应远离法线,如图 2-2 所示。

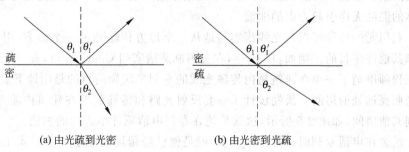

(a) 由光疏到光密　　　　　　　　　　(b) 由光密到光疏

图 2-2　光疏介质和光密介质

但是当光从光密媒质射入光疏媒质,且入射角很大时,就会发生一种奇特的现象,这就是全反射。

2. 光的全反射

在研究光的折射现象时,人们发现光并不总可以从一种透明介质进入另一种透明介质。

从图 2-3(a)和图 2-3(b)中,人们发现当入射光的角度不断增大时,折射光就不断偏向并接近截面,而且强度也会不断减弱,当入射光增大到某一角度时见图 2-3(c),折射光会彻底消失,只剩下反射光,这种现象在物理学中称为光的全反射,所对应的角就是光在这种介质中的全反射的临界角。不同介质的临界角一般不同,例如:从介质射向空气时,水的临界角是 48.5°,玻璃的临界角是 42°,金刚石的临界角是 24.5°。

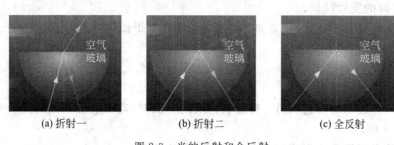

(a) 折射一　　　　　　(b) 折射二　　　　　　(c) 全反射

图 2-3　光的反射和全反射

那么什么情况下会发生光的全反射呢?研究表明:当光从光密介质射入光疏介质,且入射角大于临界角时,将发生光的全反射现象。全反射的这一特点还被广泛地用于光纤通信。

3. 光的传导

大量的实验令人信服地展示出光的传导这个现象。光线进入光学透明管中,它就被这个管子引导,顺着它的弯曲形状传播。用很简单的令人信服实验可以证实这个观点,古希腊哲学家亚里士多德在下部有小孔的水桶装满水,在水从小孔中喷出时,形成一道弯曲的水流。阳光按一定角度从桶的顶部射入时,就会穿过这个小孔顺着弯曲的水流传播。

再如 1841 年,瑞士物理学家丹尼尔·科拉登才在他的大众科学讲座中也讲到这一现象。科拉登的思路如图 2-4 所示。将一束光照射到伸出水箱的水平导管中,当他打开水阀时水箱内的液体在重力的牵引作用下流出,形成一个弯曲的弧形,由于全内反射的作用,光束被限制在水流中,先是在上部喷射水流里不断反射,然后在稍低的地方也发生反射,直到液体的混乱无序引起光束的泄漏。

利用光的传导可以将光线很容易地从一个地方传输到另一个地方,用来通信、观察、照明和其他许多目的。例如,1881 年,在美国麻萨诸塞州 Concord 市,有一个名叫威廉·沃勒的工程师申请了一项在建筑物内传输光线的专利。沃勒的目的是用地下室里明亮眩目的电弧光照亮远处的房间。沃勒设计了一套反射光路和传播装置在建筑内输送光线,将光线传播到其他房间,如图 2-5 所示,这就是他在专利申请原件中表述的想法。

沃勒在申请专利时只有二十几岁,但是他已经帮助建立了一个日本工程师学校。后来他成功组建了一个制造街灯的公司,并成为著名的水利工程师。

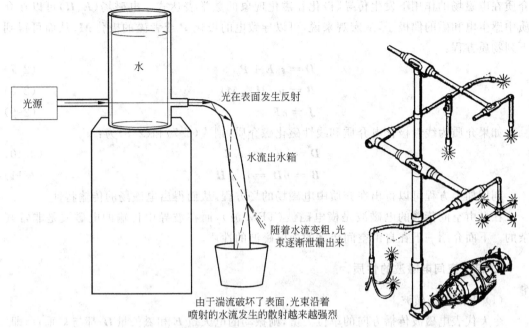

图 2-4 光束被限制在喷射的水流中传播　　　　图 2-5 传输光线的设想

与这种原理相似,光可以在光纤中传播,光纤已被选为高速、高可靠性和长途陆地及海上通信的传输媒介。不过实际的光导纤维是非常细的玻璃丝,直径只有几微米到几百微米左右,而且是由纤芯和包层两层组成的,光线可以在纤芯和包层的界面上不断地发生全反射。

2.2　光的电磁理论

就像无线电波或 X 射线一样,光是电磁辐射,会产生反射、折射、衍射、干涉、偏振、衰减、损耗等。单个频率的光称为单色光。

1. 波动基本方程

麦克斯韦方程组的微分形式为

$$\nabla \times \boldsymbol{H} = -\frac{\partial \boldsymbol{D}}{\partial t} + \boldsymbol{J} \tag{2-3}$$

$$\nabla \times \boldsymbol{E} = -\frac{\partial \boldsymbol{B}}{\partial t} \tag{2-4}$$

$$\nabla \cdot \boldsymbol{D} = \rho \tag{2-5}$$

$$\nabla \cdot \boldsymbol{B} = 0 \tag{2-6}$$

该方程组对于物理性质连续的空间各点都成立。式中 $\boldsymbol{D}$ 为电感应强度矢量,$\boldsymbol{B}$ 为磁感应强度矢量,ρ 为自由电荷密度,$\boldsymbol{J}$ 为自由电荷的电流密度。在已知电荷和电流分布的情况下,从麦克斯韦方程组还得不到场的唯一确定解,还必须由物质方程给予补充。物质方程是介质在电磁场的作用下发生传导、极化和磁化现象的数学表达式。电磁场(E、H)可以在介质中感生电和磁的偶极子,从宏观来说,可以导致电的极化 P 或者磁的极化 M,从而可得到下列物质方程:

$$D = \varepsilon_0 E + P \qquad\qquad (2\text{-}7)$$

$$B = \mu_0 (H + M) \qquad\qquad (2\text{-}8)$$

$$J = \sigma E \qquad\qquad (2\text{-}9)$$

如果介质为线性极化电介质和线性磁化磁介质,则式(2-7)和(2-8)为:

$$D = \varepsilon E = \varepsilon_0 \varepsilon_r E \qquad\qquad (2\text{-}10)$$

$$B = \mu H = \mu_0 \mu_r H \qquad\qquad (2\text{-}11)$$

利用如上方程可以得出在介质中电磁场的场方程,从而得出电磁场的传输特性。

在自由空间传播的电磁波是横电磁波(TEM 波),而在波导中传输的电磁波是非常复杂的。下面介绍一下在自由空间传播的横电磁波的性质。

2. 自由空间电磁波的性质

(1) 电磁波是横波

令 k 代表电磁波传播方向的单位矢量,则振动的电矢量 E 和磁矢量 H 都与 k 垂直,即

$$E \perp k, \quad H \perp k$$

而且电矢量与磁矢量垂直,即

$$E \perp H$$

E、H、k 三个矢量互相垂直的特征可从图 2-6 中明显看出。

(2) E 和 H 同位相

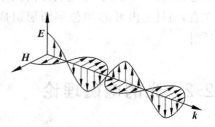

由于 E 和 H 同位相,因此,在任何时刻、任何地点,E、H 和 k 三个矢量构成一个右旋的直角坐标系(见图 2-6)。用矢量矢积的概念来说,就是矢积 $E \times H$ 的方向总是沿着传播方向 k 的。

图 2-6 电磁波 E、H、k 的特征

(3) E 与 H 幅值成正比

令 E_0 和 H_0 代表 E 和 H 的幅值,理论计算表明,E_0 和 H_0 有如下比例关系:

$$\sqrt{\varepsilon} E_0 = \sqrt{\mu} H_0 \qquad\qquad (2\text{-}12)$$

由于 E 和 H 同位相,所以其量值关系为

$$\sqrt{\varepsilon} E = \sqrt{\mu} H \qquad\qquad (2\text{-}13)$$

(4) 电磁波的传播速度

理论计算还表明,电磁波的传播速度为

$$v = \frac{1}{\sqrt{\varepsilon\mu}} \qquad\qquad (2\text{-}14)$$

在真空中,电磁波的速度为

$$c = \frac{1}{\sqrt{\varepsilon_0 \mu_0}} = 3.0 \times 10^8 \, \text{m} \cdot \text{s}^{-1}$$

这个值正好与光在真空中的传播速度完全相同,因此麦克斯韦预言光波也是一种电磁波。

（5）光场能量密度和能流密度

光场的能量密度即电磁场的能量密度，其表达式为

$$\omega = \omega_e + \omega_m = \frac{1}{2}\varepsilon E^2 + \frac{1}{2}\mu H^2 \tag{2-15}$$

将式（2-13）代入，得

$$\omega = \varepsilon E^2 = \mu H^2 \tag{2-16}$$

此式表明平面电磁波中电场能量和磁场能量相等。另一方面，玻印廷矢量为

$$S = E \times H \tag{2-17}$$

其大小为

$$S = EH = \omega v \tag{2-18}$$

对于光源来说，电场和磁场的变化极其迅速，其频率的数量级为 $10^{14} \sim 10^{15}$ Hz，所以 S 的值也是迅速变化的，人眼和任何其他接收器都不可能接收到 S 的瞬时值，而只能接收到 S 的时间平均值，即

$$\bar{S} = \overline{\omega v} = \varepsilon v \overline{E^2} = \varepsilon v \frac{1}{T}\int_0^T A^2 \cos^2(\omega t - k \cdot r + \varphi_0)\mathrm{d}t$$

$$= \frac{1}{2}\varepsilon A^2 v$$

在光学中通常把 $\bar{S}$ 称为光强，用 I 表示，因此

$$I = \frac{1}{2}\varepsilon v A^2 \tag{2-19}$$

如果只考虑相对光强，则 $I \propto A^2$。

2.3　光的干涉和衍射

1. 光的干涉

（1）光的相干性

根据电磁场理论，自由空间传播的电磁波是横波，可以由两个互相垂直的振动矢量（即电场强度 E 和磁场强度 H）来表示。在光波中，产生感光作用与生理作用的主要是电场强度 E，所以将 E 矢量称为光矢量。

干涉现象是波动过程的基本特征之一。

两列波在空间相遇到一起，在一些点上如果它们的相位相同，那么叠加起来的振幅将加大，这就是相长干涉，如图 2-7（a）所示；而在另外一些点上它们的相位相差 $180°$，振动始终减弱或完全抵消，这就是干涉相消，如图 2-7（b）所示。也就是两列波产生干涉现象。

两列波能够产生干涉现象，要满足下列条件：频率相同、振动方向相同、位相相同或位相差保持恒定。

对机械波或无线电波来说，相干条件比较容易满足，因此观察这些波的干涉现象就比较方便，但对光波则不然。这是因为一般光源发光是由光源中大量原子或分子从较高的能量状态跃迁到较低的能量状态过程中对外辐射光波，这种辐射有两个特点。一是各原子或分

子辐射是间歇的、无规则的。每次辐射持续的时间只有 10^{-8} s 左右。也就是说,原子或分子每次所发出的光是一个短的波列。二是大量原子或分子发光是各自独立进行的,彼此之间没有什么联系,在同一时刻各原子或分子所发光的频率、振动方向、相位都各不相同,千差万别,是随机分布的。所以一般情况下,两个独立光源发出的光不满足相干条件,不能发生干涉,即使是同一光源上两个不同部分发出的光,也同样不会发生干涉。所以日常生活中不太容易看到光的干涉现象。

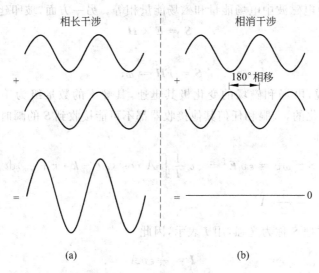

图 2-7　两列波干涉的相长与相消

能够产生干涉现象的光称为相干光,相干光在空间相遇会产生明暗相间的条纹。相干光一般可以采用如下方法获得:将一光源上同一点发出的光波分成两束,使它们经过不同的路径传播,然后在某一空间区域相遇,发生迭加。在此过程中,将每一个波列光都分成两个频率相同、振动方向相同、相位差恒定的波列,这两个波列是相干光,在相遇区域中能产生干涉现象。根据这一原则,通常用下列两种方法来获得相干光。

① 分波阵面法

分波阵面法如图 2-8 所示。杨氏双缝、洛埃镜等光的干涉实验都是用分波阵面法来获得相干光的。

② 分振幅法

分振幅法是利用光的反射和折射将一束光分成两束相干光,如图 2-9 所示。

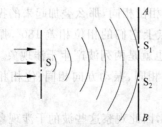

图 2-8　分波阵面法获得相干光

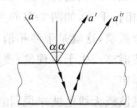

图 2-9　分振幅法获得相干光

（2）光的干涉规律

相干光在空间相遇，是干涉加强还是干涉减弱，不仅取决于两束光波在媒质传播的几何路程 r，还与光波在该媒质中的折射率 n 有关。两束光波的位相差为

$$\Delta\phi = 2\pi\frac{nr}{\lambda} \tag{2-20}$$

人们把媒质折射率 n 与光波在该媒质中传播的几何路程 r 的乘积 nr 叫做光程。引入光程这一概念之后，相当于把光在不同媒质中的传播都折算成光在真空中的传播。也就是把涉及不同媒质的复杂情况，都变换成了相当于真空中的情形。两束相干光在不同媒质中传播时，对干涉加强（即形成明纹）和干涉减弱（即形成暗纹）条件起决定作用的正是两束相干光的光程差。

洛埃镜实验和菲涅耳公式还证明：当光从光疏媒质（折射率较小的媒质）入射到光密媒质（折射率较大的媒质）时，在分界面反射光发生位相 π 的相位突变，相当于反射光比入射光少走了半个波长的波程，习惯上又称为半波损失。

所以，两束光总的光程差 δ 由上面两种因素决定，满足如下规律

$$\delta = \pm k\lambda, \quad k = 1,2,3,\cdots（干涉加强） \tag{2-21}$$

$$\delta = \pm\left(k+\frac{1}{2}\right)\lambda, \quad k = 0,1,2,\cdots（干涉减弱） \tag{2-22}$$

下面举例来说明。

例 2-1　空气中的水平肥皂膜厚度 $e = 0.32\mu m$，折射率 $n_2 = 1.33$，如果白光垂直照射时，肥皂膜呈现什么色彩？

解　由于空气的折射率 $n_1 < n_2$，由肥皂膜上、下两表面反射而形成相干光，由于两束光的路程不同而引起的光程差为 $2n_2e$；由于反射光发生位相突变而引起的光程差为 $\lambda/2$。

所以总的光程差为

$$\delta = 2n_2e + \frac{\lambda}{2}$$

肥皂膜呈现什么色彩是反射光因干涉被加强而产生的，则有

$$\delta = 2n_2e + \frac{\lambda}{2} = \pm k\lambda$$

由上式得

$$\lambda = \frac{2n_2e}{k-\dfrac{1}{2}}\delta, \quad k = 1,2,3,\cdots$$

把 $n_2 = 1.33$，$e = 0.32\mu m$ 代入，得到干涉加强的光波波长为

$$k = 1, \quad \lambda_1 = 1.70\mu m$$
$$k = 2, \quad \lambda_2 = 0.567\mu m$$
$$k = 3, \quad \lambda_3 = 0.34\mu m$$

其中，波长 $\lambda_2 = 0.567\mu m$ 的绿光在可见光范围内，所以肥皂膜呈现绿色。

这个例子中光的干涉是由薄膜的上下表面的发射光线而形成的，因此被称为薄膜干涉。

薄膜干涉原理在镀膜技术中的应用主要有两个方面，一方面是利用薄膜反射时，使

某些波长的光因干涉而减弱,以增加透射光的强度,这种薄膜称为增透膜;另一方面是利用薄膜表面反射时,使某些波长的光因干涉而加强,以减少透射光的强度,这种薄膜称为增反膜。

光的干涉在光纤通信中有广泛的应用,如光波分复用器中有一种介质膜干涉型分波器就是利用光的干涉原理制成的。正在研究的相干光纤通信技术也应用了光的干涉原理。

2. 光的衍射

(1) 光的衍射现象

光波能绕过障碍物继续传播的现象叫做光的衍射。

声波可以很容易绕过墙壁,使“人不见其影却能听其声”,这是因为声波的波长可达几十米,障碍物的线度和波长长度相当。而可见光的波长只有几百万分之一米的数量级,比障碍物的线度小得多,所以一般情况下,光的衍射现象不明显。但当障碍物的线度和光的波长长度相当时,就可以观察到光的衍射现象,如图 2-10 所示。一束平行光通过一个宽度可以调节的狭缝 K 后,在屏幕 E 上将呈现光斑。若狭缝的宽度比波长大得多时,屏幕 E 上的光斑和狭缝完全一致,如图 2-10(a)所示,这时光可看成是沿直线传播的。若缩小缝宽,使它可与光波波长长度相当时,在屏幕 E 上出现的光斑亮度虽然降低,但光斑范围反而增大,而且形成如图 2-10(b)所示的明暗相间的条纹,这就是光的衍射现象,我们称偏离原来方向传播的光为衍射光。

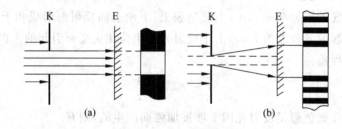

图 2-10　光的衍射现象

(2) 单缝夫琅和费衍射

当光源、接收屏都距衍射物无限远时,这种入射光和衍射光都是平行光的衍射称为夫琅和费衍射。单缝夫琅和费衍射实验装置如图 2-11 所示。我们通常将宽度比长度小得多的狭缝称为单缝,在有限的距离内实现单缝夫琅和费衍射是通过在单缝前后加上透镜实现的。

单缝衍射条纹特征见图 2-12,具有如下两个特点:

① 单缝衍射条纹是一系列平行于狭缝的明暗相间的直条纹,它们对称地分布在中央明纹两侧。

② 明纹亮度不均匀,中央明纹最亮,其他各级明纹的亮度将随着级数的增高而逐步减弱。

(3) 光栅衍射

在单缝衍射中,若缝较宽,明纹虽然较亮,但相邻明纹的间隔很小而不易分辨;若缝很窄,间隔虽可加大,条纹分得很开,但明纹的亮度却显著减小。在这两种情况下,都很难精确地测定条纹间距,所以用单缝衍射不能准确地测定光波波长或使不同波长的光谱线分开。但利用衍射光栅可以做到这一点。

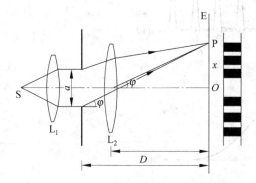 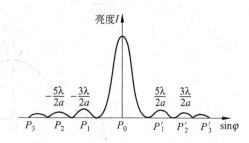

图 2-11　单缝夫琅和费衍射实验装置示意图　　　　图 2-12　单缝夫琅和费衍射条纹特征

衍射光栅分为反射光栅和透射光栅两种,如图 2-13 所示。平行排列的大量等距等宽的狭缝就构成了平面透射光栅。透光的宽度为 a,不透光的宽度为 b,则 $d=a+b$ 称为光栅常数。一般光栅常数的数量级均为 $10^{-5}\sim10^{-6}$ m,每毫米内有几十条乃至上千条刻痕。光栅是近代物理实验中时常用到的一种重要光学元件,主要用来分光而形成光谱。

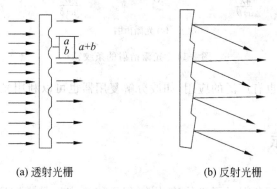

(a) 透射光栅　　　　　　　　　(b) 反射光栅

图 2-13　衍射光栅

光栅透过的光或反射的光,对于每个缝发生了光的衍射,而一个光栅平行排列的大量等距等宽的狭缝,它们之间又发生光的干涉,只有所有缝对应点发出的光线到 P 点时都满足干涉加强的条件,才能在 P 点处形成明条纹。光栅衍射的条纹特征如图 2-14 所示,实际上光栅衍射图样最后光强分布是单缝衍射和大量狭缝多光束干涉共同作用的结果。

衍射光线与光栅法线的夹角称为衍射角 ϕ,当衍射角 ϕ 满足光栅方程时:
$$(a+b)\sin\phi = \pm k\lambda, \quad k = 0,1,2,\cdots \tag{2-23}$$

所有缝对应点发出的光线到 P 点时都满足干涉加强的条件,在 P 点处形成明条纹,这些条纹又细又亮。一般来说,光栅上每单位长度的狭缝条数很多,光栅常数 $a+b$ 很小,各级明条纹的位置分得很开。光栅上狭缝越多,透射光束越强,因此所得条纹也越亮。所以光栅衍射条纹具有又细、又亮、又疏的特点,可以用衍射光栅精确地测定光波的波长,也可以把不同波长的入射光分开。

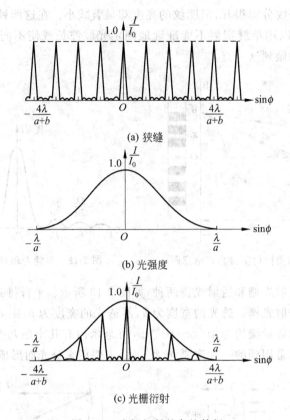

图 2-14　光栅衍射的条纹特征

光栅在光纤通信也有广泛的应用,如波分解复用器也可以利用光栅制作。

2.4　光的偏振

光的干涉与衍射现象揭示了光的波动性,但不能确定光是横波还是纵波。光的偏振现象清楚地证明了光是横波,而这一点与人们对光的电磁理论的预言相吻合。本节讨论自然光、线偏振光和部分偏振光的含义,偏振光的获得和检验的方法,偏振光的干涉以及偏振现象的应用。

1. 自然光和偏振光

在波动学中,通常把传播方向与振动方向垂直的波称为横波;把传播方向与振动方向一致的波称为纵波。为便于理解,我们先来研究一下机械波。如图 2-15 所示,如果质点的振动方向与缝长垂直,则横波不能通过狭缝;如果质点的振动方向与缝长平行,则横波可以通过狭缝。但对于纵波,不论缝的方向如何,都可以通过狭缝。由此可见,透射波的振幅随缝的方位不同而变化是由于波的横向性引起的。理论和实验都已证明,光波具有上述的横向性。

由于光波是横波,所以光矢量 E 总是与光的传播方向垂直。在与传播方向垂直的平面

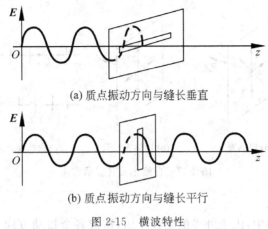

(a) 质点振动方向与缝长垂直

(b) 质点振动方向与缝长平行

图 2-15　横波特性

内,光矢量可能有各种不同的振动状态,我们称之为光的偏振态。这里只介绍其中三种偏振态。

(1) 线偏振光

如果光矢量只沿一个固定的方向振动,则这种光叫做线偏振光。光矢量的振动方向与光的传播方向构成的平面叫做线偏振光的振动面,如图 2-16(a)所示。线偏振光的振动面是固定不动的,光矢量始终在振动面内振动,因此线偏振光也叫平面偏振光。

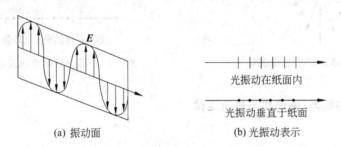

(a) 振动面　　　　　　(b) 光振动表示

图 2-16　线偏振光及其表示方法

图 2-16(b)所示是线偏振光的表示方法,图中短线表示光振动平行于纸面,点表示光振动垂直于纸面。

(2) 自然光

一个原子或分子在某一瞬间发出的光本来是有确定振动方向的光波列,但是光源中大量的原子或分子发光是一个瞬息万变、无序间歇的随机过程,所以各个波列的光矢量可以分布在一切可能的方位上。平均来看,光矢量对于光的传播方向呈轴对称均匀分布,没有任何一个方位比其他方位更占优势,这种光称为自然光,如图 2-17(a)所示。

自然光也可以用任意两个相互垂直的光振动来表示,这两个光振动的振幅相同,但无固定的位相关系,如图 2-17(b)所示。需要指出,由于这两个垂直的分矢量之间没有恒定的位相差,因此不能把这两个光振动再合成为一个稳定的偏振光。

图 2-17(c)所示的是自然光的表示方法,用短线和点分别表示平行于纸面和垂直于纸面的光振动。短线和点相互作等距分布,表示这两个光振动振幅相等,各具有自然光的总能量

的一半。

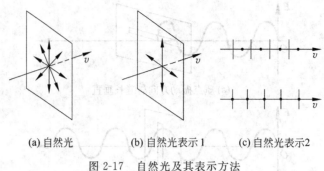

(a) 自然光　　　(b) 自然光表示1　　　(c) 自然光表示2

图 2-17　自然光及其表示方法

（3）部分偏振光

自然光在传播过程中,由于外界的某种作用,造成各个振动方向上的强度不等,使某一方向的振动比其他方向占优势,这种光叫做部分偏振光,如图 2-18 所示。部分偏振光也可以用两个相互垂直的、彼此位相无关的光振动来代替,但与自然光不同,这两个互相垂直光振动的强度不等,如图 2-19 所示。

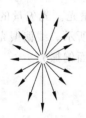

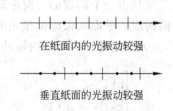

在纸面内的光振动较强

垂直纸面的光振动较强

图 2-18　部分偏振光示意图　　　　图 2-19　部分偏振光的表示方法

2. 偏振片的起偏、检偏和马吕斯定律

（1）偏振片

自然光通过某些晶体时(例如天然的电气石晶体),晶体对两个相互垂直的特定方向的光振动吸收的程度不同,如图 2-20 所示的是一块电气石晶体,它能强烈地吸收某一方向的光振动,而对与之垂直的另一方向的光振动几乎不吸收。这样,没有被吸收的光振动透过晶体就形成了线偏振光。具有这种性质的晶体称为二向色性晶体。把具有二向色性的晶体(例如硫酸碘奎宁)的细微晶粒涂在聚氯乙烯膜上,并沿某一方向拉伸薄膜,使细微晶粒沿拉伸方向整齐排列,然后将薄膜夹在两玻璃片之间,便制成了偏振片。为了便于说明,也便于使用,我们在所用的偏振片上标出记号"↕"表明该偏振片允许通过的光振动方向,这个方向称为偏振化方向,也叫透光轴。这种人造偏振片现在已被广泛应用。

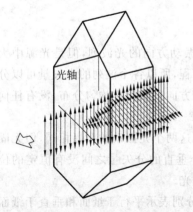

图 2-20　电气石晶体偏振片

（2）起偏和检偏,马吕斯定律

从自然光获得偏振光的过程叫起偏。最简单的起偏方法是让自然光通过一块偏振片 M,其透过的光就称为线偏振光,如图 2-21(a)所示。这块偏振片叫起偏器。图中另一块偏振片 N 是用来检验偏振光的装置,称为检偏器。如果检偏器 N 的偏振化方向与起偏器 M 的偏振化方向相同,则透过 N 的光强最大。如果把 N 转过 $90°$,则透射光强为零。如果检偏器 N 与起偏器 M 的偏振化方向的夹角为任意角度,透射光强为多少呢? 下面讨论这个问题。

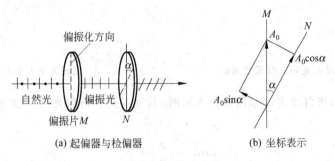

(a) 起偏器与检偏器　　　　　　(b) 坐标表示

图 2-21　起偏和检偏

图 2-21(b)表示,自然光通过起偏器 M 后变成一束线偏振光,设振幅为 A_0,其振动方向与检偏器 N 的偏振化方向的夹角为 α。把 A_0 分解为两个互相垂直的分量 $A_0\cos\alpha$ 和 $A_0\sin\alpha$,其中 $A_0\cos\alpha$ 分量与检偏器 N 的偏振化方向平行,该分量可以通过 N,而 $A_0\sin\alpha$ 分量振动方向与偏振化方向垂直,所以该分量不能通过 N。若入射到检偏器 N 上的线偏振光强度为 I_0,射出的光强为 I,由于光强与振幅平方成正比,则有

$$\frac{I}{I_0} = \frac{(A_0\cos\alpha)^2}{A_0^2} = \cos^2\alpha$$

或

$$I = I_0\cos^2\alpha \qquad\qquad (2\text{-}24)$$

上式为马吕斯定律数学表达式。由此式可见

- 当 $\alpha = 0$,则 $I = I_0$,透射光强最大。

- 当 $\alpha = \dfrac{\pi}{2}$,则 $I = 0$,透射光强为 0。

- 当 $0 < \alpha < \dfrac{\pi}{2}$,则 I 介于 0 和 I_0 之间。

因而,当转动检偏器 N 时,随着 α 角的增加,就会看到透射光强发生周期性变化,并且存在光强为零的位置,利用这一点就可以检验入射光是否为线偏振光。

3. 反射光和折射光的偏振布儒斯特定律

(1) 反射起偏,布儒斯特定律

实验表明,自然光在两种各向同性介质的分界面上反射和折射时,反射光和折射光都成为部分偏振光,不过反射光中垂直于入射面的振动(简称垂直振动)较强,而折射光中平行于入射面的振动(简称平行振动)较强,如图 2-22 所示。

1812 年,布儒斯特在实验中发现:反射光的偏振化程度与入射角有关。当入射角等于某一特定值 i_0 时,反射光是光振动垂直于入射面的线偏振光,如图 2-23 所示。这个特定的

入射角 i_0 叫做起偏振角,或称为布儒斯特角。

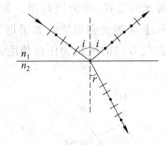 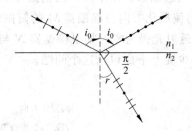

图 2-22　反射光和折射光的偏振　　　　　图 2-23　通过光的发射获得线偏振光

实验还发现,当自然光以起偏振角入射时,其反射光和折射光的传播方向相互垂直,即

$$i_0 + r = 90°$$

$$\tan i_0 = \frac{n_2}{n_1} = n_{21} \tag{2-25}$$

式中 $n_{21} = n_2/n_1$ 为介质 2 对介质 1 的相对折射率。式(2-25)称为布儒斯特定律。

实验还表明,无论入射角怎样改变,折射光都不会成为线偏振光。

(2) 折射起偏,玻璃片堆

自然光以起偏振角入射到两种介质界面时,反射光为线偏振光,但其强度远小于入射光强度,光强很弱。而折射光是以平行振动为主的部分偏振光。为了增加反射光的强度和折射光的偏振化程度,实验中可采用玻璃片堆,它由多片平行玻璃片叠加在一起构成。

为了分析玻璃片堆产生线偏振光的原理,我们先讨论光通过一片玻璃片的情况。如图 2-24 所示,一束光以布儒斯特角 i_0 入射,上表面反射的是线偏振光,只含有垂直振动成分。折射角 r 是下表面的入射角,而下表面的折射角恰是 i_0,光线透出后不改变方向,仍与上表面的入射光平行。

下表面的入射角也是布儒斯特角,其反射光也只有垂直振动成分,折射光中垂直分量进一步减少。所以自然光连续通过许多平行玻璃片(玻璃片堆)时,经过多次反射和折射,最后透过的光中,垂直分量几乎被反射掉,剩下的也几乎是平行分量的线偏振光,如图 2-25 所示。玻璃片越多,透射光的偏振化程度越高。如果不考虑吸收,最后透过的平行分量与反射的垂直分量光强各占入射自然光光强的一半。

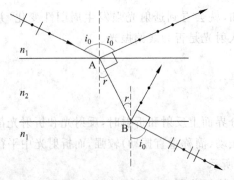 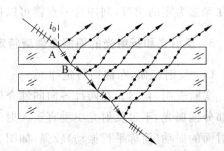

图 2-24　光通过一片玻璃片时折射光的偏振　　　图 2-25　玻璃片堆产生线偏振光的原理

4. 光的双折射现象

一束自然光在各向同性媒质的分界面上折射时,遵守折射定律,这时只有一束折射光线在入射面中传播,方向由式(2-26)决定

$$\frac{\sin i}{\sin r} = \frac{n_2}{n_1} = n_{21} \tag{2-26}$$

所以,光在两种各向同性的媒质的分界面上折射时,只有一束折射光线。但是,当一束自然光折入各向异性晶体时,例如光线进入方解石晶体(即 $CaCO_3$ 的天然晶体)后,就会分裂成为两束折射光线,如图 2-26(b)所示,它们沿不同方向折射,称为双折射现象。因此,通过方解石观察物体时,就能看到物体拥有双重像了,如图 2-26(a)所示。除立方系晶体(如 NaCl)外,光线进入一般晶体时,都将产生双折射现象。

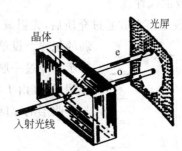

(a) 双折射现象1　　　　　　　　　　(b) 双折射现象2

图 2-26　光的双折射现象

实验证明,由双折射产生的两束折射光,在性质上有很大不同。其中一束折射光完全遵循折射定律,位于入射面内,入射角 i 和折射角 r 满足

$$\frac{\sin i}{\sin r} = \frac{n_2}{n_1} = n_{21}$$

且对于特定晶体,折射率 n_{21} 是恒量,与 i、r 无关,这束光称为寻常光线(ordinary ray),用 o 表示,简称 o 光;另一束折射光不满足折射定律,且折射率

$$\frac{\sin i}{\sin r} \neq 恒量$$

而与折射线的方向有关,甚至折射光线一般也不在入射面内,这束光称为非寻常光线(extraordinary ray),用 e 表示,简称 e 光。当入射光垂直于晶体表面入射($i=0$)时,寻常光线沿原方向前进,而非寻常光线一般不沿原方向前进,如图 2-26(b)所示。这时如果把方解石晶体旋转,将发现 o 光不动,而 e 光却随着晶体的旋转而绕 o 光转动起来。

产生双折射的原因是由于晶体对寻常光线与非寻常光线具有不同的折射率。寻常光线在晶体内部各个方向上的折射率是相同的,而非寻常光线在晶体内部各个方向上的折射率是不相同的。因为折射率决定于光线的速度,可见寻常光线在晶体中各方向上的传播速度都相同,而非寻常光线的传播速度却随着传播方向的不同而改变。

在方解石晶体中,存在着一个特殊方向,当光在晶体中沿这个方向传播时不发生双折射,这个特殊方向叫做晶体的光轴。

2.5　光的吸收、色散和散射

光的吸收、色散、散射都是光波与物质的相互作用过程。严格地讲,光与物质的相互作用应当用量子理论去解释。但把光波作为一种电磁波,把光和物质的相互作用看成是组成物质的原子和分子受到光波电磁场的作用,由此得到一些结论也是非常重要和有意义的,能帮助我们较为直观地了解光和物质的作用过程。

1. 光的吸收

（1）吸收的线性规律

光的吸收是指光波通过介质后,光强减弱的现象。下面讨论光通过吸收介质时,强度减

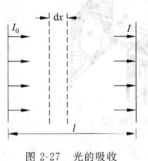

图 2-27　光的吸收

弱的规律。设单色平行光束沿 x 方向通过均匀介质,如图 2-27 所示。经过一厚度为 $\mathrm{d}x$ 的平行薄层以后,由于介质对光的吸收作用,光强由 I 减为 $I-\mathrm{d}I$。实验表明光强的相对减少量 $\mathrm{d}I/I$ 与吸收层的厚度 $\mathrm{d}x$ 成正比,即

$$-\frac{\mathrm{d}I}{I} = \alpha \mathrm{d}x \tag{2-27}$$

式中 α 称为吸收系数,由介质的特性决定。

为了求出光束穿过厚度为 l 的介质后强度的改变,只需把上式从 0 到 l 积分,可得

$$I = I_0 \mathrm{e}^{-\alpha l} \tag{2-28}$$

式中 I_0 和 I 分别为 $x=0$ 和 $x=l$ 处的光强。式(2-28)称为布格尔定律,也是光的吸收的线性规律。

当 $l = \frac{1}{\alpha}$ 时,由式(2-28)可得

$$I = \frac{I_0}{\mathrm{e}} = \frac{I_0}{2.72} \tag{2-29}$$

即当光通过厚度为 $\frac{1}{\alpha}$ 的介质后,光强减为入射光强的 1/2.72。也可将这看成吸收系数的物理意义。

在激光未被发明之前,大量实验证明,光的吸收的线性规律是相当精确的。但是激光出现以后,光与物质的非线性相互作用过程出现了,此时吸收系数 α 依赖于电、磁场或光的强度,布格尔定律不再成立。

（2）光的吸收与波长的关系

如果物质对各种波长的光的吸收程度几乎相等,即吸收系数 α 与 λ 无关,则将这种吸收方式称为普遍吸收。在可见光范围内的普遍吸收意味着光束通过介质后只改变强度,不改变颜色,例如空气、纯水、无色玻璃等介质都在可见光范围内产生普遍吸收。

如果物质对某些波长的光的吸收特别强烈,即吸收系数 α 随 λ 的改变而急剧改变,则将

这种吸收方式称为选择吸收。对可见光进行选择吸收,会使白光变为彩色光。绝大部分物体可呈现出颜色,都是其表面或体内对可见光进行选择吸收的结果。

从广阔的电磁波谱来考虑,普遍吸收的介质是不存在的,在可见光范围内普遍吸收的物质,往往在红外和紫外波段内进行选择吸收,故而选择吸收是光和物质相互作用的普遍规律。例如,地球大气对可见光和波长在 300nm 以上的紫外线是透明的,波长短于 300nm 的紫外线将被空气中的臭氧强烈吸收。对于红外辐射,大气只在某些狭窄的波段内是透明的,这些透明的波段称为"大气窗口"。在无线通信中,就要考虑大气对电磁波的吸收问题。

（3）吸收光谱

光的吸收和光波的波长有关,吸收随光波波长的变化就构成所谓吸收光谱。对于气体来说,吸收光谱是线状光谱,而固体和液体的吸收光谱多是带状光谱。同一物质的发射光谱与吸收光谱之间有相当严格的对应关系,这就是说,某种物质自身发射哪些波长的光,它就强烈地吸收哪些波长的光。

2. 色散

（1）色散的概念

色散是指介质的折射率 n 随光波波长 λ 而变化的现象。

$$n = f(\lambda) \tag{2-30}$$

常用色散率 ν 来度量介质色散的大小,它反映了折射率 n 随波长 λ 变化的快慢。如果 λ_1、λ_2 对应的折射率是 n_1、n_2,则 λ_1 到 λ_2 的波长区间的平均色散率 $\bar{\nu}$ 为

$$\bar{\nu} = \frac{n_2 - n_1}{\lambda_2 - \lambda_1} \tag{2-31}$$

某一波长 λ 附近的色散率为

$$\nu = \frac{\mathrm{d}n}{\mathrm{d}\lambda} \tag{2-32}$$

实际上由于折射率 n 随波长 λ 变化的关系较复杂,无法用一个简单的函数表示出来,而且这种变化关系随材料而异。因此一般都是通过实验测定 n 随 λ 变化的关系,并作成曲线,这种曲线就是色散曲线。方法是把待测材料做成三棱镜,放在分光计上,对于不同波长的单色光测其相应的偏向角,再算出折射率 n,即可做出色散曲线。

（2）正常色散

图 2-28 是可见光范围内几种常用光学材料的色散曲线。它们的共同点是:介质的折射率 n 是随波长 λ 的增加而减小的,具有这种特点的色散叫正常色散。

正常色散的经验公式是由柯西首先得到的

$$n = A + \frac{B}{\lambda^2} + \frac{C}{\lambda^4} + \cdots \tag{2-33}$$

式中 λ 为波长,A、B、C 是与物质有关的常数,其数值由实验数据来确定。当 λ 变化范围不大时,柯西公式只取前两项就可以了,即

$$n = A + \frac{B}{\lambda^2}$$

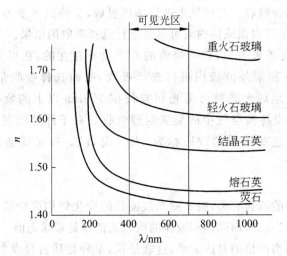

图 2-28　几种常用光学材料的色散曲线

对上式取微分可得色散公式

$$\frac{\mathrm{d}n}{\mathrm{d}\lambda} = -\frac{2B}{\lambda^3} \tag{2-34}$$

这说明色散大致与波长的三次方成反比。由于 B 为正数,说明折射率 n 随波长 λ 的增加而减小。

（3）反常色散

反常色散的特点是介质的折射率 n 随着波长 λ 的增加而增加,这与上述正常色散的情况正好相反,因此把这一类色散称为反常色散。

实际上,反常色散并不反常,它是物质普遍具有的共同性质。反常色散与物质的选择吸收有密切关系,反常色散区就是光的选择吸收区,在一般吸收区,物质表现出来的是正常色散。

任何物质的全部色散图都是由正常色散区和反常色散区构成的,图 2-29 是测得的石英色散曲线。在可见光区,曲线 PQR 段,测量结果与利用柯西公式计算的结果完全一致。在吸收区附近,色散曲线明显地偏离了柯西公式,图中实线是测量结果,虚线是计算结果,这就是反常色散。过了吸收区以后,曲线又进入了另一个正常色散区,于是出现了另一段色散曲线 ST,在不同波段的色散区,其常数 A、B 的值是各不相同的。

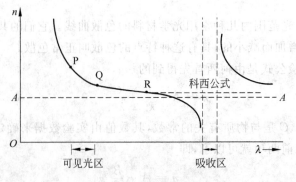

图 2-29　石英的色散曲线

3. 散射

(1) 光的散射

当光通过不均匀介质时,它会偏离原来的方向而向四周传播,这种现象称为光的散射。在理想均匀介质中,光只能沿着透射光线方向传播,不可能朝其他各个方向散射,这是因为在入射光作用下各偶极子所发出的次波不仅频率与入射光一致,而且彼此之间还有固定的相位关系,它们是相干光。除了透射光方向以外,在其他一切方向上,这些偶极子所发出的彼此相干的次波,都因相互干涉而抵消。如果由于某些原因使介质的光学的均匀性遭到破坏,那么,偶极子所发出的次波在非透射方向不能因干涉而相消,因而出现了散射光。

使介质的光学均匀性遭到破坏的原因有很多,一种原因是在空间中存在一些小质点(如烟、雾、灰尘等),它们使光产生散射;另一种原因是介质中分子密度产生起伏而引起折射率起伏,从而导致光的散射;还有一种原因是各向异性起伏引起的光的散射。

和光的吸收完全类似,当光通过介质时,由于光的散射,会使透射光强减弱。和吸收公式的推导完全一样,可得通过厚度为 l 的介质后的光强为

$$I_0 = I_0 e^{-\beta l} \tag{2-35}$$

式中 β 为散射系数, I_0 为入射光强。

一般情况下,将光通过介质而使光强减小的现象称为光的衰减或损耗。使透射光强减弱的因素有两个,一是光的吸收,二是光的散射。前者是入射光能转化为介质的热能等其他形式的能量,后者却没有能量形式的转换,只是光能量的空间分布改变了。虽然这两种因素的本质不同,但它对透射光的影响都一样,使透射光强减弱。考虑以上两种因素的影响,透射光强 I_l 与入射光强 I_0 的关系为

$$I_l = I_0 e^{-(\alpha+\beta) l} \tag{2-36}$$

式(2-36)中 α 为吸收系数, β 为散射系数。

根据散射光频率相对入射光频率是否有改变,可将散射分为两类:一类是线性散射;另一类是非线性散射。由于光的散射涉及面太广,理论解释过于深奥,下面我们只简要介绍一下各种散射的特点。

(2) 线性散射

如果散射光的频率等于入射光的频率,散射时没有新频率的光产生,则将这类散射称为线性散射。瑞利散射和米氏散射都属于线性散射。如果散射粒子大小在 $\frac{1}{5}\lambda \sim \frac{1}{10}\lambda$ 以下,则称该散射为瑞利散射或分子散射;如果散射粒子大小和光波长 λ 同量级或者更大,则称该散射为米氏散射。

通过大量实验研究得出,瑞利散射具有如下主要特点。

① 散射光强与入射光波的四次方成反比,即

$$I \propto \frac{1}{\lambda^4} \tag{2-37}$$

式(2-37)就是有名的瑞利散射定律。

用以上散射定律可以解释许多我们日常熟悉的自然现象,如天空为什么是蓝的、旭日和

夕阳为什么是红的,等等。按瑞利定律,白光中的短波成分(蓝紫光)遭到的散射比长波成分(红黄色)强烈得多,因此天是蓝的。旭日和夕阳呈红色,是由于白光中的短波成分被更多地散射掉了,透过大气的光中剩余较多的自然是长波成分了。

② 散射光强随观察方向而变,当自然光入射时,散射光强与观察方向之间的关系为

$$I_\theta = I_{\pi/2}(1 + \cos^2\theta) \tag{2-38}$$

式(2-38)中 θ 为观察方向与入射光方向之间的夹角,$I_{\pi/2}$ 是垂直于入射光方向上(即 $\varphi = \pi/2$ 时)散射光的强度。图 2-30 为瑞利散射光强的空间分布图。

③ 散射光是偏振光,不论入射光是自然光还是偏振光均如此,且偏振度与观察方向 θ 有关。对于各向同性介质,偏振度 P 为

$$P = \frac{1 - \cos^2\theta}{1 + \cos^2\theta} \tag{2-39}$$

米氏散射的主要特点是:散射光强随波长的关系已不是与 λ^4 成反比了,而是与 λ 的较低级次成反比,因此散射光强与波长的关系就不是很显著;散射光仍为偏振光,但偏振度随 r/λ 的增加而减小,式中 r 是散射粒子的线度,λ 是入射光的波长;散射光强度的角分布也随 r/λ 而变,和瑞利散射相比,其前向散射加强,后向散射减弱,如图 2-31 所示。

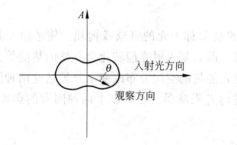 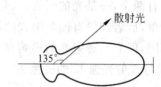

图 2-30   散射光强随 θ 角   图 2-31   直径为 $0.16\mu m$ 的金的质点
变化的关系   散射光强度的角分布

(3) 非线性散射

如果散射光中除了入射光的频率或谱线之外,还有新频率的光或新谱线产生,这类散射称为非线性散射。喇曼散射和布里渊散射都属于非线性散射。

散射光中除与入射光的原有频率 ω_0 相同的瑞利散射线外,谱线两侧还存在频率为 $\omega_0 \pm \omega_1, \omega_0 \pm \omega_2, \cdots$ 的散射线,这种现象被称为喇曼散射,它的主要特点如下:

① 在每条原始入射谱线(频率为 ω_0)两旁都伴有频率差 $\omega_j (j=1, 2, \cdots)$ 相等的散射谱线,在长波一侧的(频率为 $\omega_0 - \omega_j$)称为红伴线或斯托克斯线,在短波一侧的(频率为 $\omega_0 + \omega_j$)称为紫伴线或反斯托克斯线。

② 频率差 $\omega_j (j=1, 2, \cdots)$ 与入射光的频率 ω_0 无关,它们与散射物质的红外吸收频率对应,表征了散射物质的分子振动频率。

布里渊散射是声波对光的散射,如果入射光束的频率为 ω_L,声波的频率为 ω_s,那么,由布里渊散射会产生 $\omega_L - \omega_s$ 这一新频率的光。在激光出现以后,由于光强非常高,还出现了受激喇曼散射和受激布里渊散射等非线性效应。

2.6　光的量子性

　　光的电磁理论把光看作连续的电磁波,成功地说明了光在传播过程中的反射、折射、干涉、衍射等宏观现象。但是在 19 世纪末和 20 世纪初,科学实验深入到微观领域,在一系列新的实验事实面前,光的电磁理论遇到了巨大挑战,如它无法解释黑体辐射、光电效应、康普顿散射等实验现象。这迫使人们对光的本性作进一步的探索,从而导致了光的量子性概念的建立。对光的量子性的认识又导致了激光技术的发展,而这对于现代科学的影响是极为深远的,更导致了通信史上的革命。

1. 黑体辐射和普朗克能量子假说

　　物体加热到很高温度后就会发出光线,这种辐射叫做热辐射。

　　在任何温度下,任何物体一般来说都会发射不止一种波长的光,其中最强的光决定了发光时物体的颜色。维恩通过实验得到一条实验规律:"物体发光,其中最强光的波长与物体的温度成反比"。其数学表达式为

$$\lambda_{\max} T = 常数 \tag{2-40}$$

　　为了确切说明上述实验规律,我们应该找到一种物体,它能给出波长与温度的单纯关系而与它自己的特性无关。"黑体"就是这样一种物体,它是一个内部呈黑色且光滑的开着小孔的空盒子,光线由小孔射入,在腔内经过多次反射将会被完全吸收掉,如图 2-32 所示。

　　图 2-33 为一组在不同温度下黑体的光谱能量分布曲线。可以看出:黑体辐射本领 $r_0(\lambda, T)$ 随温度升高很快地上升;每条曲线有一最大值,当温度升高时,这最大值即向短波方向移动。为了解释上述实验事实,当时提出了两种理论公式:一种是维恩公式,它给出的理论结果仅在高频部分与实验相符;另一种是瑞利-金斯公式,它给出的理论结果仅在低频部分与实验相符。

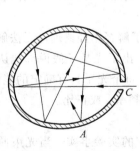

图 2-32　人工黑体

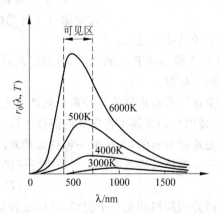

图 2-33　不同温度下的 r_0-λ 实验曲线

　　两种理论公式各自有一半是成立的,说明理论任务并没有完成。在1900年,普朗克为了得到与实验相符合的公式,做了一个特别关键的假定,从而背离了经典物理学,提出了著名的普朗克辐射公式。普朗克假设如下所示。

　　黑体物质是由带电的线性谐振子所组成,物质中振子的能量是不能连续变化的,只能取一些分立值,这些分立值又是某一最小能量单元 ε_0 的整数倍,即 $\varepsilon_0,2\varepsilon_0,\cdots,n\varepsilon_0,\cdots$,称为谐振子的能级($n$ 称为量子数),当谐振子从这些能级中的一个能级过渡到其他能级时就会发射或吸收辐射。频率为 ν 的谐振子的最小能量单元 ε_0 为

$$\varepsilon_0 = h\nu \qquad\qquad (2\text{-}41)$$

ε_0 被称为能量子,也简称量子,这里 h 为普朗克常量,其值为

$$h = (6.6256 \pm 0.0005) \times 10^{-34} \text{J} \cdot \text{s}$$

显然,普朗克的能量子假说是与经典理论相抵触的,因为根据经典理论,振子可能具有的能量不应受任何限制,并且可以连续变化。

　　普朗克根据能量子假说,推出了与实验惊人符合的公式,从而使黑体辐射问题得到了圆满的解决。这一假设具有深刻和普遍的意义,正是由于它第一次冲击了经典物理学的传统观念,因此创建了物理学的新纪元。

2. 光电效应和爱因斯坦光量子假说

　　如图2-34所示,一个真空管带有两个电极,与外面的电路相连。阳极是由某种金属构

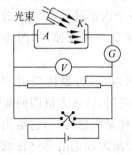

图2-34　研究光电效应的
实验装置

成。实验发现,当一束紫光照到阳极表面时,将从阳极跑出电子。由于这些电子是由光引发的,因此又叫"光电子"。尽管电子本身带负电,它却能向阴极跑去,从而连通了电路。这种由于光的照射,使电子从金属中逸出的现象称为光电效应。

　　根据实验可总结出光电效应具有如下的实验规律:

　　① 每种金属都有一个确定的截止频率 ν_0,当入射光的频率低于 ν_0 时,不论入射光多么强,照射时间多么长,都不能从金属中释放出电子。

　　② 对于频率高于 ν_0 的入射光,从金属中释放出的电子的最大动能与入射光的强度无关,却与光的频率有关。频率越高,释放出的电子动能就越大。

　　③ 对于频率高于 ν_0 的入射光,即使入射光非常微弱,开始照射后也能立即释放出电子,滞后时间不超过 10^{-8} s。

　　以上这些实验现象都是经典电磁理论无法解释的。为了解释用经典理论无法解释的光电效应,爱因斯坦发展了普朗克的能量子概念,于1905年提出了光量子假说。他认为光的能量不是连续分布的,光是由一粒粒运动着的光子组成的。每个光子具有确定的能量,它只能作为一个整体被吸收或产生。每个光子的能量 E 与光的频率 ν 成正比。

$$E = h\nu \qquad\qquad (2\text{-}42)$$

　　按照爱因斯坦的光量子假说,可以很容易解释光电效应的实验事实。当光束照射在金属上时,光子一个个地打在它的表面。金属中的电子要么吸收一个光子,要么完全不吸收。当光子被电子吸收时,根据能量守恒定律,离开金属表面的电子的动能为

$$\frac{1}{2}mv^2 = h\nu - W_0 \tag{2-43}$$

式中 $h\nu$ 为被电子捕获的光子的能量，W_0 为电子的逸出功。

式(2-43)为爱因斯坦公式，此公式可解释上述所有实验结果：光电子的最大动能与光的频率有关，与光的强度无关；当 $\nu = \nu_0$，$K_{\max} = 0$，这时光电子刚好克服金属表面的束缚逸出，当 $\nu < \nu_0$ 时，就不能产生光电效应了，这说明截止频率的存在；不管入射光多么微弱，每个光子的能量是不变的，凡是能捕获到光子的电子就能立刻离开金属表面，不需要一个积累能量的过程。

3. 光的波粒二象性

前面所讨论的光的干涉、衍射和偏振现象充分显示了光的波动性。另一方面，为了解释黑体辐射、光电效应、康普顿散射等光学现象又必须认为光是由能量粒子——光子所组成的光子流。统观全部光学现象，使人们不得不承认光同时具有波动和微粒的双重性质，称为光的波粒二象性。波粒二象性是同一客观物质——光在不同场合下表现出来的两种同样真实的属性。当光在空间传播时主要表现出其波动性；而当光与物质相互作用时，光的行为又表现出粒子性。

按照爱因斯坦的光量子假说，频率为 ν 的光子具有如下的能量 E 和动量 p：

$$\begin{cases} E = h\nu \\ p = \dfrac{h\nu}{c} = \dfrac{h}{\lambda} \end{cases} \tag{2-44}$$

在以上两式中，等号的左边表示微粒的性质，即光子的能量和动量；等号的右边表示波动的性质，即电磁波的频率 ν 和波长 λ。这两种性质通过普朗克常数 h 定量地联系起来。爱因斯坦公式(2-44)表明，光子同时具有波动微粒二象性。

波粒二象性并非光子所特有的性质。1924 年德布罗意在普朗克、爱因斯坦假说的基础上提出了物质波假说。他大胆地假定：不仅光子，所有实物粒子(如电子、质子、中子等)在运动中都既表现有微粒的行为也表现有波动的行为。这就是波动微粒二象性。表征微粒性的特征量是能量 E 和动量 p；表征波动性的特征量是频率 ν 和波长 λ。这两对物理量用以下公式联系起来。

$$\begin{cases} \nu = \dfrac{E}{h} \\ \lambda = \dfrac{h}{p} \end{cases} \tag{2-45}$$

在这里，再一次显示了普朗克常数所起的关键性作用。式(2-45)为德布罗意关系，与粒子运动相联系的波称为物质波或德布罗意波。

2.7　激光

激光在英语中叫 Laser，它是由 Light amplification by stimulated emission of radiation 中 5 个词的第一个字母合在一起缩写而成，意思是光的受激辐射放大。

1917 年爱因斯坦从理论上预言存在着原子受激辐射光的可能性。直到 20 世纪 50 年代人们才在受激辐射理论的基础上,研制成功了微波量子放大器(简称 Maser)。几年后,又提出了将微波放大器的原理推广到可见光波段的建议。1960 年梅曼按着这一建议研制成了第一台激光器——红宝石激光器。几个月后,氦氖激光器也诞生了。这以后,激光技术的发展及应用突飞猛进,不仅引起了现代光学技术的巨大变革,还带动了全息光学、非线性光学、激光光谱学等学科的迅速发展。

1. 自发辐射、受激辐射和受激吸收

光与物质的作用实质上就是光与原子的相互作用,这种相互作用有三个主要过程:自发辐射、受激辐射和受激吸收。

(1) 自发辐射

原子具有一系列分立的能级,当原子处于最低能级时,称此原子处于基态,而比基态能量高的态都称为激发态。在热平衡情况下,绝大多数原子都处于基态。处于基态的原子从外界吸收能量后,将跃迁到能量较高的激发态。

处于激发态的原子是不稳定的,它们在激发态停留的时间一般都非常短,大约为 10^{-8} s。在没有任何外界作用的情况下,原子也可以从激发态跃迁到基态,并把相应的能量释放出来。这种情况下的跃迁可分为两类:一类跃迁过程是通过碰撞转移能量,不发射电磁波,称为无辐射跃迁;另外一类在跃迁中释放的能量是以光辐射的形式放出,称为自发辐射。辐射出的光子能量为 $h\nu$,满足玻尔条件 $E_2 - E_1 = h\nu$,如图 2-35 所示。

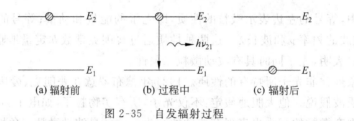

(a) 辐射前　　　　　　(b) 过程中　　　　　　(c) 辐射后

图 2-35　自发辐射过程

自发辐射的特点是该过程与外界作用无关,各个原子的辐射是自发地、独立地进行,彼此毫无关联。因而自发辐射的光子在位相、偏振状态以及传播方向上都没有确定的关系。对于大量原子来说,由于所处的激发态不同,因而辐射的光子的频率也不同。所以自发辐射的光,其单色性、相干性和方向性都很差。普通光源发光就属于自发辐射。

(2) 受激辐射

处在激发态的原子,受到外来的能量为 $h\nu$ 光子的激发作用,可以从高能态 E_2 跃迁到低能态 E_1,同时辐射出一个不仅能量与外来光子相同,而且频率、位相、振动方向以及传播方向都相同的光子,这一过程称为受激辐射,如图 2-36 所示。

在受激辐射中,通过一个光子的作用,可以得到两个特征完全相同的光子,如果这两个光子再引起其他原子产生受激辐射,就可以得到四个特征完全相同的光子……如此进行下去,将形成"雪崩"反应,就能得到大量特征完全相同的光子,这种现象称为光放大,如图 2-37 所示。激光就是通过受激辐射引起光放大来实现的,所以激光的能量很大。由于受激辐射产生出来的光子具有相同频率、振动方向、初位相等,因此激光的相干性很好。

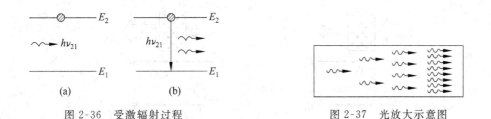

图 2-36　受激辐射过程　　　　　　　图 2-37　光放大示意图

（3）受激吸收

如果有一个原子开始时处于基态 E_1，若没有任何外来光子作用，它仍将处于基态。如果受到一个能量为 $h\nu$ 的光子的作用，原子吸收了能量 $h\nu$ 后，从基态 E_1 跃迁到激发态 E_2。这个过程称为受激吸收，如图 2-38 所示。

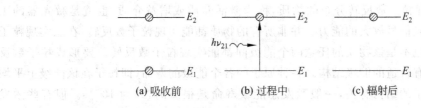

(a) 吸收前　　　　　(b) 过程中　　　　　(c) 辐射后

图 2-38　受激吸收过程

受激吸收的特点是该过程对外来光有严格的频率选择性，也就是说，不是具有任何能量的光子都能被一个原子所吸收，只有当光子的能量 $h\nu$ 正好等于原子能级间隔 $E_2 - E_1$，即 $h\nu = E_2 - E_1$ 时，这种光子才能被吸收。

2. 激光的形成

（1）粒子数反转的概念

为了叙述方便，把参与跃迁的原子、分子或离子统称为粒子。

激光是通过受激辐射来实现放大的光。但是光和物质相互作用时，总是同时存在着吸收、自发辐射和受激辐射三种过程，不可能只存在受激辐射过程。那么怎样才能使受激辐射胜过吸收和自发辐射，从而在这三个过程中占据主导地位呢？

首先看受激吸收和受激辐射过程。当光照射物质时，如果吸收的光子数多于受激辐射的光子数，总的效果不是光放大，而是光的减弱。只有当受激辐射的光子数多于被吸收的光子数时，才能实现光放大。

按照玻耳兹曼分布律，在热平衡时，处于高能级 E_2 的粒子数总是小于低能级 E_1 上的粒子数，这是正常分布。所以在热平衡时，光的吸收占主导地位，当光通过工作物质时，总的效果是被减弱，如图 2-39（a）所示。

要使受激辐射胜过受激吸收而占优势，必须使高能级粒子数 N_2 大于低能级粒子数 N_1。此时，如果有一束光照射工作物质，而光子的能量又恰好等于这两个能级的能量差，由于受激辐射占主导地位，就能实现光放大，如图 2-39（b）所示。

由此可见，要获得光放大，就必须有 $N_2 > N_1$ 的分布。显然，这相当于把热平衡时的正常分布反转过来，这样的一种分布称为粒子数反转分布，简称为粒子数反转。实现粒子数反转是产生激光的必要条件。

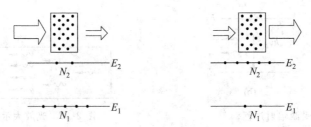

(a) $N_1>N_2$, 正常分布, 吸收为主　　　(b) $N_1>N_2$, 粒子数反转, 受激辐射为主

图 2-39　粒子数分布与光放大的关系

（2）粒子数反转的形成条件

要形成粒子数反转, 须具备下述条件。

① 要有能实现粒子数反转分布的物质, 称为激活介质或增益介质, 也就是激光器的工作物质, 它具有对光信号放大的能力。并非所有的物质都能实现粒子数反转, 在能实现粒子数反转的物质中, 也不是该物质的任意两个能级间都能实现粒子数反转。要形成粒子数反转, 工作物质必须有合适的能级结构。各种原子的各个能级的寿命（即粒子在该能级上平均停留的时间）与原子的结构有关, 一般激发态能级寿命是很短的, 约为 10^{-8} s。但有些激发态能级寿命特别长, 这种寿命特别长的激发态叫做亚稳态。亚稳态的能级平均寿命可以达到 10^{-3} s, 甚至于 1s。亚稳态在实现粒子数反转时起着十分重要的作用。具有亚稳态的工作物质, 才可能实现粒子数反转。

② 要实现粒子数反转, 还必须从外界输入能量, 使工作物质中有尽可能多的粒子吸收能量后从低能级跃迁到高能级。这一过程称为激励, 也称为抽运或泵浦。当激励强度足够大时, 便可在一对激光能级之间实现粒子数反转。激励的方法一般有光激励、放电激励、化学激励、热能激励、核能激励等。

由上述讨论看出, 工作物质具有亚稳态结构是实现粒子反转的内因, 而外来能量的激励是实现粒子数反转的外因。

（3）三能级和四能级系统

对于不同类型的激光器, 实现反转分布的具体形式尽管不同, 但均可以用如图 2-40 和图 2-41 所概括的基本过程来说明。

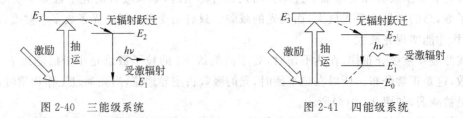

图 2-40　三能级系统　　　　　　图 2-41　四能级系统

① 三能级系统

在图 2-40 中, E_1 为基态, E_2 和 E_3 为激发态, 其中 E_2 为亚稳态, 粒子在 E_2 上的寿命比粒子在 E_3 上的寿命要长得多。此能级系统涉及三个能级, 称三能级系统。

在外界能源（如光照）的激励下, 基态 E_1 上的粒子被抽运到激发态 E_3 上, 由于其寿命短, 很快地以无辐射跃迁的方式转移到亚稳态 E_2 上。粒子在 E_2 态停留的时间较长（约为

10^{-3} s),使亚稳态 E_2 上粒子数不断积累。其结果是,一方面基态上粒子数 N_1 不断减少,另一方面亚稳态粒子数 N_2 不断增加,以至于 $N_2 > N_1$,于是就在亚稳态 E_2 与基态 E_1 之间形成了粒子数反转,达到光放大的目的。第一台红宝石激光器就是属于三能级系统。

②　四能级系统

在三能级系统中实现粒子数反转比较困难,因为在热平衡状态下,所有粒子几乎都集中在基态,为了达到反转,必须把半数以上的基态粒子抽运到上能级,因此只有激励能源的功率很高,并且进行快速抽运才有可能实现粒子数反转分布。如果反转分布的下能级不是基态而是激发态,它参与激光过程的能级如图 2-41 所示,该系统被称为四能级系统。E_0 是基态,E_1 是激发态,在抽运过程中,由于跃迁的结果,当亚稳态 E_2 的粒子数大于能级 E_1 的粒子数时,即实现了 E_2 和 E_1 两能级间的粒子数反转分布。因为下能级不是基态,其上粒子数本来就很少,这样在 E_2 与 E_1 之间就比较容易实现反转分布。所以,就一般情况而言,使四能级系统实现粒子数反转,外界需输入的激发能量比三能级系统少。用途广泛的 YAG 激光器和钕玻璃激光器就属于这种四能级系统。

总之,要实现粒子数反转分布,不论三能级系统还是四能级系统,都必须有亚稳态,而且要有激励能源。粒子的整个输运过程是一个循环往复的非平衡过程,一旦抽运停止,反转分布就很快消失。

需要指出的是,所谓三能级或四能级系统,并不是工作物质的实际能级图,而只是对形成粒子数反转分布的物理过程所作的抽象概括。实际能级要复杂一些,而且一种工作物质内部,往往可能存在几对能级间的反转分布,相应地发出几种波长的激光。

(4)　光学谐振腔

虽然激活介质中实现了粒子数反转分布,但仍然不能产生激光。因为在激活介质内部来自自发辐射的初始光信号是无规则的,在其激励下发生的受激辐射是随机的,所辐射的光的位相、频率和传播方向等是互不相关的。要产生激光,必须选择传播方向和频率一定的某一光信号优先放大,而将其他方向和频率的光信号加以抑制。为了获得单色性、方向性都很好的激光,通常在激活介质的两端放置互相平行的反射镜,如图 2-42 所示。以这对反射镜为端面的腔体叫做光学谐振腔。光学谐振腔对激光的形成和光束的特性有很大的影响,它是激光器一个非常重要的组成部分。

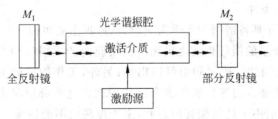

图 2-42　激光器的组成

在理想的情况下,谐振腔的两个端面之一的反射率应该是 100%,而为了让激光输出,另一个端面是部分反射的,反射率的大小取决于工作物质增益的大小。一般情况下,两反射面可以是平面,也可以是球面,本书将讨论平面谐振腔的情况。

①　谐振腔对光束的作用

如图 2-43 所示,谐振腔内的工作物质在激励能源的抽运下,形成粒子数反转,处于激发态的粒子并不稳定,它们都要以自发辐射的方式向各个方向发射光子,那些偏离谐振腔轴向的各类光子很快通过工作物质的侧面逸出腔外,而沿着轴向传播的光子,由于受到两端反射镜的反射而在腔内不断往返运行形成光振荡。在光振荡过程中,这些轴向运动的光子再次通过激活介质时,将引起受激辐射,产生更多同频率、同位相、同偏振态、同方向的光子。因此,沿轴线运行的光子将不断增殖,在谐振腔内形成传播方向沿轴线、位相等完全一致的强光束,并从部分反射镜输出,这就是激光。

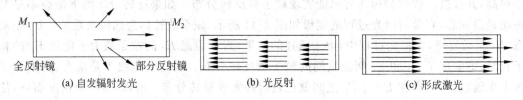

(a) 自发辐射发光　　　　　　　(b) 光反射　　　　　　　(c) 形成激光

图 2-43　谐振腔对光束的作用

应该指出的是,谐振腔内受激辐射所产生的光并不是严格的单色光,而是有一定频率范围的。其主要原因是原子发光时间有限。根据测不准关系知道,原子发光的频率宽度 $\Delta\nu$ 与发光时间 Δt 成反比

$$\Delta\nu = \frac{1}{\Delta t} \tag{2-46}$$

任何原子发光时间都是有限的,因而发出的光都具有一定的频率宽度。

虽然在谐振腔内受激辐射产生的光有一定的频率范围,但通过部分反射镜输出激光的单色性却非常好。这是因为在谐振腔中并非所有的光都能满足谐振条件,只有某些特定频率才能满足,从而实现光振荡。这些特定频率就是能在谐振腔内形成驻波的那些频率。设谐振腔长为 L,光的波长为 λ,介质的折射率为 n,则只有波长满足式(2-47)的光才能在谐振腔内形成驻波,从而实现光振荡

$$L = q\frac{\lambda}{2n} \tag{2-47}$$

式(2-47)中的 q 为正整数。实际上,在谐振腔中能够引起谐振的频率,仅仅是在原子发光的频率宽度范围内满足驻波条件的有限的若干个频率。

② 光振荡的阈值条件

实现了粒子反转并具备适当的光学谐振腔,从原理上就可以产生光振荡。但实际上,随着光振荡的获得,光能量的损耗也随之出现。谐振腔内造成损耗的原因很多,主要有:光在谐振腔镜面上的吸收、散射、透射和衍射输出等;另外,工作物质的不均匀引起的散射和折射,使光偏离原来的传播方向逸出腔外也会造成损耗。这些都应尽力避免或减少。如果工作物质的放大作用抵消不了这些损耗的总和,则光振荡就不能持续。可见,要维持光振荡并得到一定的激光输出,必须使系统满足一定的能量条件,这条件称为谐振腔的阈值条件。

综上所述,要能产生激光,必须具备以下三个基本条件:

- 要有具有合适能级结构的工作物质。
- 要有光学谐振腔,以维持光振荡,并满足阈值条件。
- 要有合适的激励能源,以供给能量。

所以,产生激光的装置必须包括工作物质、激励能源和光学谐振腔三部分,这样的装置

就是激光器,如图 2-42 所示。

3. 激光的模式

(1) 纵模

原子从能级 E_2 向 E_1 跃迁产生辐射时,由于能级寿命、粒子碰撞以及粒子热运动产生的多普勒效应等因素,所发射的谱线总有一定的宽度,即有一定的频率范围。图 2-44(a)表示普通光源发射的中心频率为 ν_0 的一条谱线。谱线的频宽 $\Delta\nu$ 是指中心频率 ν_0 两侧强度 $I=I_0/2$ 的两个频率之差。光的单色性由频宽 $\Delta\nu$ 表示。$\Delta\nu$ 越小,单色性越好。

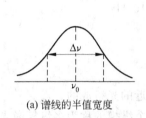
(a) 谱线的半值宽度

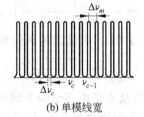
(b) 单模线宽

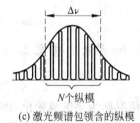
(c) 激光频谱包领含的纵模

图 2-44　光谱的频宽

普通光源的谱线频宽为 $10^7 \sim 10^9\,\mathrm{Hz}$,而激光谱线的频宽 $\Delta\nu_c$ 小于 $10^4\,\mathrm{Hz}$,甚至小到 $10^{-1}\,\mathrm{Hz}$。可见激光的单色性比普通光的单色性高 $10^8 \sim 10^{10}$ 倍。例如,普通氖放电管发射的波长为 6328Å 的谱线,其中心频率 ν_0 为 $4.74\times10^{14}\,\mathrm{Hz}$,谱线频宽 $\Delta\nu$ 为 $1.5\times10^9\,\mathrm{Hz}$;而氦氖激光器发出的波长为 6328Å 的激光谱线,其频宽 $\Delta\nu_c=10^{-1}\,\mathrm{Hz}$,如图 2-46(b)所示。

为什么激光有这样好的单色性呢?这是因为受激辐射的光在激光器两个反射镜间来回反射,使谐振腔内同时存在两个相向传播的光波,它们将发生干涉。设腔内介质折射率为 n,腔长为 L,则当腔长 L 为腔内介质中光波半波长 $\lambda/2n$ 的整数倍时,即

$$2nL = q\lambda \quad q = 1,2,3,\cdots$$

或

$$\nu_k = q\frac{c}{2nL} \tag{2-48}$$

就能在腔内形成稳定的驻波。式(2-48)中 ν_k 称为谐振频率。只有形成驻波的光才能实现振荡放大,产生激光。因此,满足式(2-48)的光波方能得到加强,形成稳定振荡成为激光。其他频率的光不能形成稳定振荡,无法成为激光。

图 2-45 表示腔内的驻波模式。每一个谐振频率对应一个驻波模式,也就是对应着沿纵向传播的一种振荡模式,这种纵向振荡模式称为纵模。纵模实际上是谐振腔所允许

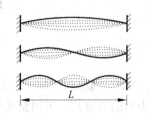

图 2-45　激光腔内的驻波模式

的光场纵向稳定分布。由式(2-49)可知,谐振频率依 k 的取值而有准分立频谱 $\nu_1,\nu_2,\nu_3,\cdots$。k 称为纵模序数,它是腔内相应驻波的波腹个数。每一纵模谱线仍有一定频宽 $\Delta\nu_c$,称为单模线宽,如图 2-44(b)所示。

相邻两个纵模的频率差称为纵模间隔,用 $\Delta\nu_m$ 表示,其值为

$$\Delta \nu_{\mathrm{m}} = \nu_{k+1} - \nu_k = \frac{c}{2nL} \tag{2-49}$$

式(2-49)中 $\Delta\nu_{\mathrm{m}}$ 与纵模序数 k 无关,意味着纵模是等间隔分布的,且 $\Delta\nu_{\mathrm{m}}$ 的值由腔长 L 决定。

激光器内工作物质受激辐射的谱线有一定频率范围 $\Delta\nu$,谐振腔的作用是在此范围内形成有限个纵模,如图 2-44(c)所示。纵模个数

$$N = \frac{\Delta\nu}{\Delta\nu_{\mathrm{m}}} \tag{2-50}$$

这 N 个纵模就是激光器输出的激光频谱。例如,腔长为 $L=1.0\mathrm{m}$,折射率 $n=1.0$,则纵模间隔为

$$\Delta\nu_{\mathrm{m}} = \frac{c}{2nL} = \frac{3 \times 10^8}{2 \times 1.0 \times 1.0} = 1.5 \times 10^8 \, \mathrm{Hz}$$

对 He-Ne 激光器,线宽 $\Delta\nu = 1300 \times 10^6 \, \mathrm{Hz}$,则输出的纵模数为

$$N = \frac{\Delta\nu}{\Delta\nu_{\mathrm{m}}} = \frac{1300 \times 10^6}{1.5 \times 10^8} \approx 8$$

这种情况称为多纵模输出,即输出的激光是由多个频率间隔很近的光组成的。

只能输出一个纵模的激光器称为单纵模激光器,能输出多个纵模的称为多纵模激光器。显然,激光器输出的纵模越多,激光的单色性就越差。因此,对要求单色性好的激光器,必须采取选模措施,实现单纵模输出。

(2) 横模

激光腔内与腔轴垂直的横截面内的稳定光场分布叫做横模。横模的形成可用光的衍射现象来说明。为图示方便,把光束被反射镜的反射画成通过小孔向前传播。因为小孔的孔径(即反射镜的直径)是有限的,所以要发生衍射,每次反射总有一部分偏离轴线的衍射光束逸出腔外。如果最初的入射光束是均匀分布的平行光柱,那么经过衍射之后,光强分布将不再是均匀的了;然而经过无数次衍射之后,就会达到一种稳定的分布,即形成一种横模。图 2-46 表示了这一过程。图 2-46 中最后达到的光强分布是中心强而边缘弱,而且不存在光强为零的节点,这种稳定的光场分布叫做基模,记为 TEM_{00}。

图 2-46　横模形成的示意图

横模一般用 TEM_{mn} 来表示,TEM 代表电磁横波,m、n 代表平面光场中两个坐标轴上光强为零的节点数。不同横模的频率也不同,但相差甚少,可以忽略;然而不同横模的光场分布相差很大。把输出的激光束照在屏幕上,就可以从激光光斑来确定它的横模。图 2-47 是常见的各种低阶横模的光强分布图。

基模的光强分布均匀,有较好的空间相干性,是理想的横模。调节谐振腔可以抑制高阶横模。在腔内放置适当孔径的光阑,也可得到基模输出。

纵模和横模各从一个侧面反映了谐振腔内光场的稳定分布,两者统称为激光的模式,用 TEM_{mnq} 来表示,其中 m、n 的意义同前,q 是纵模序数。

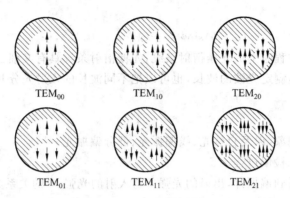

图 2-47　常见的几种低阶横模的光强分布图

小结

1. 光的反射、折射和全反射

光从一种透明物质进入另一种透明物质的界面时,通常会发生光的反射和光的折射现象,满足光的反射和折射定律。

当光从光密介质射入光疏介质时,且入射角大于临界角时,将发生光的全反射现象。全反射的这一特点还被广泛地用于光纤通信。

光的传导现象的原理逐渐发展为光纤通信。

2. 光的电磁理论

从麦克斯韦方程组得出空间存在着电磁波。光波是一种电磁波,可见光的波长范围为 $0.4 \sim 0.76 \mu m$。常用的光纤通信系统工作在近红外区,波长为 $0.8 \sim 1.8 \mu m$。

光的波动性主要表现在光的干涉、光的衍射、光的偏振等很多方面。

3. 光的干涉和衍射

(1) 光的干涉

① 光的相干性

满足振动方向相同、频率相同、位相差恒定的光能够发生光的干涉。通常用两种方法来获得相干光:分波阵面法和分振幅法。

② 光的干涉规律

两束光总的光程差 δ 由两束相干光的光程差和半波损失两种因素决定,满足如下规律:

$$\delta = \pm k\lambda, \quad k = 1, 2, 3, \cdots (干涉加强)$$

$$\delta = \pm \left(k + \frac{1}{2}\right)\lambda, \quad k = 0, 1, 2, \cdots (干涉减弱)$$

(2) 光的衍射

了解光的衍射惠更斯-菲涅耳原理和单缝衍射的规律。

光栅衍射方程:

$$(a+b)\sin\phi = \pm k\lambda \quad k = 0,1,2,\cdots$$

满足光栅衍射方程时形成光栅衍射条纹,光栅衍射条纹具有又细、又亮、又疏的特点,可以用衍射光栅精确地测定光波的波长,也可以把不同波长的入射光分开。

4. 光的偏振

了解光的偏振现象,以及自然光、线偏振光、部分偏振光。

了解光的起偏和检偏过程。

当线偏振光入射到偏振片,出射的光强 I 与入射的光强 I_0 的关系为 $I = I_0\cos^2\alpha$,这个规律称为马吕斯定律。

自然光在两种各向同性介质的分界面上反射和折射时,反射光和折射光都成为部分偏振光,当满足 $\tan i_0 = \dfrac{n_2}{n_1} = n_{21}$ 时,反射光是光振动垂直于入射面的线偏振光,这个规律称为布儒斯特定律。

一束自然光进入各向异性晶体能够发生光的双折射现象,o 光和 e 光都是线偏振光。

5. 光的吸收、色散和散射

光的吸收是指光波通过介质后,光强减弱的现象,满足 $I = I_0 e^{-\alpha x}$。

光的色散是指介质的折射率 n 随光波波长 λ 而变化的现象,光的色散可分为正常色散和反常色散。

光的散射是当光通过介质时,偏离原来的方向而向四周传播的现象。

6. 光的量子性

1900 年,普朗克提出了量子假设:

$$\varepsilon_0 = h\nu$$

这里 h 为普朗克常量,$h = (6.6256 \pm 0.0005) \times 10^{-34} \mathrm{J \cdot s}$;$\nu$ 为光频率。

爱因斯坦发展了普朗克的能量子概念,于 1905 年提出了光量子假说。

按照光的量子理论,一束光波就是大量光子的光子流。光子不仅具有能量 E 和动量 p,还具有波长 λ 和频率 ν:

$$E = h\nu$$
$$p = h/\lambda$$

7. 激光原理

激光是受激辐射光放大。

光与物质的作用主要有自发辐射、受激辐射和受激吸收三个过程。

实现粒子数反转分布是产生激光的必要条件,因此激光器需要三个要素:激光工作物质、激励和光学谐振腔。

输出的激光受两种因素的影响,一个是光学谐振腔的腔长 L 的影响,另一个是光学谐振腔的大小和形状的影响,分别称为纵模特性和横模特性。

习题

2-1　一个频率为 $6×10^{14}$ Hz 的光源,其发射功率为 10W,它 1s 内发射多少个光子?

2-2　如下两种光纤,临界角满足什么条件可以保持光在纤芯中传播?

(1) 对于石英光纤,纤芯的折射率 $n_1=1.48$,包层的折射率 $n_2=1.46$。

(2) 对于塑料光纤,纤芯的折射率 $n_1=1.495$,包层的折射率 $n_2=1.402$。

2-3　一单色光垂直照在厚度均匀的薄油膜上。油的折射率为 1.3,玻璃的折射率为 1.5,若单色光的波长可由光源连续调节,并观察到 500nm 与 700nm 这两个波长的单色光在反射中消失,求油膜的厚度。

2-4　一波长为 $λ=600$nm 的单色平行光垂直照射一个光栅上,光栅常数为 $d=6μ$m,问第二级明纹所对应的衍射角 ϕ 为多少?

2-5　一束线偏振光入射到偏振片上,光矢量方向与偏振化方向分别成 30° 和 60°,问透过偏振片的光强之比是多少?

2-6　光从空气中入射到玻璃会发生光的反射和折射,已知玻璃的折射率 $n=1.48$,空气的折射率近似为 1,试求反射光为线偏振光时所对应的入射角。

2-7　有一介质,吸收系数为 $α=0.32$cm^{-1},透射光强分别为入射光强的 10%、50% 及 80% 时,介质的厚度各多少?

2-8　什么是粒子数反转?

2-9　构成激光器的三个基本条件是什么?

第3章 光 纤

3.1 光纤概述

1. 光纤结构

光纤的典型结构是多层同轴圆柱体,如图 3-1 所示,自内向外为纤芯、包层及涂覆层。通信光纤的纤芯通常是折射率为 n_1 的高纯 SiO_2,并有少量掺杂剂(如 GeO_2 等),以提高折射率。包层折射率为 $n_2(n_2 < n_1)$,通常也由高纯 SiO_2 制造,掺杂 B_2O_3 及 F 等以降低折射率。纤芯和包层合起来构成裸光纤,光纤的光学及传输特性主要由它决定。对于通信石英光纤,多模光纤的芯径 $2a$ 大多为 $50\mu m$ 或 $62.5\mu m$,单模光纤芯径仅 $4 \sim 10\mu m$。它们的包层外径 $2b$ 一般为 $125\mu m$。在包层外面是 $5 \sim 40\mu m$ 的涂覆层,材料是环氧树脂或硅橡胶,其作用是增强光纤的机械强度。再外面还常有缓冲层($100\mu m$ 厚)及套塑层。此外,纤芯及包层材料也可由玻璃或塑料制造,它们的损耗比石英光纤大,但在短距离的光纤传输系统中仍有一定的应用。

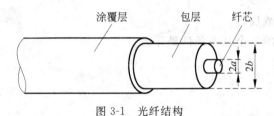

图 3-1 光纤结构

套塑后的光纤(称为芯线)还不能在工程中使用,必须成缆。把数根、数十根光纤纽绞或疏松地置于特制的螺旋槽聚乙烯支架里,外缠塑料绑带及铝皮,再被覆塑料或用钢带铠装,加上外护套后即成为光缆。

2. 光纤的分类

光纤的种类很多,从不同的角度,有不同的分类方法。通常我们可以按照光纤材料、折射率分布和传输模式来分类。

(1) 按照光纤材料分类

首先来分析构成光纤的原材料,光纤按其构成的原材料可分为以下四类。

① 石英系光纤:它主要是用高纯度的 SiO_2 掺有适当的杂质制成。目前这种光纤损耗最低,强度和可靠性最高,应用最广泛。

② 多组分玻璃光纤:例如用钠玻璃掺有适当的杂质制成。这种光纤的损耗较低,但可靠性不高。

③ 塑料包层光纤:纤芯是用石英制成,包层是硅树脂。

④ 全塑光纤：纤芯和包层均由塑料制成，其损耗较大，可靠性也不高。但随着光纤接入网技术发展，有广阔的应用前景。

目前，光纤通信中石英系光纤应用非常广泛，所以后面的章节主要来分析石英系光纤。

（2）按照折射率分类

光纤可以按照光纤横截面的折射率分布来分类，按照折射率分布分类可分为阶跃型光纤（SIF）和渐变型光纤（GIF）。

① 阶跃型光纤

如果纤芯折射率 n_1 沿半径方向保持一定，包层折射率 n_2 沿半径方向也保持一定，而且纤芯和包层的折射率在边界处呈阶梯形变化的光纤，称为阶跃型光纤，也称为均匀光纤，如图 3-2(a)所示。

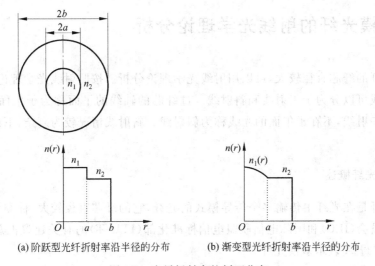

(a)阶跃型光纤折射率沿半径的分布　　　　(b)渐变型光纤折射率沿半径的分布

图 3-2　光纤折射率的剖面分布

纤芯的折射率 n_1 和包层的折射率 n_2 的相差程度可以用相对折射指数差 Δ 来表示

$$\Delta = \frac{n_1^2 - n_2^2}{2n_1^2} \tag{3-1}$$

对于阶跃型光纤，由于光纤的纤芯和包层是采用相同的基础材料 SiO_2，只不过分别掺入不同的杂质，折射率略有差别，但差别极小，这种光纤称为弱导波光纤。弱导波光纤的相对折射指数差 Δ 可近似表示为：

$$\Delta = \frac{n_1 - n_2}{n_1} \tag{3-2}$$

石英光纤的相对折射指数差 Δ 近似为 0.01。

② 渐变型光纤

如果纤芯折射率 n_1 随着半径加大而逐渐减小，而包层中折射率 n_2 是均匀的，这种光纤称为渐变型光纤，又称为非均匀光纤，它的折射率分布如图 3-2(b)所示。

对于渐变型光纤，相对折射指数差 Δ 一般以光纤的光轴点的折射率 $n(0)$ 和包层的折射率 $n(a)$ 的差别来表示

$$\Delta = \frac{n^2(0) - n^2(a)}{2n^2(0)} \tag{3-3}$$

（3）按照光纤中的传导模式数量分类

光是一种电磁波，它沿光纤传输时可能存在多种不同的电磁场分布形式（即传导模式）。能够在光纤中远距离传输的传导模式称为导模。根据传导模式数量的不同，光纤可以分为多模光纤和单模光纤两类。

多模光纤是在光纤中传输多个传导模式的光纤，它的纤芯直径较大。多模光纤适用于中短距离、中小容量的光纤通信系统。

单模光纤是在光纤中只传输一种模式，即基模（最低阶模式）。单模光纤的纤芯直径极小，约为 $4\sim10\,\mu\mathrm{m}$，包层直径为 $125\,\mu\mathrm{m}$。单模光纤适用于长距离、大容量的光纤通信系统。

3.2 多模光纤的射线光学理论分析

多模光纤的纤芯直径较大，可以用射线光学理论分析。按照射线光学理论分析方法，光纤中的光射线可以分为子午射线和斜射线。过纤芯的轴线的平面称为子午面，在子午面的光线称为子午射线，不在子午面的光线称为斜射线。斜射线情况较为复杂，下面只分析子午射线。

1. 多模光纤概述

多模光纤是在光纤中传输多个传导模式的光纤，它的纤芯直径较大，种类繁多。现在将国际电工委员会（IEC）和国际电信联盟电信标准化部（ITU-T）的有关建议汇总（见表 3-1），表 3-1 中的字母 A 表示多模光纤。

表 3-1 多模光纤

分类代号	折射率分布	纤芯直径/$\mu\mathrm{m}$	包层直径/$\mu\mathrm{m}$	材　　料
A1a	渐变折射率	50	125	二氧化硅
A1b	渐变折射率	62.5	125	二氧化硅
A1c	渐变折射率	85	125	二氧化硅
A1d	渐变折射率	100	140	二氧化硅
A2a	突变折射率	50	125	二氧化硅
A2b	突变折射率	85	125	二氧化硅
A2c	突变折射率	100	140	二氧化硅
A2d	突变折射率	200	250	二氧化硅
A3a	突变折射率	200	300	二氧化硅纤芯塑料包层
A3b	突变折射率	200	380	二氧化硅纤芯塑料包层
A4a	突变折射率	980～990	1000	塑料
A4b	突变折射率	730～740	750	塑料
A4c	突变折射率	480～490	500	塑料

2. 多模阶跃型光纤的射线光学理论分析

多模阶跃型折射率光纤的导光原理比较简单,如图 3-3 所示。

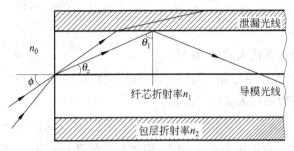

图 3-3 阶跃型折射率光纤的导光原理

按照光的全反射理论,全反射的临界角由式(3-4)确定。

$$\theta_C = \arcsin \frac{n_2}{n_1} \tag{3-4}$$

当入射光线的入射角 θ_1 大于临界角 θ_C 时,入射光线将会在纤芯与包层的界面上发生全反射,当全反射的光线再次入射到纤芯与包层的分界面时,又会再次发生全反射而返回纤芯中传输形成导波;如果光线满足 θ_1 小于或等于临界角 θ_C,那么这条光线将形成辐射模,不会在纤芯中传输形成导波。

由全反射条件 $\theta_1 > \theta_C$ 可得:

$$\sin\theta_1 > \frac{n_2}{n_1} \tag{3-5}$$

在端面上,一条光线与光纤轴线成 ϕ 角入射到光纤中,由于光纤与空气界面的折射效应,光纤将会向轴线偏移,折射光线的角度 θ_z 由式(3-6)给出:

$$n_0 \sin\phi = n_1 \sin\theta_z \tag{3-6}$$

其中

$$\theta_1 = 90° - \theta_z \tag{3-7}$$

式(3-6)中 n_1 为纤芯折射率,n_0 为空气折射率,空气折射率近似为 1,因此

$$\sin\phi = \frac{n_1}{n_0}\sin\theta_z = \frac{n_1}{n_0}\sin(90° - \theta_1) = \frac{n_1}{n_0}\cos\theta_1 = \frac{n_1}{n_0}\sqrt{1 - \sin^2\theta_1}$$

则可得:

$$\sin\phi \leqslant \sqrt{n_1^2 - n_2^2} \tag{3-8}$$

由上面分析可知,并不是由光源射出的全部光射线都能在纤芯中形成导波,光线与光纤轴线所成的角度 ϕ 满足式(3-8)时入射到光纤中,才能在纤芯中传输形成导波。

光纤的数值孔径定义为表示光纤捕捉光射线能力的物理量,用 NA 表示。

$$NA = \sin\phi_{max} \tag{3-9}$$

式中 ϕ_{max} 是入射到光纤端面的光线被光纤捕捉而形成导波的最大角度,只要射入角小于 ϕ_{max} 的所有射线均可被光纤所捕捉。数值孔径越大表示光纤捕捉射线的能力就越强。阶跃型光纤的数值孔径为常数,即

$$NA = \sqrt{n_1^2 - n_2^2} = n_1\sqrt{2\Delta} \tag{3-10}$$

不同的光纤数值孔径不同。

例 3-1 求下面两种光纤的数值孔径。

(1) 石英光纤：$n_1 = 1.48, n_2 = 1.46$。

(2) 塑料光纤：$n_1 = 1.495, n_2 = 1.402$。

解

(1) 把石英光纤数据代入式(3-10)得

$$NA = \sqrt{n_1^2 - n_2^2} = \sqrt{1.48^2 - 1.46^2} = 0.2425$$

(2) 把塑料光纤数据代入式(3-10)得

$$NA = \sqrt{n_1^2 - n_2^2} = \sqrt{1.495^2 - 1.402^2} = 0.5192$$

石英系光纤的相对折射指数差 Δ 很小,因此其数值孔径也不大,约为 $0.1 \sim 0.3$。但塑料光纤的数值孔径要大得多。

对于多模阶跃型折射率光纤,光信号的能量是由不同的光射线携带的。不同的光射线,由于入射角不同,传输路径也会不同。那么不同的光射线同时出发,到达终点的时间就会不同,就会有时延差,信号在时间上会发生展宽,这样限制了多模阶跃型折射率光纤的传输带宽。为此人们研制出了多模渐变型折射率光纤。

3. 多模渐变型光纤的射线光学理论分析

多模渐变型光纤导光原理如图 3-4 所示。

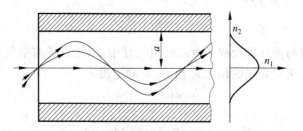

图 3-4　渐变型折射率光纤的导光原理

图 3-4 显示了多模渐变型光纤中三条不同路径的光线沿光纤传播的情况,与轴线夹角大的光线经过的路径要长一些,然而它的折射率较小,光线沿轴向的传播速度较快;而沿着轴线传播的光线尽管路径最短,但传播速度却最慢。这样如果选择合适的折射率分布就有可能使所有光线同时到达光纤输出端。

这样就很容易理解为什么采用多模渐变型光纤:不同的光射线同时出发,到达终点的时延差就会变小,信号在时间上会发生的展宽也会变小,这样多模渐变型折射率光纤的传输带宽就会增大。

这就是人们研制多模渐变型光纤的目的。

多模渐变型光纤的捕捉光射线能力的物理量也可以用数值孔径来表示。但对于渐变型光纤,由于纤芯中各处的折射率不同,因此各点的数值孔径也不相同。我们把射入点 r 处的数值孔径称为渐变型光纤的本地数值孔径用 $NA(r)$ 表示

$$\mathrm{NA}(r) = \sqrt{n^2(r) - n^2(a)} \tag{3-11}$$

式(3-11)中 $n(r)$ 为半径 r 点的折射率，$n(a)$ 为半径 a 点的折射率。

下面将讨论多模渐变型光纤的最佳折射指数分布。

选择合适的折射率分布就有可能使所有光线同时到达光纤输出端，那么什么样的折射指数分布是最佳折射指数分布？

我们从多模渐变型光纤的子午射线上分析就可以得出结论。多模渐变型光纤子午射线的行进轨迹如图 3-5 所示。行进轨迹方程为

$$z = \int_l \frac{n_0 N_0}{\sqrt{n^2(r) - n_0^2 N_0^2}} \mathrm{d}r \tag{3-12}$$

式(3-12)中：n_0 为初始点的折射率。

$$N_0 = \cos\theta_{z0} \tag{3-13}$$

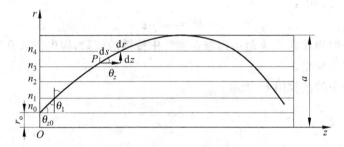

图 3-5　多模渐变型光纤子午射线的行进轨迹

可以证明满足 $n(r)$ 为双曲正割分布时，多模渐变型光纤的子午射线，从同一地点出发，会到达相同的终端。这种现象称为光纤的自聚焦现象，相应的折射指数分布称为最佳折射指数分布。

通常多模渐变型光纤的最佳折射指数选取平方律型分布形式

$$n(r) = n(0)\left[1 - 2\Delta\left(\frac{r}{a}\right)^2\right]^{1/2} \tag{3-14}$$

式中：$\Delta = \dfrac{n^2(0) - n^2(a)}{2n^2(0)}$，$n(0)$ 为光纤轴线处（$r=0$）的折射率，a 为纤芯半径。

利用多模渐变型光纤的自聚焦现象也可以制成自聚焦透镜。

3.3　阶跃型光纤的波动光学理论

1. 光纤传输光波的波动方程

光波在阶跃型光纤中的传输满足麦克斯韦方程组。阶跃型光纤的内部近似为一个无源空间，对于时变电磁场随时间简谐规律变化时，麦克斯韦方程组可以表示为：

$$\nabla \times \boldsymbol{H} = \mathrm{j}\omega D \tag{3-15}$$

$$\nabla \times \boldsymbol{E} = -\mathrm{j}\omega B \tag{3-16}$$

$$\nabla \cdot \boldsymbol{D} = 0 \tag{3-17}$$

$$\nabla \cdot \boldsymbol{B} = 0 \tag{3-18}$$

式中 $\boldsymbol{E}$、$\boldsymbol{B}$、$\boldsymbol{D}$、$\boldsymbol{H}$ 分别为电场强度、磁感应强度、电位移矢量、磁场强度矢量的复数形式,为了方便,这里省略了在复数场量上边的点号标记。

光纤近似为线性极化电介质和线性磁化磁介质,则:

$$\boldsymbol{D} = \varepsilon \boldsymbol{E} = \varepsilon_0 \varepsilon_r \boldsymbol{E} \tag{3-19}$$

$$\boldsymbol{B} = \mu \boldsymbol{H} = \mu_0 \mu_r \boldsymbol{H} \tag{3-20}$$

利用式(3-19)和式(3-20)和矢量恒等式可以得出在光纤中电场强度 $\boldsymbol{E}$ 和磁场强度 $\boldsymbol{H}$ 的亥姆霍兹方程:

$$\nabla^2 \boldsymbol{E} + k^2 \boldsymbol{E} = 0 \tag{3-21}$$

$$\nabla^2 \boldsymbol{H} + k^2 \boldsymbol{H} = 0 \tag{3-22}$$

式(3-21)和式(3-22)中:

$$k^2 = \omega^2 \mu \varepsilon \tag{3-23}$$

现在分析 k 的物理意义,k 是电磁波在光纤中传播的波数,即电磁波在光纤中每传输单位距离产生的相位变化。

在自由空间中的波数用 k_0 表示

$$k_0 = \frac{2\pi}{\lambda_0} \tag{3-24}$$

则有

$$k = k_0 n \tag{3-25}$$

n 为介质的折射率,在纤芯中 $n=n_1$,在包层中 $n=n_2$。

∇^2 为拉普拉斯算符,在直角坐标系、球坐标系和圆柱坐标系中的展开式有所不同。

在直角坐标系中

$$\nabla^2 = \frac{\partial^2}{\partial x^2} + \frac{\partial^2}{\partial y^2} + \frac{\partial^2}{\partial z^2} \tag{3-26}$$

在球坐标系中

$$\nabla^2 = \frac{1}{r^2}\frac{\partial}{\partial r}\left(r^2\frac{\partial}{\partial r}\right) + \frac{1}{r^2\sin\theta}\frac{\partial}{\partial\theta}\left(\sin\theta\frac{\partial}{\partial\theta}\right) + \frac{1}{r^2\sin^2\theta}\frac{\partial^2}{\partial\varphi^2} \tag{3-27}$$

在圆坐标系中

$$\nabla^2 = \frac{1}{r}\frac{\partial}{\partial r}\left(r\frac{\partial}{\partial r}\right) + \frac{1}{r^2}\frac{\partial^2}{\partial\varphi^2} + \frac{\partial^2}{\partial z^2} \tag{3-28}$$

理想的光纤是无限延伸的圆柱体,可以采用的圆柱坐标系如图 3-6 所示。

所以在圆柱坐标系中电场强度 $\boldsymbol{E}$ 的亥姆霍兹方程为

$$\frac{\partial^2 \boldsymbol{E}}{\partial r^2} + \frac{1}{r}\frac{\partial \boldsymbol{E}}{\partial r} + \frac{1}{r^2}\frac{\partial^2 \boldsymbol{E}}{\partial\theta^2} + \frac{\partial^2 \boldsymbol{E}}{\partial z^2} + k_0^2 n^2 \boldsymbol{E} = 0 \tag{3-29}$$

直接求解矢量的亥姆霍兹方程的求解方法称为矢量解法,这种解法十分烦琐,得到的解也较为复杂。所以一般采用标量近似解法。

2. 标量近似解法

阶跃型光纤中的纤芯和包层的折射率差很小,即 $\Delta \ll 1$,因而在纤芯和包层界面上发生

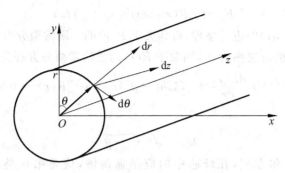

图 3-6 圆柱坐标系的光纤

全反射的临界角 θ_C 趋近 $90°$。光线的入射角必须大于 θ_C 才能形成导波,即光纤中的光线几乎与光纤轴平行。这种波非常接近 TEM 波,其电磁场的轴向分量 E_z 和 H_z 非常小,而横向分量 E_t 和 H_t 则很大。设横向电场沿 y 轴偏振,即设横向场 E_t 用标量 E_y 表示,则它满足下面的标量波动方程:

$$\nabla^2 E_y + k_0^2 n^2 E_y = 0 \tag{3-30}$$

将式(3-30)用圆柱坐标系展开

$$\frac{\partial^2 E_y}{\partial r^2} + \frac{1}{r}\frac{\partial E_y}{\partial r} + \frac{1}{r^2}\frac{\partial^2 E_y}{\partial \theta^2} + \frac{\partial^2 E_y}{\partial z^2} + k_0^2 n^2 E_y = 0 \tag{3-31}$$

此式为二阶三维偏微分方程,可以利用分离变量法求解 E_y。

利用分离变量法求解 E_y 的过程如下所示。

(1) 将 E_y 写成三个函数乘积的形式

$$E_y = AR(r)\Theta(\theta)Z(z) \tag{3-32}$$

式(3-32)中:A 是常数,$R(r)$、$\Theta(\theta)$、$Z(z)$ 分别是坐标 r、θ、z 的函数,表示沿横向场 E_y 这三个方向的变化情况。在数学上我们可以把式(3-32)代入到式(3-31)中,分别得到关于 $R(r)$、$\Theta(\theta)$、$Z(z)$ 的三个常微分方程,然后对这三个常微分方程分别求解得出 $R(r)$、$\Theta(\theta)$、$Z(z)$,进而得到横向场 E_y 的通解。再根据边界条件得式(3-31)的标量近似解。

上述求解方法较为复杂,我们也可通过物理概念确定 $\Theta(\theta)$ 和 $Z(z)$,再通过方程求解 $R(r)$。

(2) 通过物理概念确定 $\Theta(\theta)$ 和 $Z(z)$ 的表达式

$Z(z)$ 表示导波沿光纤轴向 z 的变化规律,它沿 z 向呈行波状态传输,设相位常数为 β,则可写为

$$Z(z) = \exp(-j\beta z) \tag{3-33}$$

$\Theta(\theta)$ 表示 E_y 沿圆周方向的变化规律。沿圆周当 θ 变化 2π 时,回到原处场不变化,则可以确定 E_y 是以 2π 为周期的正弦或余弦函数。可写为

$$\Theta(\theta) = \begin{cases} \sin m\theta, \\ \cos m\theta, \end{cases} \quad m = 0,1,2,\cdots \tag{3-34}$$

(3) 求出 $R(r)$ 的表达式

$R(r)$ 表示场沿半径方向的变化规律。通过上述 $Z(z)$ 和 $\Theta(\theta)$ 的表示形式,E_y 可写为

$$E_y = AR(r)\cos m\theta \exp(-j\beta z) \tag{3-35}$$

把式(3-35)代入式(3-31)中进行整理,得到关于 $R(r)$ 的二阶常微分方程。

阶跃型光纤纤芯的折射率为 n_1,则关于 $R(r)$ 的二阶常微分方程为

$$r^2 \frac{\mathrm{d}^2 R(r)}{\mathrm{d}r^2} + r \frac{\mathrm{d}R(r)}{\mathrm{d}r} + [(k_0^2 n_1^2 - \beta^2)r^2 - m^2]R(r) = 0, \quad r \leqslant a \tag{3-36}$$

设

$$U = \sqrt{k_0^2 n_1^2 - \beta^2} \, a \tag{3-37}$$

式(3-36)是标准贝塞尔方程,在纤芯中的应是振荡解,应是第一类标准贝塞尔函数,如图 3-7 所示,图中

$$x = \frac{U}{a} r$$

其解为

$$R(r) = C_1 J_m\left(\frac{U}{a}r\right), \quad r \leqslant a \tag{3-38}$$

所以在纤芯中

$$E_{y1} = A_1 J_m\left(\frac{U}{a}r\right)\cos m\theta \exp(-j\beta z), \quad r \leqslant a \tag{3-39}$$

阶跃型光纤包层的折射率为 n_2,则关于 $R(r)$ 的二阶常微分方程为

$$r^2 \frac{\mathrm{d}^2 R(r)}{\mathrm{d}r^2} + r \frac{\mathrm{d}R(r)}{\mathrm{d}r} - [(\beta s^2 - k_0^2 n_2^2)r^2 + m^2]R(r) = 0, \quad r \geqslant a \tag{3-40}$$

设

$$W = \sqrt{\beta^2 - k_0^2 n_2^2} \, a \tag{3-41}$$

式(3-36)是虚宗量贝塞尔方程,在包层中的应是衰减解,应是第二类虚宗量贝塞尔函数,如图 3-8 所示,图中

$$x = \frac{W}{a} r$$

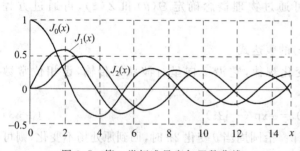

图 3-7　第一类标准贝塞尔函数曲线

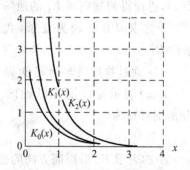

图 3-8　第二类虚宗量贝塞尔函数曲线

其解为

$$R(r) = D_2 K_m\left(\frac{W}{a}r\right), \quad r \geqslant a \tag{3-42}$$

所以在包层中

$$E_{y2} = A_2 K_m \left(\frac{W}{a}r\right) \cos m\theta \exp(-\mathrm{j}\beta z), \quad r \geqslant a \tag{3-43}$$

利用边界条件可以找到 A_1 和 A_2 之间的关系,在 $r=a$ 处,电场强度在分界面的切向是连续的,即 $E_{\theta 1} = E_{\theta 2}$,而 $E_\theta = E_y \cos\theta$,可得

$$A_1 = A/J_m(U)$$

$$A_2 = A/K_m(W)$$

所以式(3-39)和式(3-43)为

$$E_{y1} = A \frac{J_m\left(\dfrac{U}{a}r\right)}{J_m(U)} \cos m\theta \exp(-\mathrm{j}\beta z), \quad r \leqslant a \tag{3-44}$$

$$E_{y2} = A \frac{K_m\left(\dfrac{W}{a}r\right)}{K_m(W)} \cos m\theta \exp(-\mathrm{j}\beta z), \quad r \geqslant a \tag{3-45}$$

式中: J_m 为第一类标准贝塞尔函数; K_m 为第二类虚宗量贝塞尔函数; β 为电磁波的相位常数。 $m = 0, 1, 2, \cdots$

电磁场近似为 TEM 波,磁场强度只包含 x 分量,由电磁场的性质可得纤芯的磁场强度 H_{x1} 和包层的磁场强度 H_{x2}。

$$H_{x1} = -A \frac{n_1}{Z_0} \frac{J_m\left(\dfrac{U}{a}r\right)}{J_m(U)} \cos m\theta \exp(-\mathrm{j}\beta z), \quad r \leqslant a \tag{3-46}$$

$$H_{x2} = -A \frac{n_2}{Z_0} \frac{K_m\left(\dfrac{W}{a}r\right)}{K_m(W)} \cos m\theta \exp(-\mathrm{j}\beta z), \quad r \geqslant a \tag{3-47}$$

式中

$$Z_0 = \sqrt{\frac{\mu_0}{\varepsilon_0}} = 377\Omega$$

利用麦克斯韦方程组可以得到纤芯中纵向分量 E_{z1}、H_{z1},包层中纵向分量用 E_{z2}、H_{z2} 表示,但纵向分量至少要比横向分量小一个数量级,这样光纤中的电磁场的场方程就都得出来了。限于篇幅,这里就不再给出。

3. 光纤的归一化频率和特征方程

在解方程(3-36)过程中引入的常数 U,其表达式为

$$U = \sqrt{k_0^2 n_1^2 - \beta^2}\, a \tag{3-48}$$

U 称为导波的径向归一化相位常数,表明了在光纤的纤芯中,导波沿半径 r 方向的场的分布规律。

在解方程(3-40)过程中引入的常数 W,其表达式为

$$W = \sqrt{\beta^2 - k_0^2 n_2^2}\, a \tag{3-49}$$

W 称为导波的径向归一化衰减系数,表明了在光纤的包层中,场沿半径 r 方向的衰减规律。

由 U 和 W 可以得出两个重要的参量:归一化传播常数 b 和归一化频率 V。b 和 V 定

义为:

$$V^2 = U^2 + W^2$$

$$b = \left(\frac{W}{V}\right)^2 = 1 - \left(\frac{U}{V}\right)^2$$

因此

$$V = \sqrt{U^2 - W^2} = k_0 a \sqrt{n_1^2 - n_2^2} \tag{3-50}$$

$$b = \frac{\beta^2/k_0^2 - n_2^2}{n_1^2 - n_2^2} \tag{3-51}$$

对于弱导波光纤

$$b = \frac{\beta/k_0 - n_2}{n_1 - n_2} \tag{3-52}$$

$$V = k_0 n_1 a \sqrt{2\Delta} \tag{3-53}$$

这两个常数由光纤的结构和波长决定。

要确定光纤中导波的特性,就需要确定参数 U、W 和 β。式(3-48)和式(3-40)是 U、W 和 β 的两个关系式,还需要得到另外一个关系式,它就是特征方程。

利用电磁场边界条件,在纤芯和包层的分界面处,其电场强度的轴向分量是连续的,即 $E_{z1} = E_{z2}$,可以推出对于弱导波光纤特征方程为

$$U \frac{J_{m+1}(U)}{J_m(U)} = W \frac{K_{m+1}(W)}{K_m(W)} \tag{3-54}$$

这个特征方程是一个超越方程,通常用数值法求解即可以得到导波传播的相位系数 β,进而分析其传输特性。

4. 阶跃型光纤中的线性偏振模式

在弱导波光纤中传播的电磁波非常接近 TEM 波,具有偏振方向保持不变的特性,人们称之为线性偏振模式,也称之为标量模,用 LP_{mn} 表示。

- m 取值为: $m = 0, 1, 2, \cdots$
- n 取值为: $n = 1, 2, 3, \cdots$

不同的 m 和 n 的值,所对应的场的分布状况和传输特性都不同。不同的 m 和 n 的值,对应着不同的模式。

图 3-9 给出了几个低阶模的强度分布和可视图形,可以帮助读者很好地理解线性偏振模式。

线性偏振模式 LP_{mn} 中有的可以在光纤中传输,有的则不能传输。不同结构的阶跃型光纤,传输的 LP_{mn} 及数量都不相同。

确定参数 U、W 和 β 需要求解特征方程,但是特征方程是一个超越方程,通常用数值法求解,进而分析其传输特性。下一节仅讨论一种特殊情况,即标量模截止时的特征。

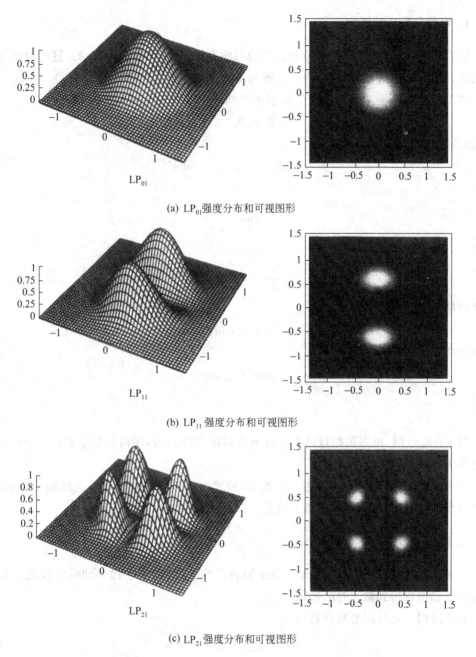

(a) LP$_{01}$强度分布和可视图形

(b) LP$_{11}$ 强度分布和可视图形

(c) LP$_{21}$强度分布和可视图形

图 3-9　几个低阶模的强度分布和可视图形

3.4　阶跃型光纤标量模的可导与截止

标量模 LP$_{mn}$ 中有的可以在光纤中传输,有的则不能传输。那么对一种结构的光纤,哪些模式可以传输,哪些模式不能传输呢?

1. 可导与截止的概念

导波应限制在纤芯中,以纤芯和包层的界面来导行,沿轴线方向传输。这时电磁场的能量大部分在纤芯中传输,在包层内的电磁场是按指数函数迅速衰减的。

如果导波的传输常数为 β,由全反射条件知

$$\theta_c < \theta_1 < 90°$$

两边取正弦得

$$\sin\theta_c < \sin\theta_1 < \sin90°$$

式中

$$\sin\theta_c = \frac{n_2}{n_1}$$

可得

$$\frac{n_2}{n_1} < \sin\theta_1 < 1$$

等式两端均乘以 $k_0 n_1$ 得

$$k_0 n_2 < k_0 n_1 \sin\theta_1 < k_0 n_1$$

导波的传输常数 β 为

$$\beta = k_0 n_1 \sin\theta_1$$

所以

$$k_0 n_2 < \beta < k_0 n_1 \tag{3-55}$$

当 $\beta \to k_0 n_2$ 时,电磁场能量已不能有效地封闭在纤芯内,而向包层辐射。而 $\beta = k_0 n_2$ 的状态称为导波截止的临界状态。

当 $\beta \leqslant k_0 n_2$ 时,辐射损耗将进一步增大,使光波能量不再有效地沿光纤轴向传输,这时即认为出现了辐射模,导波处于截止状态。

2. 截止时的特征

由于传输常数 $\beta = k_0 n_2$ 是电磁波截止的临界状态,因此把它代入到弱导波光纤特征方程式(3-54)可以得到截止时的特征。

截止时归一化径向衰减常数为

$$W_c = \sqrt{\beta^2 - k_0^2 n_2^2}\, a = 0 \tag{3-56}$$

把式(3-56)代入到式(3-54)中,从数学知识知道,要使式(3-54)成立,则必须

$$J_{m-1}(U) = 0 \tag{3-57}$$

此式称为截止时的特征方程。下面分析截止时的特征。

导波截止时,所对应的归一化径向相位常数和归一化频率用 U_c 和 V_c 表示,所以截止时

$$V_c = U_c \tag{3-58}$$

U_c 的值即是 $m-1$ 阶贝塞尔函数的根,见表 3-2。

表 3-2　截止情况下标量模 LP_{mn} 的 U_c 值

m \ n	0	1	2
1	0	2.404 83	3.831 71
2	3.831 71	5.520 03	7.015 59
3	7.015 59	8.653 73	10.173 47

表 3-2 中给出的是 U_c 值,但是截止时 U_c 和 V_c 满足式 U_c 和 U_c,所以表 3-2 中给出的也是 V_c 值。V 是由光纤的结构和波长决定的常数,所以标量模 LP_{mn} 截止的条件为

$$V \leqslant V_c(LP_{mn}) \tag{3-59}$$

标量模 LP_{mn} 的可导条件为

$$V > V_c(LP_{mn}) \tag{3-60}$$

由表 3-2 又可以知道,当 $m=0, n=l$ 时,即 LP_{01} 模的 $V_c = U_c = 0$,说明这种模式在任何情况都可以传输,因为归一化频率 V 是大于零的常数。

当 $m=1, n=l$ 时,即 LP_{11} 模的 U_c 和 V_c 不为零,$V_c = U_c = 2.404 83$,说明此模式不是在任何情况都可以传输。满足

$$V > 2.404 83$$

LP_{11} 模才能传输。

所以 LP_{01} 最低的工作模式,在导波系统中截止波长最长,称为基模。其余所有模式均为高阶模,其中 LP_{11} 模称为第一高阶模。

当满足

$$0 < V < 2.404 83 \tag{3-61}$$

LP_{01} 模仍然能够传输,而 LP_{11} 模不能传输,此时光纤中只传输 LP_{01} 一种模式,所以式(3-61)又被称为阶跃型光纤的单模传输条件。

3.5　光纤的损耗特性

1. 衰减系数

光功率的损耗是光纤的一个重要传输参量,是光纤传输系统中继距离的主要限制因素之一。光纤内光功率的衰减规律为:

$$\frac{\mathrm{d}p}{\mathrm{d}z} = -\alpha p \tag{3-62}$$

式(3-62)中:α 为衰减常数,它是由各种因素造成的功率损耗引起的。

对式(3-62)进行积分得:

$$P(L) = P(0)\mathrm{e}^{-\alpha L} \tag{3-63}$$

式(3-62)中:$P(0)$ 为输入端光功率,$P(L)$ 为传输到 L 处的光功率。

通常衰减常数 α 用单位长度光纤引起光功率衰减的分贝来表示,单位为 dB/km。定义为

$$\alpha = -\frac{10}{L}\lg\frac{P(L)}{P(0)} \tag{3-64}$$

衰减系数损耗是光纤的一个重要传输参量,是光纤传输系统中继距离的主要限制因素之一。

2. 光纤损耗特性

光纤损耗特性与光纤的材料有关,石英光纤的损耗谱特性如图 3-10 所示。由石英光纤的损耗谱曲线可以看出,石英光纤在 $0.8\sim1.8\mu m$ 存在低损耗窗口:

① 第一低损耗窗口在短波长 $0.85\mu m$ 附近,它是早期光纤通信系统使用的窗口,在 $0.85\mu m$ 时约为 2.5dB/km。

② 第二低损耗窗口在长波长 $1.31\mu m$ 附近,在 $1.31\mu m$ 时约为 0.4dB/km。

③ 第三低损耗窗口在长波长 $1.55\mu m$ 附近,在 $1.55\mu m$ 时仅为 0.2dB/km,已接近理论值(理论极限为 0.15dB/km)。

近年来人们又在开发和使用第四低损耗窗口和第五低损耗窗口。

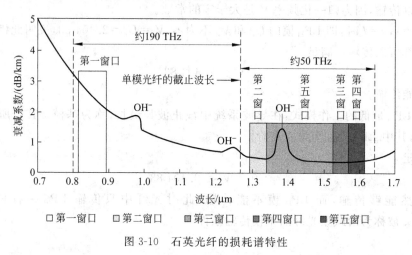

图 3-10　石英光纤的损耗谱特性

3. 光纤损耗特性的分析

为了减小光纤的损耗,人们需要对引起光纤损耗的原因加以分析。引起光纤损耗的因素很多,如图 3-11 所示。第一种因素与光纤材料有关,主要有吸收损耗和散射损耗。第二种因素与光纤的几何形状有关。光纤在使用过程中,不可避免地会出现弯曲现象,在弯曲到一定的曲率半径时,就会产生辐射损耗。

(1) 吸收损耗

光纤材料的吸收损耗主要包括本征吸收损耗、杂质吸收损耗和原子缺陷吸收损耗。

① 本征吸收损耗是构成光纤的石英材料本身所固有的,主要有两种基本吸收方式:紫外吸收和红外吸收。

紫外吸收是光纤材料组成的原子系统中,一些处于低能级的电子会吸收光波能量而跃迁到高能级状态,这种吸收的中心波长在紫外的 $0.16\mu m$ 处,吸收峰很强,其尾巴延伸到光纤通信波段。在长波长区则小得多,约 0.05dB/km。

红外吸收是石英材料的 Si—O 键因振动吸收能量,造成损耗,产生波长为 $9.1\mu m$、$12.5\mu m$

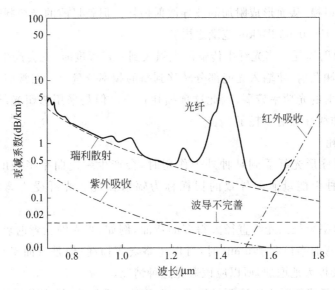

图 3-11　引起光纤损耗的因素

和 $21\mu m$ 的三个谐振吸峰,其吸收拖尾延伸至 $1.5\sim1.7\mu m$,形成石英系光纤工作波长的工作上限。

② 杂质吸收损耗

光纤中的有害杂质很多,主要有过渡金属离子和 OH 离子两大类。

光纤材料中的金属杂质,如 V、Cr、Mn、Fe、Ni、Co 等,它们的电子结构产生 $0.5\sim1.1\mu m$ 的边带吸收峰($0.5\sim1.1\mu m$)而造成损耗。现在由于工艺的改进,可以将金属杂质浓度减小至最小程度,因此它们的影响已经很小。

OH 离子吸收损耗,在石英光纤中,O—H 键的基本谐振波长为 $2.73\mu m$,与 Si—O 键的谐振相互影响,在光纤的传输频带内产生一系列的吸收峰,影响较大的是在 $1.39\mu m$、$1.24\mu m$ 及 $0.95\mu m$ 波长上,在峰之间的低损耗区构成了光纤通信的三个窗口。

③ 原子缺陷吸收损耗是光纤材料的某个共价键断裂而产生原子缺陷,而吸收光能引起损耗,其吸收峰波长约 $0.63\mu m$,选择合适的制作工艺,可以将这种因素的影响减至最小。

(2) 散射损耗

光纤散射是由于光纤中介质的不均匀性而使光向各个方向散开的现象,光纤散射会使一部分光功率辐射到光纤外面而造成损耗。光纤散射损耗包括线性散射损耗和非线性散射损耗两大类。

① 线性散射损耗主要有瑞利散射损耗和波导散射损耗。

瑞利散射损耗。光纤在加热制造过程中,热扰动使原子产生压缩性的不均匀,造成材料密度不均匀,进一步造成折射率不均匀。这种不均匀性在冷却过程中固定了下来并引起光的散射,称为瑞利散射。这正像大气中的尘粒散射了光,使天空变蓝一样。瑞利散射的大小与光波长的四次方成反比。因此对短波长窗口的影响较大。

波导散射损耗。当光纤的纤芯直径沿轴向不均匀时,产生导模和辐射模间的耦合,能量从导模转移到辐射模,从而形成附加的波导散射损耗。但就目前的光纤制造水平而言,已将这项损耗降到 0.01～0.05dB/km 范围之内。

② 非线性散射损耗。当光纤中传输的光强大到一定程度时,就会产生非线性受激喇曼散射和受激布里渊散射,使输入光能部分转移到新的频率分量上。在常规光纤通信系统中,半导体激光器发射的光功率较弱,因此这项损耗很小。但是采用掺铒光纤放大器(EDFA)时,就不能忽略非线性散射损耗了。

(3) 弯曲损耗

当理想的圆柱形光纤受到某种外力作用时,会产生一定曲率半径的弯曲,导致能量泄漏到包层,这种由能量泄漏导致的损耗称为辐射损耗。光纤受力弯曲有两类:宏弯和微弯。

① 宏弯是曲率半径比光纤直径大得多的弯曲,例如,当光缆拐弯时就会发生这样的弯曲。一般情况下弯曲半径大于 5mm 时,可以忽略宏弯损耗;但是弯曲半径在 5mm 以下减小时,宏弯损耗会极大地增加,所以应该避免这种情况。

② 微弯是光纤成缆时由于涂覆材料而产生的随机性扭曲,微弯引起的附加损耗一般很小,基本上观测不到。但是当温度低到 50℃～60℃时,微弯损耗会加大。

根据如上分析,如果要进一步减小光纤的损耗有如下方案。

全波光纤(也称无水光纤)会进一步减小 OH⁻ 离子的浓度,这样 OH⁻ 离子吸收损耗就会减小,1.39μm 的吸收峰被极大地降低,从 1100～1600nm 的损耗都会较小,为波分复用提供了广阔的空间。

新材料光纤,有一种新的氟化锆(ZrF4)光纤,在 $\lambda = 2.55\mu m$ 附近具有极低的本征材料吸收损耗约 0.01dB/km,比石英光纤低一个数量级,具有诱人的应用潜力。另一种硫化物多晶光纤在 $\lambda = 10\mu m$ 附近的红外区也具有很低的损耗,理论上这类光纤的最低损耗将小于 10^{-3}dB/km。

目前,由于光纤制作水平的提高,光纤的工作波长范围大幅度地扩展,按照 ITU-T 的最新讨论结果,单模光纤有 6 个传输波段,见表 3-3。其中使用最广泛的是 C 波带,1550nm 附近的波带,因为石英光纤的最小损耗和掺铒光纤放大器的功率放大恰好都在 1550nm 附近。

表 3-3　单模光纤的 6 个传输波段

波段名称	含　义	波长/nm
O 波段	原始波段	1260～1360
E 波段	扩展波段	1360～1460
S 波段	短波长波段	1460～1530
C 波带	常用波段	1530～1565
L 波段	长波长波段	1565～1625
U 波段	超长波长波段	1625～1675

3.6 光纤的色散特性

1. 光纤色散的概念

光信号在光纤中传输时不仅由于光纤损耗而使光功率变小，波形也会变得越来越失真，如图 3-12 所示。

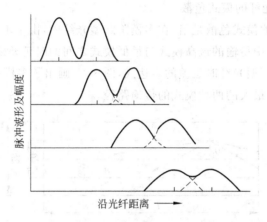

图 3-12 沿光纤传输时相邻脉冲的展宽和衰减

光信号通过光纤传播期间，波形在时间上发生展宽的现象称为光纤色散。

光纤色散使输入的光信号在光纤传输过程中展宽到一定程度，就会产生码间干扰，增加误码率，从而限制了通信容量。

色散的程度在时域用脉冲展宽 $\Delta\tau$ 来描述，脉冲展宽 $\Delta\tau$ 也就是信号最先到达和最后到达的时延差，脉冲展宽 $\Delta\tau$ 越大，色散就越严重。$\Delta\tau$ 如果很大，就会产生码间干扰，整个光纤通信系统就不能正常的工作。因此对光纤色散的分析与研究是十分重要的。

色散的程度在频域可以用带宽来描述，两者的关系通过推导可得

$$B = \frac{441}{\Delta\tau} \tag{3-65}$$

式(3-65)中：$\Delta\tau$ 为脉冲展宽，单位为 ps；B 为 3dB 光带宽(FWHM)，单位为 GHz。

2. 光纤色散的种类

引起光纤色散的原因很多，主要有模式色散、材料色散、波导色散、偏振模色散、高级色散。

(1) 模式色散也称为模间色散，在多模光纤中光信号是由很多模式携带的，不同的模式传输的相位常数不同，所以会引起色散。

(2) 材料色散是由于材料折射率随光波长非线性变化引起的色散。

光纤色散除了与光纤中传输的电磁波模式和光纤材料有关外，还与光纤结构有关。

(3) 波导色散是由于光波导的结构(即光纤结构)而引起的色散，这种色散在无限大介

质中应该说是不存在的。但是光信号被限制在光纤中传输,光纤的纤芯和包层的折射率不同,必然会导致色散。

(4) 单模光纤传输的基模 LP_{01} 实际上是相互垂直的两个模式 LP_{01}^x 和 LP_{01}^y,偏振模色散由于这两个模式的传输相位常数 β_x 和 β_y 不同,就会引起色散。

(5) 高级色散是由色散斜率而引起的一种色散。

3. 多模光纤的模式色散

(1) 多模阶跃型光纤的模式色散

多模阶跃型光纤的模式色散是指,在多模阶跃型光纤中,由于不同模式的群速不同而引起的色散,可以用光纤中传输的最高模式与最低模式之间的时延差来表示。

下面介绍多模阶跃型光纤时延差的表达式,图 3-13 画出了多模阶跃型光纤的两条不同的子午线,它代表差别最大的两种模式的传输路径。

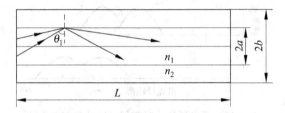

图 3-13　多模阶跃型光纤的模式色散

光射线形成导波的条件是:$90° > \theta_1 > \theta_c$,当 $\theta_1 = 90°$ 时,射线与光纤轴线平行,此时轴向速度最快,在长度为 L 的光纤上传输时所用的时间 τ_0 最短。

$$\tau_0 = \frac{L}{v_1} = \frac{L}{c/n_1} = \frac{Ln_1}{c} \tag{3-66}$$

当 $\theta_1 = \theta_c$ 时,射线倾斜得最陡,此时轴向速度最慢,在长度为 L 的光纤上传输时,所用的时间最长,计算公式为

$$\tau_c = \frac{L}{v_1 \sin\theta_c} = \frac{L}{\dfrac{c}{n_1} \dfrac{n_2}{n_1}} = \frac{Ln_1^2}{cn_2} \tag{3-67}$$

这两条射线的最大时延差为

$$\Delta\tau_{SI} = \tau_c - \tau_0 = \frac{Ln_1^2}{cn_2} - \frac{Ln_1}{c} = \frac{Ln_1}{c}\left(\frac{n_1 - n_2}{n_2}\right)$$

对于弱导波光纤有

$$\Delta\tau_{SI} = \frac{Ln_1}{c}\Delta \tag{3-68}$$

从式(3-68)中看出,多模阶跃型光纤的色散和相对折射指数差 Δ 有关,弱导波光纤 Δ 很小,因此可以减小模式色散。

例 3-2　对于 $NA = 0.275$,$n_1 = 1.487$ 的多模阶跃型光纤,一个光脉冲传输了 5km,求光脉冲展宽了多少? 光纤带宽为多少?

解

$$\Delta\tau_{SI} = \frac{Ln_1}{c}\Delta = \frac{L}{c}\frac{(NA)^2}{2n_1} = \frac{5\times10^3\times0.275^2}{3\times10^8\times2\times1.487} = 423.8\text{ns}$$

$$B = \frac{441}{\Delta\tau} = \frac{441}{423.8\times10^3} = 1.04\times10^{-3}\text{GHz} = 1.04\text{MHz}$$

(2) 多模渐变型光纤的模式色散

对于多模渐变型光纤的时延差一般按照式(3-69)估算。

$$\Delta\tau_{GI} = \frac{LN_1\Delta^2}{8c} \tag{3-69}$$

式(3-69)中：$\Delta\tau_{GI}$ 为多模渐变型光纤的时延差；N_1 为纤芯模式群的折射率；Δ 为多模渐变型光纤的相对折射指数差。

多模渐变型光纤的时延差还受材料色散的影响，但相比之下略小一些，所以暂不分析。

例 3-3　对于 $N_1 = 1.487$，$\Delta = 1.71\%$ 的多模渐变型光纤，一个光脉冲传输了 5km，求光脉冲展宽了多少？光纤带宽为多少？

解

$$\Delta\tau_{GI} = \frac{LN_1\Delta^2}{8c} = \frac{5\times10^3\times1.487\times(1.71\%)^2}{8\times3\times10^8} = 0.9\text{ns}$$

$$B = \frac{441}{\Delta\tau} = \frac{441}{0.9\times10^3} = 0.49\text{GHz}$$

从例 3-2 和例 3-3 可以看出，多模渐变型光纤的时延差与多模阶跃型光纤时延差相比要小许多，也就是带宽要大许多，因此具有很大的优越性。

对于多模光纤，制造商通常给出每千米光纤带宽，单位为 MHz/km。

4. 单模光纤的材料色散和波导色散

材料色散和波导色散引起的时延差 $\Delta\tau$ 可以从信号的群速度即调制包络的速度 v_g 来分析。

$$v_g = \frac{d\omega}{d\beta} \tag{3-70}$$

光脉冲沿光纤传播的延迟时间称为群时延

$$\tau = \frac{L}{v_g} = L\frac{d\beta}{d\omega} \tag{3-71}$$

式(3-71)中，β 为光信号传输相位常数，$\omega = 2\pi c/\lambda$ 为光的角频率。

脉冲展宽程度为

$$\Delta\tau = \frac{d\tau}{d\omega}\Delta\omega = L\frac{d^2\beta}{d\omega^2}\left(-\frac{2\pi c}{\lambda^2}\Delta\lambda\right) = L\left(-\frac{2\pi c}{\lambda^2}\frac{d^2\beta}{d\omega^2}\right)\Delta\lambda$$

则

$$\Delta\tau = LD\Delta\lambda \tag{3-72}$$

式(3-72)中 $\Delta\lambda$ 为光源发光的波长范围。

$$D = -\frac{2\pi c}{\lambda^2}\frac{d^2\beta}{d\omega^2} \tag{3-73}$$

式(3-73)中 D 称为色散系数，工程上的单位为 ps/(nm·km)。

由式(3-72)得

$$D = \frac{\Delta\tau}{L\Delta\lambda} \tag{3-74}$$

所以由式(3-74)可以知道减小时延差 $\Delta\tau$ 有两个途径：减小光纤的色散系数 D；减小光源发光的波长范围 $\Delta\lambda$。

下面推导色散系数的影响因素,从传播常数 β 和 U、V 的关系式(3-48)和式(3-50)可以得出：

$$\beta = k_0 n_1 \left(1 - 2\Delta\frac{U^2}{V^2}\right)^{\frac{1}{2}} \tag{3-75}$$

对于弱导波光纤：

$$\beta = k_0 n_1 - k_0(n_1 - n_2)\frac{U^2}{V^2} \tag{3-76}$$

把式(3-76)代入式(3-73),可得

$$D(\lambda) = -\frac{\lambda}{c}\frac{d^2 n}{d\lambda^2} - \frac{n\Delta}{c\lambda}V\frac{d^2(Vb)}{dV^2} \tag{3-77}$$

(1) 材料色散

式(3-77)的第一项是由于材料折射率随光波长非线性变化引起的,称为材料色散

$$D_m(\lambda) = -\frac{\lambda}{c}\frac{d^2 n}{d\lambda^2} \tag{3-78}$$

SiO_2 的折射率及材料色散系数与波长的关系如图 3-14 所示。从图中可以看出不同波长 λ 的材料色散系数 D_m 不同,在第二低损耗的窗口的材料色散较小。在 $\lambda_0 = 1.27\mu m$ 时,时延差最小,这个波长称为材料的零色散波长。

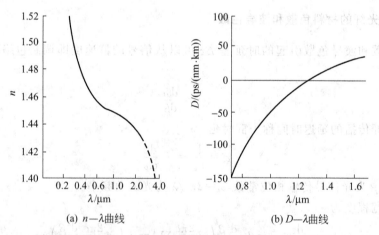

(a) $n-\lambda$曲线　　　　　　(b) $D-\lambda$曲线

图 3-14　SiO_2 的折射率及材料色散系数与波长的关系

(2) 波导色散

式(3-77)的第二项是与由于光波导的结构不同而引起的色散,称为波导色散。波导色散系数用 D_w 表示。

$$D_w(\lambda) = -\frac{n\Delta}{c\lambda}V\frac{d^2(Vb)}{dV^2} \tag{3-79}$$

式(3-79)表明波导色散 D_w 是光波导的结构参数 V 和 b 的函数。对于多模光纤,波导色散比材料色散小得多,常可忽略不计,但对于单模光纤,波导的作用则不能忽略。

图 3-15 为普通单模光纤的材料色散系数 D_m、波导色散系数 D_w 和总色散 D 随波长变化的曲线,总色散在 $1.31\mu m$ 附近为零,这个波长称为零色散波长。而在 $1.55\mu m$ 附近的色散系数 $D=15\sim18ps/(km \cdot nm)$。

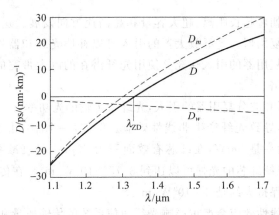

图 3-15　普通单模光纤的 D_m、D_w 和 D 随波长的变化曲线

在 $1.55\mu m$ 附近的损耗最低,如果合理地设计光波导的结构就可以把零色散波长位移到 $1.55\mu m$ 附近,这样 $1.55\mu m$ 附近色散也最小,利用这种原理制成色散位移光纤(DSF)。无疑对长距离大容量的光纤通信是十分有利的。

5. 偏振模色散

单模光纤的偏振特性是在单模光纤中传输的基模 LP_{01} 是相互垂直的两个模式 LP_{01}^x 和 LP_{01}^y,实际光纤的形状不可能是理想的轴对称分布。折射率和应力分布的不均匀性,将会导致这两个模式的简并性受到破坏,两个模式的传输相位系数 β_x 和 β_y 不同,因此会产生色散。这种色散称为偏振模色散(PMD)。

偏振模色散引起的时延差 $\Delta\tau/L$ 为

$$\frac{\Delta\tau}{L} = \left| \frac{d\beta_x}{d\omega} - \frac{d\beta_y}{d\omega} \right| \tag{3-80}$$

对于 G.652 光纤,PMD 约 $0.1\sim0.5ps/km^{1/2}$,因此对小于 2.5Gb/s 低速和小于 100km 的短距离系统,偏振色散很小可以忽略。

6. 高阶色散

在入射光为零色散波长 λ_0 时,$D=0$,BL 积应该无限大。但是实际情况并非如此,它还受到色散斜率的影响

$$\Delta\tau = S(\Delta\lambda)^2 L \tag{3-81}$$

式中 S 为色散斜率,单位为 $ps/(nm^2 \cdot km)$。

$$S = \frac{dD}{d\lambda} = -\left(\frac{2\pi c}{\lambda^2} \right)^2 \frac{d^3\beta}{d\omega^3} + \frac{2}{\lambda}D \tag{3-82}$$

高阶色散比较小,只有在高速光纤系统才予以考虑。

3.7　光纤的非线性效应

1. 什么是光纤的非线性效应

光纤通信系统正朝着超长距离、超大容量和超高速方向发展。这个发展的推动力来源于光纤放大器和波分复用器。光纤放大器的引入可以补偿光纤和器件的传输损耗,延长系统的传输距离。波分复用器的引入在充分使用光纤潜在的巨大带宽的方式,使系统的容量扩大几十倍乃至上百倍。

然而,光纤放大器和波分复用器的引入,光纤中传输的光功率大、工作信道多,就会有过大的光功率注入纤芯,导致光纤产生非线性效应。例如,一个 100 信道的密集波分复用系统,每个信道的输入功率是 3mW,在纤芯有效面积为 $80\mu m^2$ 且衰减系数为 $\alpha=0.2dB/km$ 的单模光纤中传输,光纤纤芯的光强可以达到 $3.75\times10^9\,W/m^2$。在传输了 5km 之后,光纤纤芯的光强仍然可以保持大约是 $3\times10^9\,W/m^2$。

光纤中产生的非线性效应会严重影响光纤通信系统的传输质量和限制传输距离。光纤的非线性效应可分为受激散射效应和折射率扰动两类。受激散射效应发生在当光信号与光纤中的声波或系统振动的相互作用的调制系统中。这种相互作用使光散射或将光移至长波长。受激散射效应有受激布里渊散射和受激拉曼散射两种形式。折射率扰动是光纤的折射率 n 随光强而变化的非线性现象。折射率扰动可以直接引起三种非线性效应:自相位调制、交叉相位调制和四波混频。

2. 受激散射效应

受激散射效应是光通过光纤介质时,有一部分能量偏离预定的传播方向,且光波的频率发生改变。受激散射效应有两种形式:受激布里渊散射和受激拉曼散射。可将这两种散射都理解为一个高能量的光子被散射成一个低能量的光子,同时产生一个能量为两个光子能量差的另一个能量子。两种散射的主要区别在于受激拉曼散射的剩余能量转变为光频声子,而受激布里渊散射转变为声频声子;光纤中的受激布里渊散射只发生在后向,受激拉曼散射主要发生在前向。

(1) 受激拉曼散射(SRS)

早在 1928 年,印度科学家拉曼用水银灯照射某些液体时,观察到散射光中每条入射光谱线的两旁还出现了两条非入射光成分的伴线。这些伴线与主线的频率差(称为拉曼频移)正好等于被照物质分子的振动频率。这一物理效应便称为拉曼散射,其理论解释如图 3-16 所示。

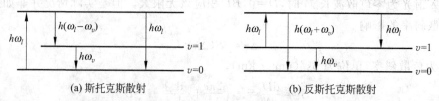

(a) 斯托克斯散射　　　　　　　　　(b) 反斯托克斯散射

图 3-16　拉曼散射中的能级跃迁

图 3-16(a)表示被照物质分子原处于基态,当它吸收频率为 ω_l 的入射光子后便从基态跃迁到高激发态,然后发射频率为 $\omega_l - \omega_v$ 的光子(称为斯托克斯发射)和一个 ω_v 的振动能量子。

图 3-16(b)表示被照物质分子原处于 $v=l$ 的激发态上,当它吸收频率为 ω_l 的入射光子后跃迁到高激发态,然后发射频率为 $\omega_l + \omega_v$ 的光子(称为反斯托克斯发射)和一个 ω_v 的振动能量子。

（2）受激布里渊散射（SBS）

物体内部存在微弱的声子波,其声子频率在千兆赫左右。这种声子波在物体内部传播时会引起物质密度分布的起伏。注入光波在密度不均匀的物质中传播时将出现散射效应。由于物体内部的密度起伏是随声子波一起移动的,散射光的频率便因之而产生了多普勒频移,而且相应的斯托克斯发射相对于入射光的频移正好等于物体内部的声子频率,这就是布里渊散射。这一效应于 1932 年被实验证实。

普通布里渊散射效应的斯托克斯发射与入射光的频率差别不大,其强度又只有入射光的一亿分之一,但是入射光的功率很大时,在入射光传播的相反方向上观测到了很强的布里渊散射光。

3. 折射率扰动

在入射光功率较低的情况下,可以认为石英光纤的折射率与光功率无关。但是在较高光功率下,则应考虑光强度引起的光纤折射率的变化,它们的关系为

$$n = n_0 + n_2 P / A_{\text{eff}} \tag{3-83}$$

式(3-83)中: n_0 为线性折射率, n_2 为非线性折射率系数, P 为入射光功率, A_{eff} 为光纤有效面积。

对于石英光纤而言, n_2 的数值大约为 $2.6 \times 10^{-20}\ \text{m}^2/\text{W}$,这个非线性折射率系数非常小,但是由于光纤长度非常长,所以非线性折射率系数对现代光纤通信系统的影响还是非常大。折射率扰动主要引起四种非线性效应:自相位调制（SPM）、交叉相位调制（XPM）、四波混频（FWM）和光孤子形成。

（1）自相位调制

自相位调制是指光在光纤内传输时光信号强度随时间的变化对自身相位的作用。它将导致光脉冲频谱展宽,从而影响系统的性能。

（2）交叉相位调制

交叉相位调制是任一波长信号的相位受其他波长信号强度起伏的调制产生的。交叉相位调制不仅与光波自身强度有关,而且与其他同时传输的光波的强度有关,所以交叉相位调制总伴有自相位调制。交叉相位调制会使信号脉冲谱展宽。

（3）四波混频

四波混频是指由两个或三个不同波长的光波混合后产生新的光波的现象。其产生原因是某一波长的入射光会改变光纤的折射率,从而在不同频率处发生相位调制,产生新的波长。四波混频对于密集波分复用（DWDM）光纤通信系统影响较大,成为限制其性能的重要因素。

光纤的非线性效应会导致光脉冲频谱展宽,从而影响系统的性能,还会产生四波混频影

响波分复用光纤通信系统,这些问题都应想办法去解决。但是光纤的非线性效应也存在有用的方面,如光纤拉曼放大器就是利用光纤的非线性效应制造出来的。

3.8　单模光纤

1. 单模光纤概述

单模光纤是在给定的工作波长上,只传输单一基模的光纤。在单模光纤中不存在模间色散,因此它具有相当宽的传输频带,适用于长距离、大容量的传输。按照国际电信联盟·电信委员会(ITU-T)的建议,单模光纤分为 G.652、G.653、G.654、G.655、G.656 等几大类。

G.652 是普通型单模光纤,其最佳工作波长在 1310nm 附近,也可用于 1550nm 波段的光信号的传输。

G.653 是色散位移单模光纤,它是通过改变光纤的结构参数和折射率分布来加大波导色散,从而使零色散波长从 1310nm 附近移动到 1550nm 附近,在 1550nm 处损耗和色散同时达到最小。

G.654 是截止波长位移单模光纤,其最小损耗和截止波长位移到 1530nm 波长区域,最佳工作波长 1550~1625nm。

G.655 是非零色散位移单模光纤,它是为波分复用系统而设计,通过改变折射率结构的方法,使得在 1550nm 附近的色散不为零,从而解决 G.653 使用在 DWDM 系统出现的四波混频等非线性效应问题。

G.656 是宽带光传输非零色散位移单模光纤,它是为进一步扩大 G.655 光纤可用波长范围而设计。

为了进一步分析光纤的性能,本节对单模光纤的折射率分布、截止波长、模场直径和偏振特性等方面进行讨论。

2. 单模光纤的折射率分布

理论上单模光纤是阶跃折射率分布光纤,但实际的单模光纤是折射率分布随半径变化的非均匀光纤。折射率分布的非均匀性分为两种。

(1) 由于纤芯材料和包层材料不同,在制造过程中,相互向对方扩散、渗透,使得在纤芯和包层的交界 $r=a$ 处,折射率由 n_1 逐渐变化到 n_2,呈"圆形"变化。如图 3-17(b)所示。其折射率分布可表示为

$$n(r) = n_2\{1 + 2\Delta[1 - (r/a)^\alpha]\}^{1/2} \qquad (3\text{-}84)$$

式(3-84)中 α 为 $2\sim\infty$,它对于 LP_{11} 的截止的归一化频率 V_c 有一定影响;Δ 为单模光纤相对折射指数差。

$$V_c(LP_{11}) \approx 2.405\left(1 + \frac{2}{\alpha}\right)^{1/2} \qquad (3\text{-}85)$$

（2）由于在预制棒制作过程中，形成纤芯 $r=0$ 处，折射指数下陷，这就是通常所说的 MCVD 制造工艺所引起的一种典型缺陷。这种情况对于 LP_{11} 的截止的归一化频率 V_C 影响较小。

为了使材料色散和波导色散相互抵消，使光纤在某一低损耗窗口工作时色散达到最小，折射率分布可以采用下凹型。下凹型单模光纤的折射率分布如图 3-18 所示，在纤芯和包层之间设立一折射率比包层折射率还低的中间层，或称为内包层，采用这种结构形式，是为了减小单模光纤的色散。

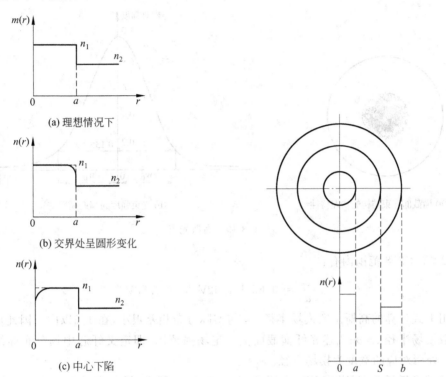

图 3-17　阶跃型单模光纤折射率分布　　　　　图 3-18　下凹型单模光纤的折射率分布

有些光纤，为了使它们的性能更佳，其折射率分布也更为复杂。

3. 单模的截止波长 λc

在单模光纤中基模 LP_{01} 可以传输，忽略折射率分布的非均匀性的影响，把 $m=0,n=1$ 代入式（3-44）和式（3-45）中，就可以得到基模 LP_{01} 场的各个分量和基模 LP_{01} 的特征方程，在此不详细介绍。

如前所述单模传输条件为：$0<V<2.405$。它是基模 LP_{01} 可以传输、第一高阶模 LP_{11} 处于截止状态的条件。考虑折射率分布的非均匀性对它的截止归一化频率 V_C 影响，需要做如下修正：

$$0 < V < V_C(LP_{11}) \tag{3-86}$$

截止波长 λ_C 指的是 LP_{11} 模的截止波长，由式（3-53）：

$$\lambda_c = \frac{2\pi}{V_C} n_1 a \sqrt{2\Delta} \tag{3-87}$$

4. 模场直径

制造商经常使用模场直径(MFD)来描述单模光纤的光学特性,它是衡量光纤横截面上一定场强范围的物理量。

从理论上讲,单模光纤的基模 LP_{01} 的横向场分布如图 3-19 所示,非常接近高斯函数

$$E(r) = E(0)\exp\left(-\frac{r^2}{w_0^2}\right) \tag{3-88}$$

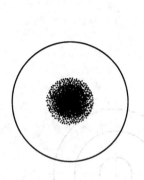

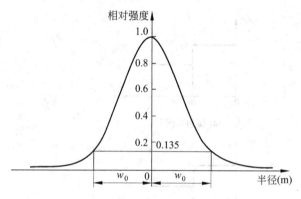

(a) 横截面光束结构的物理特性   (b) 光束强度的高斯模型

图 3-19   高斯光束

在 $1.2 < V < 2.8$ 范围内有:

$$\frac{w_0}{a} = 0.65 + 1.62V^{-1.5} + 2.88V^{-6} \tag{3-89}$$

用上式计算的高斯函数模场半径 w_0 与实际分布相差很小,在 1% 以内。因此可以用高斯函数模场半径 w_0 来描述光纤横截面上一定场强范围,即定义纤芯中场分布曲线最大值的 $1/e$ 处所对应的宽度为模场直径。

单模光纤纤芯直径与 MFD 有所不同,如图 3-20 所示,纤芯直径为 $8.3\mu m$,而 MFD 通常为 $9.3\mu m$。

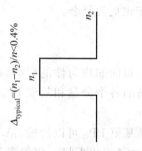

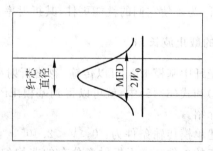

图 3-20   单模光纤中光束强度的分布

5. 偏振特性

在单模光纤传输的基模 LP_{01} 实际上是相互垂直的两个模式 LP_{01}^x 和 LP_{01}^y,在理想的轴对

称单模光纤中,这两个模式相互简并,即具有相同的传播常数 β。但是实际的光纤,它的形状不可能理想的轴对称分布,折射率和应力分布的不均匀性,将会导致两个模式 LP_{01}^x 和 LP_{01}^y 的简并性受到破坏,两个模式的传输相位常数 β_x 和 β_y 不同。

那么光场沿光纤传输时会发生什么现象呢?

这将会导致光场沿光纤传输时,偏振状态不断发生变化,如图 3-21 所示:线偏振状态→椭圆偏振状态→圆偏振状态→椭圆偏振状态→线偏振状态。这种现象也称为单模光纤的双折射效应。

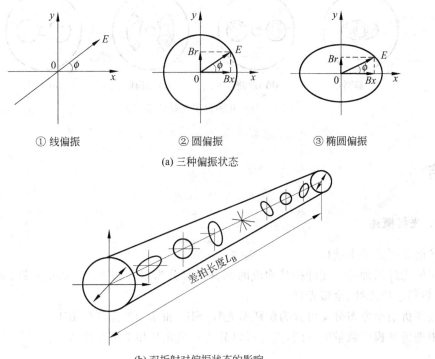

① 线偏振　　　　　　② 圆偏振　　　　　　③ 椭圆偏振

(a) 三种偏振状态

(b) 双折射对偏振状态的影响

图 3-21　单模光纤的双折射效应

人们把偏振状态变化一个周期所对应的传输长度称为拍长:

$$L_b = \frac{2\pi}{\Delta\beta} = \frac{\lambda}{n_x - n_y} \qquad (3\text{-}90)$$

式(3-90)中:$\Delta\beta$ 为两个模式的传输相位系数 β_x 和 β_y 之差,n_x 和 n_y 为两个模式的等效折射率。

单模光纤的双折射效应使模场偏振态在传输过程中发生变化,在相干光纤传输系统中,信号光与本振光的偏振态要保持一致,传输来的信号光偏振态变化会导致检测电平的变化,产生所谓的偏振噪声。在采用集成光路的接收机中,对偏振态有选择性,也会产生偏振噪声。

在常规单模光纤传输系统中,双折射效应产生偏振色散。偏振色散与两个模式的传输相位常数 β_x 和 β_y 之差 $\Delta\beta$ 成正比。普通单模光纤的双折射相对而言并不十分严重,它所引起的偏振色散的影响一般不大,但对大容量的 1550nm 零色散单模光纤系统来说,它可能成为唯一的色散源。

为了实现单一偏振光的传输,人们制造了保偏光纤,它包括低双折射及高双折射两种。低双折射保偏光纤是通过改进制造工艺达到尽量高的圆度、在结构材料及工艺上消除光纤内的残余应力,从而获得非常小的双折射。

高双折射保偏光纤是对光纤的结构进行特殊设计,光纤的纤芯仍为圆形,但在紧靠纤芯的包层采用特殊结构。如图 3-22 所示,使两个基本模的传播常数相差很大,这样光纤中只有一个模式处于主导地位,实现较长传输距离上偏振态基本不变。

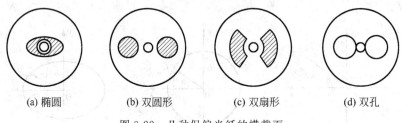

(a) 椭圆   (b) 双圆形   (c) 双扇形   (d) 双孔

图 3-22 几种保偏光纤的横截面

小结

1. 光纤概述

了解光纤的基本结构。

了解光纤的种类。光纤按其构成的原材料可分为以下四类:石英系光纤、多组分玻璃光纤、塑料包层光纤、全塑光纤。

按照折射率分布分类可分为阶跃型光纤(SIF)和渐变型光纤(GIF)。

根据传导模式数量的不同,光纤可以分为多模光纤和单模光纤两类。

2. 多模光纤的射线光学理论分析

了解多模光纤的种类。

了解阶跃型光纤的导光原理和数值孔径的概念,光纤的数值孔径 NA 定义为表示光纤捕捉光射线能力的物理量,数值孔径越大表示光纤捕捉射线的能力就越强。阶跃型光纤的数值孔径为常数:

$$NA = \sqrt{n_1^2 - n_2^2} = n_1\sqrt{2\Delta}$$

了解多模渐变型光纤的导光原理,采用渐变型折射率光纤的目的是为了降低模间色散,渐变型光纤的本地数值孔径用 $NA(r)$ 表示。

$$NA = \sqrt{n^2(r) - n^2(a)}$$

3. 阶跃型光纤的波动光学理论

通过麦克斯韦方程组可以推导出在阶跃型光纤中的波动方程。

了解阶跃型光纤中的波动方程的标量近似解法的求解过程极其解的含义。

光纤的归一化频率 $V = k_0 n_1 a \sqrt{2\Delta}$,它是由光纤的结构和波长决定的参数。

对于弱导波光纤特征方程为

$$U\frac{J_{m+1}(U)}{J_m(U)} = W\frac{K_{m+1}(W)}{K_m(W)}$$

这个特征方程是一个超越方程,通常用数值法求解即可以得到导波传播的相位系数 β,进而分析其传输特性。

在弱导波光纤中传播的电磁波非常接近 TEM 波,具有偏振方向保持不变的特性,人们称为线性偏振模式,也称为标量模,用 LP_{mn} 表示。

4. 阶跃型光纤标量模的可导与截止

标量模 LP_{mn} 中有的可以在光纤中传输称为可导,有的则不能传输称为截止。

标量模 LP_{mn} 可导的条件为

$$V > V_c(\mathrm{LP}_{mn})$$

阶跃型光纤的单模传输条件:当满足 $0 < V < 2.40483$ 时,LP_{01} 模仍然能够传输,而 LP_{11} 模不能传输,此时光纤中只传输 LP_{01} 一种模式。

5. 光纤的损耗特性

衰减系数 α 的定义为:

$$\alpha = -\frac{10}{L}\lg\frac{P(L)}{P(0)}, \quad \text{单位为 dB/km}$$

了解石英光纤的损耗谱特性。光纤通信系统通常使用:第二低损耗窗口在长波长 $1.31\mu\mathrm{m}$ 附近,第三低损耗窗口在长波长 $1.55\mu\mathrm{m}$ 附近。

产生光纤损耗的原因,第一种因素光纤材料有关,主要有吸收损耗和散射损耗,第二种因素与光纤的几何形状有关,主要是弯曲损耗。

6. 光纤的色散特性

了解光纤色散的概念和种类,光纤色散包括模式色散、材料色散、波导色散、偏振模色散、高级色散。

色散的程度用时延差 $\Delta\tau$ 来描述,时延差 $\Delta\tau$ 越大,色散就越严重。

了解各种色散产生的原因。

对于多模光纤的模式色散影响最大,多模渐变型光纤的时延差与多模阶跃型光纤时延差相比要小许多,也就是带宽要大许多,因此具有很大的优越性。

单模光纤主要受材料色散和波导色散的影响,其特性参数之一是色散系数 D,工程上单位采用 $\mathrm{ps/(nm \cdot km)}$。

7. 光纤的非线性效应

光纤的非线性效应可分为受激散射效应和折射率扰动两类。

受激散射效应发生在当光信号与光纤中的声波或系统振动的相互作用的调制系统中,这种相互作用使光散射或将光移至长波长。受激散射效应有受激布里渊散射和受激拉曼散射两种形式。折射率扰动是光纤的折射率 n 随光强而变化的非线性现象。

折射率扰动可以直接引起三种非线性效应：自相位调制、交叉相位调制和四波混频。

8. 单模光纤

按照 ITU-T 的建议单模光纤分为 G.652、G.653、G.654、G.655、G.656 等几大类。
对单模光纤的折射率分布、截止波长、模场直径和偏振特性等方面进一步分析。

- 了解实际的单模光纤折射率分布。
- 单模光纤的截止波长 λc 指的是 LP_{11} 模的截止波长。
- 经常使用模场直径(MFD)来描述单模光纤的光学特性,模场直径(MFD)定义为纤芯中场分布曲线最大值的 $1/e$ 处所对应的宽度。

在单模光纤传输的基模 LP_{01} 实际上是相互垂直的两个模式 LP_{01}^x 和 LP_{01}^y,这两个模式会产生模式色散,解决方法是制造保偏光纤。

习题

3-1 填空题

(1) 通信用的光纤绝大多数用 _____ 材料制成。折射率高的中心部分叫做 _____,折射率稍低的外层称为 _____。

(2) 表示光纤捕捉光射线能力的物理量被定义为光纤的 _____,用 _____ 表示。

(3) 在阶跃型光纤中,_____ 模是最低工作模式,_____ 是第一高阶模。

(4) 阶跃型光纤的单模传输条件是 _____。

(5) 渐变型光纤中不同射线具有相同轴向速度的现象称为 _____。

3-2 什么是光纤的归一化频率？写出表达式。

3-3 什么是标量模？用什么符号来表示？

3-4 试说明阶跃型光纤和渐变型光纤的导光原理。

3-5 什么是渐变型光纤的最佳折射指数分布？写出平方律型折射指数分布光纤的折射指数表达式。

3-6 什么是单模光纤的衰减系数？写出表达式。

3-7 什么是光纤的色散？为什么说光纤的色散会限制系统的通信容量？

3-8 单模光纤色散的大小与哪些因素有关？色散系数的单位是什么？

3-9 阶跃型光纤纤芯折射率 $n_1 = 1.5$,包层折射率 $n_2 = 1.48$,在工作波长为 $1.31\mu m$ 条件下,要保证单模传输,应如何选择纤芯半径？

3-10 阶跃型光纤纤芯折射率 $n_1 = 1.48$,包层折射率 $n_2 = 1.46$,试计算光纤的数值孔径。

3-11 阶跃型光纤纤芯折射率为 1.5,包层折射率为 1.48,纤芯半径为 $2\mu m$,问当工作波长为 $1.31\mu m$ 时,此光纤可传输的模式是什么？

第4章 光源和光电检测器

一个光纤通信系统,发出的光信号进入光纤中传输,传输结束后被接收转化为电信号,那么光信号是如何发出的,又是如何被接收的?本章讨论的是光源和光电检测器的基本原理。

4.1 半导体的能带理论

1. 晶体的能带

在单个原子中,电子是在原子内的量子态中运动的。当大量原子结合成晶体后,邻近原子中的电子态将发生不同程度的交叠,原子间的影响将表现出来。原来围绕一个原子运动的电子,现在可能转移到邻近原子的同一轨道上去,晶体中的电子不再属于个别原子所有,它们一方面围绕每个原子运动,同时又要在原子之间做共有化运动,如图 4-1 所示。

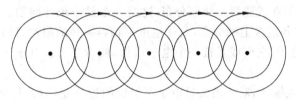

图 4-1 晶体中电子的运动

晶体的主要特征是它们的内部原子有规则地、周期性地排列着。做共有化运动的电子受到周期性排列着的原子的作用,它们的势能具有晶格的周期性。因此,晶体的能谱在原子能级的基础上按共有化运动的不同而分裂成若干组。每组中能级彼此靠得很近,组成有一定宽度的带,称为能带,如图 4-2 所示。内层电子态之间的交叠小,原子间的影响弱,分成的能带比较窄;外层电子态之间的交叠大,能带分裂的比较宽。

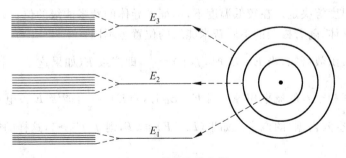

图 4-2 晶体中的能带

锗、硅和 CaAs 等一些重要的半导体材料,都是典型的共价晶体。在共价晶体中,每个原子最外层的电子和邻近原子形成共价键,整个晶体就是通过这些共价键把原子联系起来。

在半导体物理中,通常把这种形成共价键的价电子所占据的能带称为价带。价带可能被价电子占满,也可能被价电子占据了一部分。

- 价带下面的能带是被电子占满了,因此称为满带。满带中的电子不起导电作用。
- 价带上面的能带称为导带。
- 价带和导带、价带和满带之间的宽度不能被电子占据,因此称为禁带。

如图 4-3 所示,价带和导带是我们最感兴趣的两个能带,因为原子的电离以及电子与空穴的复合发光等过程,主要发生在价带和导带之间。

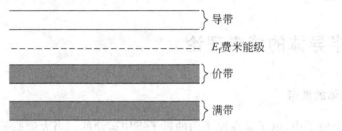

图 4-3　本征半导体的能带分布

2. 费米-狄拉克统计

在半导体中,电子在各能级上如何分布,这是一个量子统计问题。电子是费米子(自旋量子数为 1/2),它在各能级上的分布,要受泡里不相容原理的限制,即每个单电子量子态中最多只能容纳一个电子,它们或者被一个电子占据,或者空着。电子在各能级中的分布,服从费米-狄拉克统计。

根据费米-狄拉克统计,对于由大量电子所组成的近独立体系,每个能量为 E 的单电子态,被电子占据的概率 $f(E)$ 服从费米分布函数,$f(E)$ 可表示为

$$f(E) = \frac{1}{e^{(E-E_f)/kT} + 1} \tag{4-1}$$

式中 E_f 称为费米能级,T 为绝对温度,k 为玻尔兹曼常数 $k = 1.38 \times 10^{-23} \text{J/K}$。

费米能级不是一个可以被电子占据的实在的能级,它是反映电子在各能级中分布情况的参量,具有能级的量纲。对于具体的电子体系,在一定温度下,只要确定费米能级后,电子在各量子态中的分布情况就完全确定了。费米能级的位置,由系统的总电子数、系统能级的具体情况以及温度等决定。在较低温度下,本征半导体的费米能级的位置处于禁带的中心;对于掺杂的半导体,随着掺杂的不同费米能级的位置也不同。

由费米分布函数可知,当 $E = E_f$ 时,$f(E) = \frac{1}{2}$,即能级 E(如果这是一个实在的能级)被电子占据的概率和空着的概率相等。当 $E < E_f$ 时,$f(E) > \frac{1}{2}$,能级 E 被电子占据的概率大于空着(或称被空穴占据)的概率。如果 $(E_f - E) \gg kT$,则 $f(E) \rightarrow 1$,这样的能级几乎都被电子所占据。

当 $E > E_f$ 时,$f(E) < \frac{1}{2}$。如果 $(E - E_f) \gg kT$,费米分布函数可以简化为玻尔兹曼分布,表示为

$$f(E) \approx e^{-(E-E_f)/kT} \tag{4-2}$$

这样的能级基本上都被空穴所占据。

3. 各种半导体中电子的统计分布

根据费米分布规律,可以画出各种半导体中电子的统计分布。

图 4-4(a)表示本征半导体。在低温下,费米能级处于禁带的中心,价带中所有的状态都由电子(浓黑的点)填充,而导带中所有的状态都空着(图 4-4 中用小圆圈表示)。

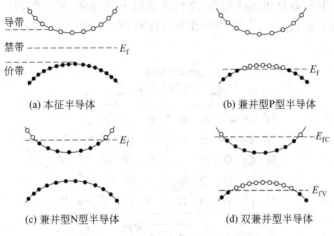

图 4-4　半导体中电子的统计分布

对于 P 型半导体,由于受主杂质的掺入,费米能级的位置比本征半导体要低,处于价带顶和受主杂质能带之间。对于重掺杂的 P 型半导体,杂质能带和价带连成一片,费米能级进入价带。费米能级进入价带的半导体被称为兼并型 P 型半导体,其电子的统计分布,如图 4-4(b)所示。

图 4-4(c)表示兼并型 N 型半导体中电子的统计分布。在这种半导体中,施主杂质能带和导带连成一片,费米能级进入导带。

图 4-4(d)表示双兼并型半导体,这是一种非热平衡状态下的情况,因而用两种费米能级 E_{fc} 和 E_{fv} 来表征载流子的统计分布。在价带中,载流子的统计分布与兼并型 P 型半导体的分布相似,而导带中则与兼并型 N 型半导体的情况类似,因而在 E_{fv} 和 E_{fc} 之间形成了一个粒子数反转的区域。如果有一光波,光子的能量 $h\nu$ 满足条件

$$E_g < h\nu < E_{fC} - E_{fV} \tag{4-3}$$

那么这束光波经过双兼并型半导体时将被放大。

这种双兼并型半导体对应着结型半导体激光器激光放大的区域。

4.2　PN 结的能带结构

1. PN 结的形成

在 P 型半导体中存在大量带正电的空穴,同时还存在着等量的带负电的电离受主,它们的电性相互抵消而表现出电中性。同样,在 N 型半导体中,带负电的电子和等量的带正

电荷的电离施主在电性上也相互抵消。当 P 型半导体和 N 型半导体形成 PN 结时,载流子的浓度差引起扩散运动,P 区的空穴向 N 区扩散,剩下带负电的电离受主,从而在靠近 PN 结界面的区域形成一个带负电的区域。同样,N 区的电子向 P 区扩散,剩下带正电的电离施主,从而造成一个带正电的区域。载流子扩散运动的结果形成了一个空间电荷区,如图 4-5 所示。在空间电荷区里,电场的方向由 N 区指向 P 区,这个电场称为自建电场。在自建电场的作用下,载流子将产生漂移运动,漂移运动的方向正好与扩散运动相反。开始时,扩散运动占优势,但随着自建场的加强,漂移运动也不断加强,最后漂移运动完全抵消了扩散运动,达到动态平衡状态。因此,当不加外电压时,PN 结是处于动态平衡状态,宏观上没有电流流过。

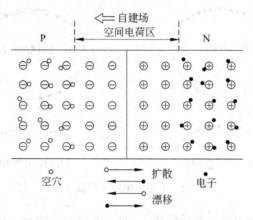

图 4-5　PN 结空间电荷区的形成

当 PN 结加上正向电压时,外加电压的电场方向正好和自建场的方向相反,因而削弱了自建场,打破了原来的动态平衡。这时,扩散运动超过了漂移运动,P 区的空穴将通过 PN 结源源不断地流向 N 区,N 区的电子也流向 P 区,形成正向电流。由于 P 区的空穴和 N 区的电子都很多,所以这股正向电流是大电流。当 PN 结加反向电压时,外电场的方向和自建场相同,多数载流子将背离 PN 结的交界面移动,使空间电荷区变宽。空间电荷区内电子和空穴都很少,它变成高阻层,因而反向电流非常小。这就是为什么 PN 结具有单向导电性的原因。

2. PN 结的能带

根据 PN 结的基本特性,我们讨论 PN 结的能带结构。考虑兼并型 P 型和 N 型半导体形成 PN 结的情况,图 4-6 和图 4-7 展示了兼并型 N 型和 P 型半导体,阴影部分表示主要由电子占据的量子态。图 4-8(a)表示热平衡状态下 PN 结的能带。由于一个热平衡系统只能有一个费米能级,这就要求原来在 P 区和 N 区高低不同的费米能级达到相同的水平。如果 N 区的能级位置保持不变,那么 P 区的能级应该提高,从而使 PN 结的能带发生弯曲。能带图是用来描述电子能量的,PN 结能带的弯曲正反映空间电荷区的存在。在空间电荷区中,自建场从 N 区指向 P 区,这说明 P 区相对 N 区为负电位,用 $-V_D$ 表示,叫做接触电位差,或者叫做 PN 结的势垒高度。P 区所有能级的电子都附加了 $(-e_0)(-V_D) = e_0 V_D$ 的位能,从而使 P 区的能带相对 N 区来说提高了 $e_0 V_D$,同时 $e_0 V_D = E_{fC} - E_{fV}$。在空间电荷区中存在着自建场,它里面任意一点 x 相对 N 区都有一定的电位 $(-V(x))$,能带相应地抬高 $e_0 V(x)$,图 4-8(a)中能带倾斜的部分直接表明空间电荷区中电位的变化。

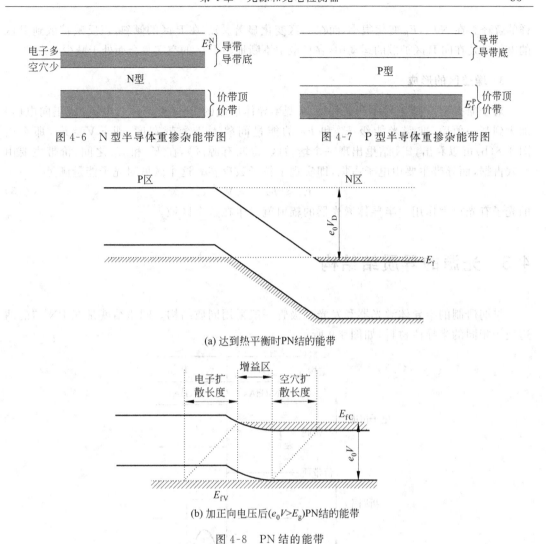

图 4-6　N 型半导体重掺杂能带图　　　　图 4-7　P 型半导体重掺杂能带图

(a) 达到热平衡时 PN 结的能带

(b) 加正向电压后 $(e_0V>E_g)$ PN 结的能带

图 4-8　PN 结的能带

图 4-8(b)显示了 PN 结上加正向电压时的能带图。正向电压 V 削弱了原来的自建场使势垒降低。如果 N 区的能带还是保持不变,则 P 区的能带应向下移动,下降的数值应为 $e_0V(V<V_D)$,在这种非热平衡状态下,费米能级也会发生分离。

正向电压破坏了原来的平衡,引起每个区域中的多数载流子流入对方,使 P 区和 N 区内少数载流子比原来平衡时增加了,这些增多的少数载流子称为"非平衡载流子"。非平衡载流子的统计分布,仍可用费米分布函数描述,但这时的费米能级应为准费米能级。通常用准费米能级 E_{fC} 描述电子的统计分布,用准费米能级 E_{fV} 描述空穴的统计分布,有关关系式

$$E_{fC} - E_{fV} = e_0V \tag{4-4}$$

对于 P 区来说,空穴是多数载流子,所以 E_{fV} 变化很小,基本上和平衡状态下的费米能级差不多。进入 N 区,空穴是少数载流子,E_{fV} 在 N 区是倾斜的,这表示在 N 区,空穴分布不是均匀的,而处于向 N 区扩散的运动中,而且在扩散运动中不断地与 N 区的电子复合而减少,直到非平衡载流子完全复合掉为止。在离开 PN 结一个扩散长度以外的地方载流子浓度又回到原来的平衡状态,E_{fV} 和 E_{fC} 重合,变成统一的费米能级 E_f。对于 E_{fC} 的变化也可做同

样的解释。在 N 区，E_{fc} 变化很小，而在 P 区变化显著。E_{fc} 在 P 区的倾斜，正反映扩散到 P 区的电子是处在向 P 区扩散的运动中，在扩散中不断地与 P 区的空穴复合而处于减少状态。

3. 增益区的形成

对于兼并型 P 型半导体和兼并型 N 型半导体形成的 PN 结，当注入电流(或正向电压)加大到某一值后，准费米能级 E_{fc} 和 E_{fv} 的能量间隔大于禁带宽度，即 $e_0V > E_g$，那么由图 4-8(b)可以看出，PN 结里出现一个增益区(也叫有源区)，在 E_{fc} 和 E_{fv} 之间，价带主要由空穴占据，而导带主要由电子占据，即实现了粒子数反转。这个区域对光子能量满足

$$E_g < h\nu < e_0V \tag{4-5}$$

的光子有光放大作用。半导体激光器的辐射就发生在这个区域。

4.3　光源的异质结结构

早期研制的半导体激光器和发光二极管一般采用同质结构。同质结就是在 PN 结的两边使用相同的半导体材料，如图 4-9 所示。

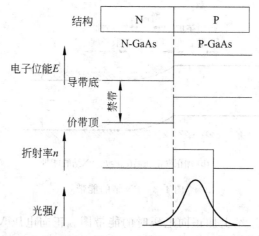

图 4-9　同质结能带分布、折射率 n 和光强的分布图

采用同质结结构的激光器存在如下问题。

首先是对光波的限制不完善，这是因为同质结激光器中 P-GaAs 和 N-GaAs 除掺入的杂质外，基本材料都是 GaAs，由于 P-GaAs 和 N-GaAs 这两者折射率差别不大，这种情况，相当于光导纤维中的纤芯和包层的折射率相差不大的情形，即是弱导波情况。因而同质结的这两个材料边界的导波作用不大，从而，有相当多的光波进入无源区(所谓无源区即不满足粒子数反转的区域，有源区即满足粒子数反转分布发光的区域)，这对输出光波来讲就是一种损耗。

另一方面的问题是对载流子的限制不完善，当外加正偏压后，注入的电子进入 N 区后还要向 P 区扩散；注入的空穴进入 P 区后还要向 N 区扩散。这种情况使有源区变宽了，要在较宽的区域内产生激光，显然，需要更大的阈值电流。为此，为了降低同质结半导体激光器的阈值电流，就要从上述两个方面来进行改进。

双异质结(DH)是窄带隙有源区(GaAs)材料被夹在宽带隙的材料(GaAlAs)之间构成，如图 4-10 所示。

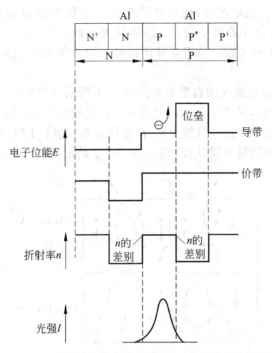

图 4-10　双异质结能带分布、折射率 n 和光强 I 的分布图

双异质结构的导带上出现了一个向上的"台阶"，这个"台阶"阻止了电子向 P 区扩散。同时，在价带上出现了一个向下的"台阶"，这个"台阶"对空穴形成一个位垒，从而阻止了价带中的空穴向左侧逸出，即限制了空穴从有源区 P-GaAs 向 N 区扩散。这样，双异质结激光器就在有源区的两侧分别限制了电子从右侧、空穴从左侧逸出。

此外，由于所加异质材料 N-GaAlAs 的折射率也低于有源区材料 P-GaAs 的折射率，故按照前面的分析，N-GaAlAs 与 P-GaAs 的边界也有导波作用，这个作用从左侧限制了光波的射出。从而，双异质结激光器的有源区两侧边界都对光波进行了限制。

综上两个方面所述，由于双异质结激光器在有源区两侧，既限制了载流子，又限制了光波，故它的光强分布基本被约束在有源区，而且阈值电流大大降低，实现了预期的目的。

4.4　发光二极管

发光二极管又称 LED，它的使用已经有四十多年的历史了，被广泛应用在各类电子设备中，也是光纤通信中经常使用的光源。它的优点在于较小的尺寸和较长的使用寿命。但它也具有发光亮度低、光谱宽等缺陷，故发光二极管(LED)通常使用在低速、短距离光通信系统。

发光二极管是非相干光源，是无阈值器件，它的基本工作原理是自发辐射。

1. LED 的工作原理

LED 通常采用双异质结芯片,把有源层夹在 P 型和 N 型限制层中间,如前所述这是因为同质结构的 LED 存在着两个缺点:激活区太发散,导致装置的效率很低;产生的光束太宽,导致光耦合效率太低。采用双异质结构可以增加光辐射的效率并更好地限制辐射光。

LED 的基本工作原理是光的自发辐射。图 4-11 所示为双异质结半导体发光二极管的结构。P-GaAs 为有源区,是产生荧光的复合区。正向电压 V 提供的外加能量激发了处于导带的电子和空穴进入耗尽区并且发生复合,促使发光二极管 LED 产生了能量。与普通二极管以热能的方式释放能量不同,LED 将大部分产生的能量以可见光的方式释放出来。

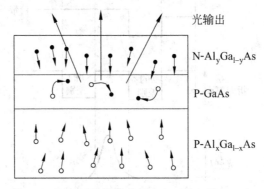

图 4-11　双异质结半导体发光二极管的结构示意图

通常用内部量子效率 η 来衡量受激电子中产生光子的电子的比例,这样可以对输出的光功率进行定量的描述。光功率 P 是指每秒发光的能量,它等于光子数目乘以单个光子的能量 E_P。而光子数目又等于受激电子数目 N 乘以内部量子效率 η。这样就可以得到公式

$$P = \frac{N\eta E_P}{t} \tag{4-6}$$

另一方面,用每秒电子数目乘以电子电量 e 就构成了电流 I

$$I = \frac{Ne}{t} \tag{4-7}$$

所以辐射光功率计算公式

$$\frac{P}{I} = \frac{\eta E_P}{e}$$

即

$$P = \frac{\eta E_P}{e} I \tag{4-8}$$

由式(4-8)可知光功率与正向电流是成比例的。

2. LED 的基本结构

LED 可分为面发光二极管和边发光二极管两大类。

(1) 面发光二极管

面发光二极管结构示意图如图 4-12 所示,这是一个短波长 0.8～0.9μm 双异质结

GaAs/AlGaAs 面发光二极管的结构。它的有源发光区是圆形平面,其直径约为 $50\mu m$,厚度小于 $2.5\mu m$。一段光纤(尾纤)穿过衬底上的小圆孔与有源发光区平面正垂直接入,周围用接合材料加以固定,用以接收有源发光区平面射出的光,光从尾纤输出。有源发光区光束的水平、垂直发散角均为 $120°$。

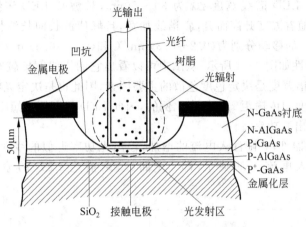

图 4-12　面发光二极管结构示意图

（2）边发光二极管

边发光二极管结构示意图如图 4-13 所示,它为长波长 $1.31\mu m$ 双异质结 InGaAsP/InP 边发光型 LED 的结构。它的核心部分是一个 N-AlGaAs 有源层,及其两边的P-AlGaAs和 N-AlGaAs 导光层(限制层)。导光层的折射率比有源层低,但比其他周围材料的折射率高,从而有源层产生的光波从端面发射出来。

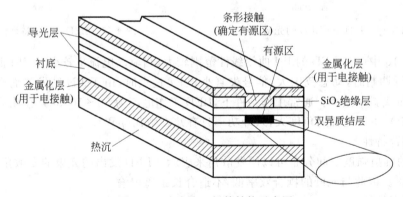

图 4-13　边发光二极管结构示意图

为了和光纤纤芯的尺寸相配合,有源层光射出端面的宽度通常为 $50\sim70\mu m$,长度为 $100\sim150\mu m$。边发光 LED 的方向性比面发光的好,其发散角水平方向为 $25°\sim35°$,垂直方向为 $120°$。

边发光二极管驱动电流较大,输出光功率较小,但是由于光辐射角度较小,与光纤的耦合效率较高,因而入纤光功率比面发光型 LED 大。目前单模数字光纤通信系统大多采用边发光型 LED。

3. LED 的工作特性

(1) LED 的光谱特性

发光二极管发射的是自发辐射光,没有谐振腔对波长的选择,谱线宽度 $\Delta\lambda$ 比激光器宽的多。一般短波长 LED 谱线宽度 $\Delta\lambda$ 为 30～50nm,长波长 LED 谱线宽度 $\Delta\lambda$ 为 60～120nm。发光光谱随着温度升高而升高,谱线加宽,且峰值波长向长波长方向移动,短波长 LED 和长波长 LED 的移动分别为(0.2～0.3)nm/℃和(0.3～0.5)nm/℃。

LED 的光谱特性如图 4-14 所示,从图中可以看出它的谱线宽度较宽,这一点对高速率调制是不利的。光谱宽度是决定色度色散的主要因素,因此也是决定光纤带宽的关键参数。色度色散与光谱宽度和传输距离都是成比例的,因此 LED 只可用于短距离的窄带宽应用。

(2) LED 的输出光功率特性

LED 是无阈值器件,它随注入电流的增加,输出光功率近似的线性增加。通常使用光输出功率 P 与注入电流 I 的关系,即 P-I 曲线,来描述 LED 的输出光功率特性,如图 4-15 所示。

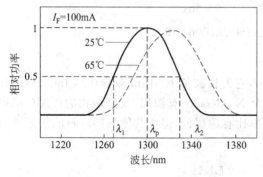

图 4-14　1300nm LED 的光谱曲线

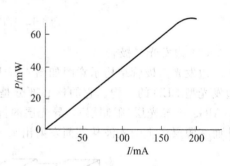

图 4-15　LED 的 P-I 特性曲线

从图 4-15 中可见 LED 的 P-I 曲线线性范围较大,当驱动电流 I 较小时,P-I 曲线的线性较好,在进行调制时,动态范围大,信号失真小;当 I 过大时,由于 PN 结发热而产生饱和现象,使 P-I 曲线斜率减小。通常工作条件下,LED 工作电流为 50～100mA,输出光功率为几十毫瓦(mW),由于光辐射角度大,入纤功率只有几百微瓦(μW)。

(3) 耦合特性

LED 的辐射强度空间分布可以用发散角来表示。LED 发出的光束的发散角较大,大约为 40°～120°。因此与光纤的耦合效率低,不适合长距离传输。

(4) 温度特性

LED 的光输出功率对温度的依赖性,在-20℃～60℃范围内,变化不大,因此温度特性较好。一般不需要加温控电路。由如上特性可以看出,使用 LED 的入纤功率较低,光谱较宽,但由于使用简单、寿命长等特点在中短距离光纤数字通信系统和模拟信号传输系统中的应用还是较为广泛的。

(5) 载流子生存期和调制带宽

生存期 τ 是指载流子从被激活(即被射入耗尽区)到被复合之间的这一段时间,有时也称为复合生存期,它的范围一般从几纳秒(ns)到几毫秒(ms)。我们可以将它分为辐射复合生存期 τ_r 和非辐射复合生存期 τ_{nr} 两部分,这样总的载流子生存期 τ 就等于

$$\frac{1}{\tau} = \frac{1}{\tau_{\mathrm{r}}} + \frac{1}{\tau_{\mathrm{nr}}} \tag{4-9}$$

调制带宽 BW 是指当检测的电功率衰减到 $-3\mathrm{dB}$ 时的调制频率的范围。LED 的调制带宽由载流子的生存期决定,生存期 τ 给出了 LED 调制带宽的上限。

$$\mathrm{BW} = 1/\tau \tag{4-10}$$

LED 在调制过程中,其输出光功率受调制频率和复合区中少数载流子生存期 τ 的限制。为了提高调制频率,应设法减小 τ。但调制频率提高后,输出光功率可能下降。这就大大缩小了 LED 可供使用的范围。在一般工作条件下,面发光 LED 截止频率为 $20\sim30\mathrm{MHz}$,边发光 LED 截止频率为 $100\sim150\mathrm{MHz}$。这就是为什么 LED 的带宽被限制在几百兆赫(MHz)的原因,这个限制也决定了 LED 的应用主要局限于低带宽网和局域网上。

4.5　半导体激光器

半导体激光器(LD)主要适用于长距离大容量的光纤通信系统。尤其是单纵模半导体激光器,在高速率、大容量的数字光纤通信系统中得到广泛应用。近年来逐渐成熟的波长可调谐激光器是 WDM 光纤通信系统的关键器件,越来越受到人们的关注。

1. 光纤通信对半导体激光器的主要要求

半导体激光器是光纤通信最主要的光源,非常适合于高码速率长距离的光纤通信系统的基本要求:

(1) 光源应在光纤的三个低损耗窗口工作,即发光波长为 $0.85\mu\mathrm{m}$、$1.31\mu\mathrm{m}$ 或 $1.55\mu\mathrm{m}$。

(2) 光源的谱线宽度较窄,$\Delta\lambda = 0.1\sim1.0\mathrm{nm}$。

(3) 能提供足够的输出功率,可达到 $10\mathrm{mW}$ 以上。

(4) 与光纤耦合效率高,$30\%\sim50\%$。

(5) 能长时间连续工作,且工作稳定,可提供足够的输出光功率。

2. LD 的工作原理

所谓激光器就是激光自激振荡器,它应该包括放大部分、振荡回路与反馈系统。半导体激光器由如下三个部分组成。

* **产生激光的工作物质(激活物质)**　能够产生激光的工作物质,也就是处于粒子数反转分布状态的工作物质,它是产生激光的必要条件。
* **能够使工作物质处于粒子数反转分布状态的激励源(泵浦源)**　使工作物质产生粒子数反转分布的外界激励源,称为泵浦源。物质在泵浦源的作用下,使粒子数从低能级跃迁到高能级,使得在这种情况下受激辐射大于受激吸收,从而有光的放大作用。这时的工作物质已被激活,成为激活物质或增益物质。
* **有能够完成频率选择及反馈作用的光学谐振腔**　激活物质只能使光放大,只有把激活物质置于光学谐振腔中,以提供必要的反馈及对光的频率和方向进行选择,才能获得连续的光放大和激光振荡输出。

在激活物质的两端的适当位置，放置两个反射系数分别为 r_1 和 r_2 的平面反射镜 M_1 和 M_2，就构成了最简单的光学谐振腔，如图 4-16 所示的这两个反射镜，一个为全反射镜，一个为半反射镜。

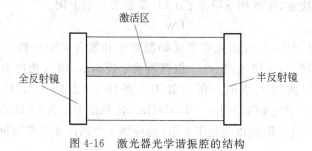

图 4-16   激光器光学谐振腔的结构

半导体激光器产生激光输出也要满足三个基本条件：粒子数反转分布、提供光的正反馈、满足激光振荡的阈值条件。

（1）粒子数反转分布

要使得光产生受激辐射振荡，必须先使光得到放大，而产生光放大的前提，是物质中的受激辐射必须大于受激吸收，因此产生稳定的受激辐射是产生激光的关键。

在外加正向偏压作用下，不断注入电子，在 PN 结上就会形成粒子数反转分布，为了限制载流子和光波的范围一般采用双异质结的结构。

（2）光的正反馈与谐振条件

当工作物质在泵浦源的作用下，已实现粒子数反转，高能级电子在收到激发的状况下能够产生受激辐射，产生一定数量的光子。光的正反馈是通过光学谐振腔实现的，它通过光在光学谐振腔的来回往复过程，实现受激辐射的光放大，形成光的正反馈。

谐振腔还要满足如下谐振条件

$$q\lambda = 2nL \qquad\qquad (4\text{-}11)$$

式（4-11）中，λ 为激光波长，n 为激活物质的折射率，L 为光学谐振腔的腔长，q 为正整数称为纵模模数。

由于受激辐射光只在沿腔轴方向（纵向）形成驻波，因此称其为纵模。根据驻波条件，腔长为 L 的谐振腔内能产生的驻波数为 q。当 q 不同时，可能有不同的波长值，即有若干个谐振频率。纵模模数 q 的取值范围一般是有限个正整数，q 的取值数越少，光谱特性越好。当 $q>1$ 时，所制成的激光器称为多纵模激光器，当 $q=1$ 时，所制成的激光器称为单纵模激光器。

（3）激光振荡的阈值条件

光学谐振腔实际上存在着两个相反的过程：光增益和光损耗。

• 光增益是光子在增益介质中，受激辐射的光放大。

• 光损耗是在腔内由于各种因素引起的光子数不断消耗，产生光损耗的原因很多，主要有光学谐振腔的反射镜透射损耗和其他原因引起的损耗。

只有当光增益 G 大于损耗 α 时，才能建立稳定的激光振荡输出激光，这个条件称为激光器的阈值条件。

$$G > G_t \qquad\qquad (4\text{-}12)$$

$$G_t = \alpha = \alpha_i + \frac{1}{2l}\ln\frac{1}{r_1 r_2} \qquad (4\text{-}13)$$

式中:G 为光增益系数,G_t 为阈值增益系数,α 为总损耗引起的衰减系数,α_i 为除反射镜透射损耗之外的所有损耗引起的衰减系数,l 为光腔的长度,r_1 和 r_2 为两个反射镜的功率反射系数。$\frac{1}{2l}\ln\frac{1}{r_1 r_2} = \alpha_r$ 为反射镜透射损耗引起的衰减系数。

3. 法布里-珀罗激光器

在半导体激光器中,从光的振荡形式上看,激光器的构成方式主要有两种。一种是用天然解理面形成的 F-P 腔(Fabry Perot,法布里-珀罗谐振腔),这种激光器称为法布里-珀罗激光器(F-P LD),另一种是分布反馈型激光器(DFB LD)。

法布里-珀罗激光器一般为异质半导体激光器,异质半导体激光器又可分为单异质半导体激光器和双易质半导体激光器,采用不同的材料可降低激光器的阈值电流、提高效率,并能对电子和光子产生限制作用,减少了注入电流,增加了发光强度。

法布里-珀罗激光器基本原理如图 4-17 所示。F-P LD 一般沿垂直 PN 结方向构成双异质结,有源区薄层夹在 P 型和 N 型限制层中间。工作电流通过电极注入有源区,实现粒子数反转分布和电子空穴对的复合发光。在整个 PN 结面上均有电流通过称为宽面结构,只有 PN 结中部与解理面垂直的条形面积上有电流通过称为条形结构,后者可以显著降低阈值电流,是实用 F-P 腔激光器的主要方案。有源区还同时起到光波导作用,利用两端晶体的天然解理面作为反射镜,构成矩形介质波导谐振腔,并在腔内产生自激振荡。F-P 腔激光器通常以边发射方式由谐振腔的一端输出激光光束。

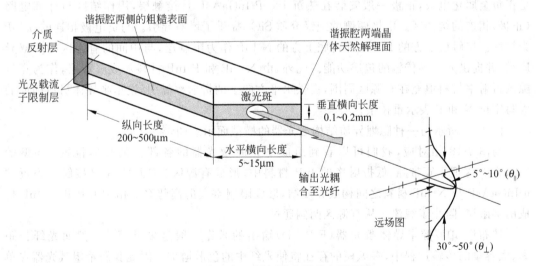

图 4-17　法布里-珀罗激光器基本原理图

法布里-珀罗激光器从工艺结构上可以分为两类,即增益波导 LD 和折射率波导 LD。两者相比较,折射率波导 LD 在侧向有较大的折射率($\Delta n/L = 0.2 \sim 0.3$),对光场模式有强的限制作用,辐射光空间分布稳定性高,因而被大多数光波系统采用。

折射率波导 LD 常见的就是隐埋异质结结构 LD,如图 4-18 所示。

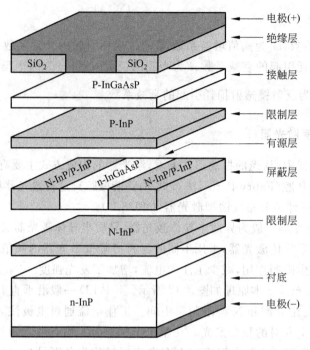

图 4-18 隐埋异质结结构 LD 的原理图

图 4-18 所示为长波长 InP /InGaAsP 隐埋异质结激光器。从垂直于 PN 结方向观察，可将 F-P 腔激光器看成逐层生长的多层结构，每层提供了不同功能。最上端和最下端分别是正负金属化电极，正极一般安装在热沉上。P-InGaAsP 是接触层，用作结区与外部电路（正极）相连的缓冲区。电极两侧的绝缘介质 SiO₂ 提供了增益导引。与负电极相连的 n-InP 为衬底。接触层下方的 P-InP 和衬底上方的 N-InP 作为限制层，与中间的有源区构成双异质结，并提供光波导传输的包层功能。此外，由 N-InP 和 P-InP 材料形成屏蔽层，作为宽带隙低折射率材料填充在有源区周围，提供水平方向上的折射率导引，这里半导体材料前面的大写字母 N 和 P 表示重掺杂。

图 4-19 所示为一种隐埋异质结结构激光器的横截面示意图。

与图 4-18 相对应，我们可以看到组成 F-P 腔激光器的各部分的具体位置。n 型的 InGaAsP 深埋于宽带隙、低折射率的 InP 材料中，形成有源区。P-InGaAsP 接触层附近的 n-InGaAsP 与 N-InP 材料之间构成异质结，形成限制空穴的高势垒。由 P-InP 和 N-InP 构成的屏蔽层，阻止了载流子从有源区两侧通过。

法布里-珀罗腔半导体激光器(F-P LD)输出的激光一般是多纵模的。然而光纤长距离、大容量的传输过程中，多纵模的存在将使光纤中的色散增加。因此我们希望激光器在单纵模状态工作。图 4-20 展示了 LD 的多模光谱和单模光谱。

图 4-20(b)中可以看出，单纵模 LD 中除了一个主模外，其他纵模都被抑制了，同时主模的谱线宽度非常窄，通常小于 1nm，用于高速光纤通信系统是非常理想的。

在光纤长距离、大容量的传输过程中，多纵模的存在将使光纤中的色度色散增加。因此人们希望激光器在单纵模状态工作。

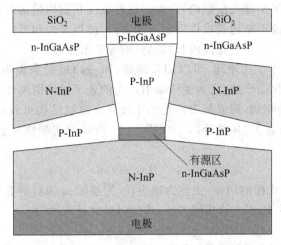

图 4-19　隐埋异质结构激光器的横截面示意图

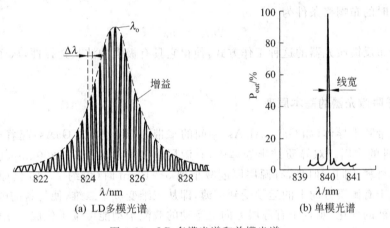

(a) LD多模光谱　　　　　　(b) 单模光谱

图 4-20　LD 多模光谱和单模光谱

4. 动态单纵模激光器的原理

所谓动态单纵模激光器(SLM LD),就是指在高速调制下仍能单纵模工作的半导体激光器。

目前,比较成熟的单纵模激光器有分布反馈激光器及耦合腔激光器,下面介绍分布反馈激光器的原理。

分布反馈半导体激光器(Distributed-Feedback Semiconductor Laser,DFB Laser),它是在异质结激光器具有光放大作用的有源层附近,刻上波纹状的周期的光栅来构成的,如图 4-21 所示。

光子在每一条光栅上的反射形成一个激光器所需要的光反馈(这点与前面研究过的一般的激光器不同,那种激光器是利用在激光工

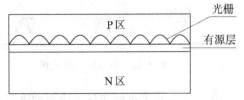

图 4-21　分布反馈半导体激光器结构示意图

作物质两端的反射镜来实现光反馈的)。由于这种波纹状周期结构对光的反射作用,使得在一个方向上传播的光波不断地被反馈回相对的方向,使得前向和反向波之间产生耦合,这种结构可以理解为形成了一个对光波波长"敏感"的光学谐振腔。

DFB 激光器的基本工作原理,可以用布喇格(Bragg)反射来说明。波纹光栅是由于材料折射率的周期性变化而形成,它为受激辐射产生的光子提供周期性的反射点,在一定条件下,所有的反射光同相相加,形成某方向光的主极强。波纹结构可以取不同的形状,正弦波形或非正弦波形(如方波、三角波等)。考虑图 4-22 所示的布喇格反射,I、I'、I'' 等光束满足同相位相加的条件为

$$\Lambda + B = m\lambda/n \tag{4-14}$$

式(4-14)中:Λ 是波纹光栅的周期,也称为栅距;m 为整数;n 为材料等效折射率;λ 为波长。

由图 4-22 中所示 B、Λ、θ 的几何关系,式(4-14)也可表示为

$$n\Lambda(1 + \sin\theta) = m\lambda \tag{4-15}$$

式(4-15)即为布喇格反射条件,即对应特定的 Λ 和 θ,有一个对应的 λ,使各个反射波为相长干涉。DFB 激光器的分布反馈是 $\theta = \pi/2$ 的布喇格反射,这时有源区的光在栅条间来回振荡。此时的布喇格条件为

$$2n\Lambda = m\lambda \tag{4-16}$$

由于分布反馈激光器的这种工作方式,使得它有极强的波长选择性,从而实现动态单纵模工作。

5. 量子阱激光器的基本原理

夹于宽带隙半导体(如 $Ga_{1-x}Al_xAs$)中间的窄带隙半导体(如 GaAs)起着载流子(电子和空穴)陷阱的作用。双异质结半导体中,有源层厚度通常为 $100\sim200nm$,其电性质和光学性质与体材料相同。但是,有源层厚度减小到 $5\sim10nm$ 时(仅约 $7\sim15$ 倍原子直径),载流子在垂直于有源层方向上的运动受到束缚,即从三维变成了二维,使材料的电性质和光学性质产生剧烈的变化,垂直于有源层方向上运动的载流子动能可量子化成分立的能级,这类似于一维势阱的量子力学问题,因而这类激光器叫做量子阱激光器。

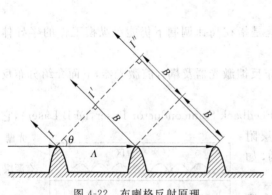

图 4-22　布喇格反射原理

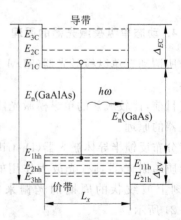

图 4-23　量子阱中的能级

图 4-23 显示了束缚在量子阱中的电子和空穴的能级 E_n,图中 E_{1C}、E_{2C} 和 E_{3C} 为电子能级,E_{1hh}、E_{2hh} 和 E_{3hh} 为重空穴能级,E_{1lh}、E_{2lh} 和 E_{3lh} 为轻空穴能级。这些量的计算是给定势垒

$(\Delta_{EC},\Delta_{EV})$ 下的标准量子力学问题。对无限势阱,第 n 个束缚粒子能级为

$$E_n = h^2 n^2 / 8L_z^2 m_n^*$$ (4-17)

式(4-17)中,m_n^* 为第 n 能级的有效质量,h 为普朗克常数。在量子阱中,电子-空穴复合遵守选择规则 $\Delta n = 0$,即在 E_{1C}(E_{2C}、E_{3C} 等)态中的电子可以和重空穴 E_{1hh}(E_{2hh}、E_{3hh} 等)及轻空穴 E_{1lh}(E_{2lh}、E_{3lh} 等)复合,因为它们具有相同的横向动量和量子化阱态。但是由于 $E_{1lh} > E_{1hh}$,轻空穴跃迁能量较重空穴高。最低导带能级与最高价带能级之间的间隔为

$$E_q = E_g + E_{1C} + E_{1hh}$$ (4-18)

$$h\nu \approx E_g + \frac{h^2}{8L_z^2}\left(\frac{1}{m_C} + \frac{1}{m_{hh}}\right)$$ (4-19)

由式(4-19)显而易见,在量子阱结构中,只要简单地改变阱宽 L_z,就可改变发射光子的能量。图 4-24 为 InGaAs/InP 量子阱激光器中不同阱宽的情况。可以看出,阱宽越小,激光发射就越向高能量方向移动。

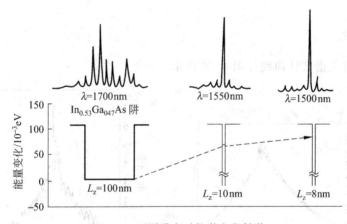

图 4-24　不同阱宽时的激光发射谱

同时,这可以导致量子阱激光器的高速度和窄带宽特性。有多个有源层,即多个量子阱的激光器称为多量子阱激光器(MQW-LD),它可以获得更低的阈值电流,输出功率很大,可达几百毫瓦以上,线宽很宽,可达 25kHz。

4.6　LD 的工作特性

LD 的工作特性可以用一些特性曲线和特性参量来描述。

1. P-I 曲线

LD 的总发射光功率(P)与注入电流(I)的关系曲线称为 P-I 曲线,如图 4-25 所示。

阈值特性:当注入电流很小时,LD 发出的光功率很小,为自发辐射所致,发出的是荧光。当达到某个电流值时,光功率突然增强,这个电流称为阈值电流 I_t。当 $I > I_t$ 时,LD 发出的是激光。对于一个 LD 来说,I_t 越低越好。

线性特性:$I > I_t$ 的一段范围内,发射的光功率 P 与注入电流近似为线性关系。

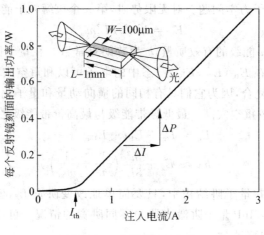

图 4-25　典型的 P-I 曲线

2. 光谱特性

GaAs LD 的光谱特性曲线如图 4-26 所示。

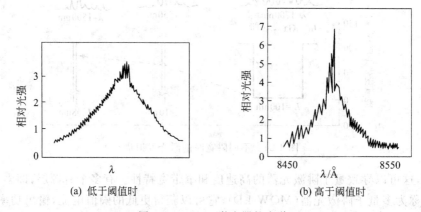

(a) 低于阈值时　　　　　　　　(b) 高于阈值时

图 4-26　GaAs 激光器的光谱

（1）$I < I_t$ 时光谱很宽,此时为荧光光谱。

$I > I_t$ 时光谱很窄,谱线中心强度急剧增加。

（2）峰值波长 λ_p。所谓峰值波长是在规定光功率时,光谱内若干发射模式中最大强度的光谱波长,用 λ_p 表示,LD 的峰值波长相当明显。

（3）单纵模与多纵模。光谱中只有一根谱线,这样的激光器为单模激光器,图 4-26 的光谱中有很多条谱线,即为多模激光器。

（4）谱线宽度 $\Delta\lambda$。谱线宽度简称为线宽用 $\Delta\lambda$ 来表示。采用 ITU-T G.957 建议的最大 -20dB 宽度定义。即在规定光功率下,主模中心波长的最大峰值功率跌落 -20dB 时的最大全宽为光谱宽度。

3. 温度特性

LD 的温度特性包括：LD 的阈值电流 I_t 随温度 T 变化的特性和中心波长温度特性等。

（1）I_t 的温度特性

阈值电流随温度的升高而加大，其变化情况如图 4-27 所示。由曲线可以看出，温度对激光器阈值电流影响很大，所以，为了使光纤通信系统稳定、可靠地工作，一般都要采用自动温度控制电路，来稳定激光器的阈值电流和输出光功率。

另外，激光器的阈值电流也和使用时间有关，随着激光管使用时间的增加，阈值电流也会逐渐加大。

（2）中心波长 λ 的温度特性

激光二极管的中心波长比例于它的工作温度，温度升高，LD 的中心波长随之增加，有如图 4-28 所示的线性关系。这种特性在泵浦激光器中是有用的，在泵浦激光器的应用中，可以通过精确地控制温度，把 LD 的发射波长调节到特定波长上，以满足应用要求。

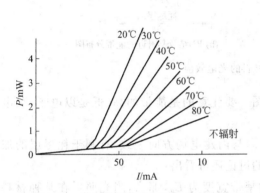

图 4-27　激光器阈值电流随温度的变化

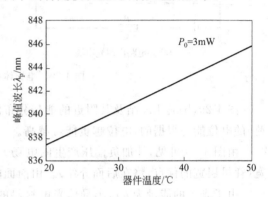

图 4-28　温度对 LD 发射波长的影响

4.7　光电检测器

1. 光纤通信对光电检测器的主要要求

光纤通信对光电检测器的要求主要有：

（1）在工作波长上光电转换效率高，即对一定的入射光信号功率，光检测器能输出尽可能大的光电流。

（2）检测过程中带来的附加噪声尽可能小。

（3）响应速度快、线性好及频带宽，使信号失真尽量小。

（4）高可靠长寿命，尺寸可与光纤直径相配，工作电压低等。

在光纤通信中，满足上述要求的光电检测器有两种半导体光电二极管：PIN 光电二极管和雪崩光电二极管（APD）。

2. 半导体的光电效应

光电检测器是利用半导体的光电效应制成的。

半导体材料的光电效应是：光照射到半导体的 PN 结上，若光子能量足够大，则半导体材料中价带的电子吸收光子的能量，从价带越过禁带到达导带，在导带中出现光电子，在价带中出现光空穴,即光电子-空穴对,它们合起来称作光生载流子。

光生载流子在外加负偏压和内建电场的作用下,在外电路中出现光电流,如图 4-29(a) 所示。从而在电阻 R 上有信号电压输出。这样,就实现了输出电压跟随输入光信号变化的光电转换作用。所谓负偏压是指 P 接负,N 接正。

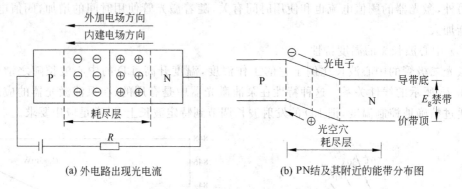

(a) 外电路出现光电流　　　　　　　　　(b) PN结及其附近的能带分布图

图 4-29　半导体材料的光电效应

图 4-29(b)是 PN 结及其附近的能带分布图。要注意的是能带的高、低是以电子(负电荷)的电位能为根据的,电位越负能带越高。

由图 4-29 可见,外加负偏压产生的电场方向与内建电场方向一致,有利于耗尽层的加宽(耗尽层宽的优点,将在后面介绍)。由前面的讨论还可看出:

由于光子的能量为 hf,半导体光电材料的禁带宽度为 E_g,那么,当光照射在某种材料制成的半导体光电二极管上时,若有光电子-空穴对产生,显然,必须满足如下关系,即

$$hf \geqslant E_g \tag{4-20}$$

取 $hf_c = E_g$ 得

$$f_c = \frac{E_g}{h} \tag{4-21}$$

式(4-21)中 f_c 为截止频率。

$$\lambda_c = \frac{hC}{E_g} \tag{4-22}$$

式(4-22)中 λ_c 为截止波长。

当入射光波长 $\lambda < \lambda_c$,或入射光频率 $f > f_c$,入射光才能被半导体材料吸收产生光生载流子。

还应指出,若仔细来说,上面讨论的光电效应,在 PN 结区实际存在两个过程:一是光子被材料吸收,产生光电子-空穴对;二是所产生的光电子-空穴对又可能被复合掉。

4.8　PIN 和 APD 的工作原理

1. PIN 光电二极管的原理

利用光电效应可以制造出简单的 PN 结构光电二极管,但是这样的光电二极管的响应速度低,光电转换效率低。原因如下所述。

　　虽然光电效应产生光生载流子的时间非常短,但是产生的光生载流子必须移到外电路中才能被检测出来。普通的 PN 结光电二极管的耗尽层较小,耗尽层内的自建电场使电子-空穴对产生后就立即分开,各自向相反的方向漂移。但是在耗尽层外的电子、空穴没有受到内建电场的作用,只有做扩散运动,所以运动速度较慢。因此影响到对信号的检测,响应速度也很慢。

　　而且空穴和电子容易发生复合,转换效率也很低,这是我们不希望的。

　　为了改善光电检测器的响应速度和转换效率,在 P 型材料和 N 型材料之间加一层轻掺杂的 N 型材料(I 层)。由于掺杂浓度较轻,电子浓度很低,经扩散可以形成一个很宽的耗尽层,如图 4-30 所示。

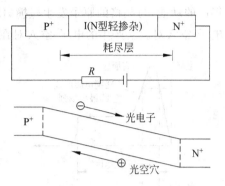

图 4-30　PIN 光电二极管能带图和构成示意图

　　PIN 光电二极管,Si-PIN 工作波长小于 $1.09\mu m$,用于光通信可以在 $0.85\mu m$ 附近工作。

　　在长波段,有 Ge-PIN 光电二极管,但其暗电流大(20℃时 100nA,40℃时增大到 $1\mu A$),限制了它的应用。但用Ⅲ-Ⅴ族半导体合金制造的长波长光电二极管有比较令人满意的性能,例如晶格匹配的 $In_{0.53}Ga_{0.47}As/InP$ 系的检测波长达 $1.67\mu m$。图 4-31 为两种 InGaAs-PIN 光电二极管的结构,图 4-31(a)为最简单的顶部入射结构,但由于 P^+ 区的光吸收,会降低量子效率。同时由于顶部不但有入射光窗口,而且有金属接触,限制了尺寸不能做得很小。底部入射方式(见图 4-31(b))可减小尺寸,从而降低电容,这时入射光通过透明的 InP 衬底到达耗尽区。其 P^+-InGaAsP 层提供一个异质结以改进量子效率,台面结构又降低了寄生电容。这种结构的电容非常小(小于 0.1pF),量子效率高达 75%～100%,而暗电流小于 1nA。这两类器件的耗尽区 InGaAs 层约 $3\mu m$,以获得高的量子效率和带宽,而且低掺杂使得 InGaAs 层在 5V 低电压下即可完全耗尽。耗尽层相对较窄,缩短了渡越时间,使理论带宽可达 15GHz,甚至更高,实际器件的带宽取决于包装寄生参量的影响。

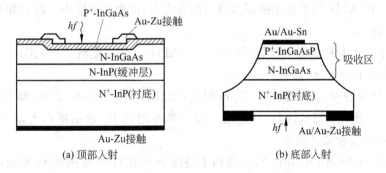

(a) 顶部入射　　　　　　　　　(b) 底部入射

图 4-31　InGaAs-PIN 光电二极管结构

2. 雪崩光电二极管的原理

　　APD 是利用半导体材料的雪崩倍增效应制成的。

　　雪崩光电二极管的雪崩倍增效应,是在二极管的 PN 结上加高反向电压(一般为几十伏或几百伏)形成的。此时在结区形成一个强电场,在高场区内光生载流子被强电场加速,获得高的动能,与晶格的原子发生碰撞,使价带的电子得到能量,越过禁带到导带,产生了新的电子-空穴对。新产生的电子-空穴对在强电场中又被加速,再次碰撞,又激发出新的电子-空穴对……

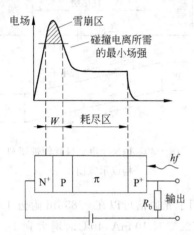

图 4-32　Si-RAPD 结构示意图及电场分布

穴对……如此循环下去,像雪崩一样地发展,从而使光电流在管子内部即获得了倍增。

　　目前光纤通信系统中使用的雪崩光电二极管结构形式有保护环型和拉通型。图 4-32 为拉通型雪崩光电二极管(RAPD)的结构示意图和电场分布图。

　　由图 4-32 可见,它仍然是一个 PN 结的结构形式,只不过其中的 P 型材料是由三部分构成。光子从 P⁺ 层射入,进入 I 层后,在这里,材料吸收了光能并产生了初级电子-空穴对。这时,光电子在 I 层被耗尽层的较弱的电场加速,移向 PN 结。当光电子运动到高场区时,受到强电场的加速作用出现雪崩碰撞效应,最后,获得雪崩倍增后的光电子

到达 N⁺ 层,空穴被 P⁺ 层吸收。P⁺ 之所以做成高掺杂,是为了减小接触电阻以利于与电极相连。

　　从图 4-32 中还可以看出,它的耗尽区从结区一直拉通到 I 层与 P⁺ 层相接的范围内,在整个范围内电场增加较小。这样,这种 RAPD 器件就将电场分为两部分,一部分是使光生载流子逐渐加速的较低的电场,另一部分是产生雪崩倍增效应的高电场区,这种电场分布有利于降低工作电压。

　　雪崩光电二极管具有雪崩倍增效应这个有利方面。但是,由于雪崩倍增效应的随机性,会带来它的不利方面,即这种随机性将会引入噪声。

　　但是不采用 APD,则必然要采用多级电的放大器,也要引入噪声。两者相比,还是采用 APD 较为有利。

　　雪崩光电二极管按使用的材料不同分为 Si-APD(工作在短波长区)、Ge-APD、InGaAs-APD 等(工作在长波长区)几种。

　　Si-APD 性能较好,它工作在 $0.85\mu m$ 附近,倍增增益高达 $100\sim1000$,暗电流很小。

　　Ge-APD 工作在长波长区,它的倍增增益一般不超过 15,过剩噪声大,暗电流也很大,限制了倍增增益及检测灵敏度。

　　InGa/InP 或 InGaAsP/InP-APD 结构上类似于 Si-RAPD,如图 4-33 所示,吸收区和倍增区分开,因此又称为 SAM-APD。SAM-APD 的暗电流可低于 10nA,量子效率可达 80%。为提高速度设计制造了 SAGM-APD,即在 InGaAs 和 InP 之间插入薄薄的 InGaAsP 渐变层,厚约 $0.3\mu m$,以降低带隙的不连续性,提高响应速度。SAGM-APD 在 $G=20$ 时,暗电流小于 20nA,增益带宽可达 70GHz,工作带宽大于 5GHz。

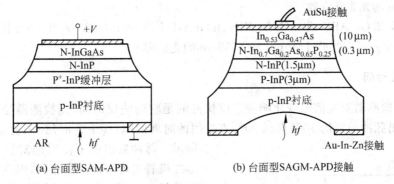

图 4-33 台面型 SAM-APD 和 SAGM-APD

4.9 光电检测器的工作特性

光电检测器的工作特性可以用工作参数来表示,这些参数有很多,下面主要介绍响应度和量子效率、响应时间、暗电流等参数。

1. 响应度和量子效率

响应度和量子效率都是描述这种器件光电转换能力的物理量。

响应度 R_0 定义为

$$R_0 = \frac{I_P}{P_0} \text{ A/W} \tag{4-23}$$

式(4-23)中:I_P 为光电检测器的平均输出电流,P_0 为光电检测器的平均输入功率。

量子效率 η 定义为

$$\eta = \frac{\text{光生电子}-\text{空穴对数}}{\text{入射光子数}} \tag{4-24}$$

从物理概念可知

$$\text{光生电子}-\text{空穴对} = \frac{I_P}{e}(e \text{ 为电子电荷量})$$

$$\text{入射光子数} = \frac{P_0}{hf}(hf \text{ 为一个光子的能量})$$

故

$$\eta = \frac{I_P/e}{P_0/hf} = \frac{I_P hf}{P_0 e} = R_0\left(\frac{hf}{e}\right)$$

即

$$R_0 = \frac{e}{hf}\eta \tag{4-25}$$

这就是说,光电二极管的响应度和量子效率与入射光波频率有关。

还需说明的是,响应度和量子效率虽然都是描述器件光电转换能力的物理量,但是,分析的角度不同。

PIN 和 APD 的响应度与波长有关,Si-PIN 和 Si-APD 的波长响应范围为 600~1000nm,对

检测 $0.85\mu m$ 的光非常有效。

Ge-PIN 和 Ge-APD 或 InGaAs-PIN、InGaAsP-PIN 和 InGaAs-APD 的波长响应范围为 $1000\sim 1650nm$,可以接收 1310nm 和 1550nm 的光信号。

2. 响应时间

表征光检测器对光信号变化响应速度快慢的是它的响应时间,光检测器受阶跃光脉冲照射时,输出脉冲前沿的 10%点到 90%点之间的时间间隔(即上升时间)来衡量,如图 4-34 所示。脉冲后沿的下降时间对完全耗尽的光电二极管来说与前沿的相同,但在耗尽层未耗尽的低偏压下两者可能不同。

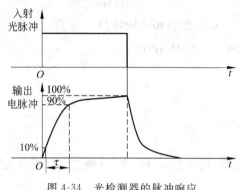

图 4-34　光检测器的脉冲响应

光电检测器的响应时间受三个因素影响。

(1) 渡越时间

渡越时间是耗尽区内产生的光生载流子穿越耗尽层所需的时间,用 t_d 表示

$$t_d = \frac{W}{v_d} \tag{4-26}$$

式(4-26)中:W——耗尽层宽度。

v_d——载流子的漂移速度。

(2) 扩散时间

在耗尽区以外产生的载流子要产生扩散,扩散区的电场很小,扩散时间很长,扩散时间用 τ_i 来表示。由于 τ_i 的存在会产生脉冲拖尾。

(3) 光电检测电路

光电检测电路会对响应时间产生影响,不同的电路时间常数,产生的上升时间是不同的。光电检测器的 10%~90%电路上升时间为

$$\tau_{RC} = 2.2R_T C_T \tag{4-27}$$

式(4-27)中:R_T——电路的总电阻。

C_T——电路的总电容。

考虑上述三个因素的影响,则总的上升时间为

$$\tau = (\tau_{RC}^2 + \tau_d^2 + \tau_i^2)^{1/2} \tag{4-28}$$

对于设计较好的光电检测器,Si-PIN 上升时间 τ 可达 500ps 以下,Ge-PIN 上升时间 τ 可达 100ps 以下。

3. 暗电流 I_d

暗电流是指在 PIN 规定的反向电压或者 APD 的 90%击穿电压时,在无入射光情况下器件内部的反向电流。

在理想条件下,当没有光照时,光电检测器应无光电流输出。但实际上由于热激励、宇宙射线或放射性物质的激励,在无光情况下,光电检测器仍有电流输出,这种电流称为暗电流。严格来说,暗电流还包括器件表面的漏电流。

根据理论研究,暗电流将引起光接收机噪声增大。因此,人们总是希望器件的暗电流越小越好。

4. 倍增特性

对于 APD,由于发生雪崩倍增效应,所以 APD 还需要用倍增特性来描述。APD 的倍增特性有倍增因子 G、过剩噪声指数 x 等。

倍增因子 G 定义为有雪崩倍增时电流的平均值 I_M 与无雪崩倍增时光电流的平均值 I_P 的比值,即

$$G = \frac{I_M}{I_P} \qquad (4\text{-}29)$$

APD 的倍增因子 G 随反向电压 V 的升高而增大。APD 的 G 值从十到几百不等,不同的管子对应的 G 值不同;而 PIN-PD 无倍增效应,所以 $G=1$。可见 APD 与 PIN-PD 比较,量子效率 η 相同的情况下,响应度增加了 G 倍。

雪崩倍增效应也会引起倍增噪声,这是因为在 APD 中,每个光生载流子不会经历相同的倍增过程,这将导致倍增增益产生波动。通常用过剩噪声系数 $F(G)$ 来表示,在实际使用过程中 $F(G)$ 常常近似表示为

$$F(G) = G^x \qquad (4\text{-}30)$$

式(4-30)中 x 为过剩噪声指数,x 越大,则 $F(G)$ 越大。所以应选择 APD 的 x 小的管子。

下面列出常用的几种 PIN-PD 和 APD 的特性(见表 4-1 和表 4-2),仅供参考。

表 4-1　PIN-PD 的性能参数

参　数	单位	Si-PIN	Ge-PIN	InGaAs-PIN
响应波长 λ	μm	0.4~1.1	0.8~1.8	1.0~1.7
响应度 R	A/W	0.4~0.6	0.5~0.7	0.6~0.9
量子效率 η	%	75~90	50~55	60~70
暗电流 I_d	nA	1~10	50~100	1~20
上升时间 τ	ns	0.5~1	0.1~0.5	0.05~0.5
带宽 Δf	GHz	0.3~0.6	0.5~3	1~5
偏置电压 V_b	V	50~100	6~10	5~6

表 4-2　APD 的性能参数

参　数	单位	Si-APD	Ge-APD	InGaAs-APD
响应波长 λ	μm	0.4~1.1	0.8~1.8	1.0~1.7
响应度 R	A/W	80~130	3~30	5~20
倍增因子 G	-	100~500	50~200	10~40
过剩噪声指数 x	-	0.3~0.4(G=100)	0.9~1(G=10)	0.5~0.6(G=10)
暗电流 I_d	nA	0.1~1	50~100	1~5
上升时间 τ	ns	0.1~2	0.5~0.8	0.1~0.5
带宽 Δf	GHz	0.2~1	0.4~0.7	1~3
偏置电压 V_b	V	200~250	20~40	20~30

小结

1. 半导体的能带结构

半导体的能带有满带、价带和导带,它们之间的宽度不能被电子占据称为禁带。

根据费米-狄拉克统计,对于由大量电子所组成的近独立体系,每个能量为 E 的单电子态被电子占据的概率为

$$f(E) = \frac{1}{e^{(E-E_f)/kT} + 1}$$

上式中, E_f 为费米能级。

了解半导体中电子统计分布。

2. PN 结的能带理论

了解半导体 PN 结的形成。

了解 N 型半导体、P 型半导体及 PN 结的能带。

了解增益区的形成。

3. 光源的异质结结构

半导体激光器分为同质结结构和异质结结构,目前一般采用双异质结结构。双异质结 LD 既限制了载流子,又限制了光波,所以阈值电流大大降低。

4. 发光二极管

LED 通常采用双异质结芯片,基本工作原理是光的自发辐射。

LED 从结构分为面发光二极管和边发光二极管两大类。

了解 LED 的工作特性。

5. 半导体激光器

了解光纤通信对半导体激光器的主要要求。

了解半导体激光器的工作原理。

法布里-珀罗激光器(F-P LD)是最常见的一种半导体激光器,被广泛应用于工程中。它输出的激光一般是多纵模的,多纵模的存在将使光纤中的色散增加,人们希望激光器在单纵模状态工作。

动态单纵模激光器的一种是分布反馈型激光器(DFB LD),应了解其工作原理。

LD 的基本结构与发光原理。

了解量子阱激光器的基本原理。

常用激光器有法布里-珀罗激光器(F-P LD)、分布反馈型激光器(DFB LD)等。

6. LD 的工作特性

LD 的工作特性主要从下面几个方面来分析：P-I 曲线、光谱特性、温度特性。

7. 光电检测器

了解光纤通信对光电检测器的主要要求。
半导体光电检测器是利用半导体材料的光电效应制成的。

8. PIN 和 APD 的工作原理

为了提高光电检测器的响应速度和光电转换效率，人们设计了 PIN 光电二极管，了解其工作原理。

为使光电检测器有较大的输出电流，利用半导体的雪崩倍增效应制成 APD 雪崩光电二极管。了解其工作原理。

9. 光电检测器的工作特性

掌握光电检测器的工作特性。

习题

4-1　填空题

(1) 根据半导体的能带理论，能够被电子占据的能带为：_____、_____、_____，不能被电子占据的状态为_____。

(2) 按照费米-狄拉克统计，本征半导体在热平衡状态下，电子在高能级的概率_____。

(3) 对于半导体激光器，当外加正向电流达到某一值时，输出光功率将急剧增加，这时将产生_____，这个电流值称为_____。

(4) 半导体材料只有波长为 $\lambda < \lambda_c$ 的光入射时，才能使材料产生_____，所以 λ_c 称为_____。

(5) PIN 光电二极管，是在 P 型材料和 N 型材料之间加上一层_____，称为_____。

4-2　试画出发光二极管的特性曲线。

4-3　试说明半导体激光器有哪些主要的工作特性。

4-4　半导体激光器的温度变化对阈值电流有什么影响？

4-5　什么是半导体的光电效应？

4-6　光电检测器的响应度和量子效率描述的是什么？两者有什么联系？

4-7　试画出分布反馈半导体激光器的结构示意图。

第5章 光 端 机

5.1 光源与光纤的耦合

从光源发射出来的光功率尽可能多地送入光纤中传输,这就是光源与光纤的耦合问题。

衡量光源与光纤耦合的质量可以用耦合效率 η,它定义为

$$\eta = \frac{P_F}{P_S} \tag{5-1}$$

式中:P_F 为耦合进入光纤的光功率,P_S 为光源发射的功率。

光源与光纤的耦合效率与光源的类型(LED 或 LD)及光纤的类型(多模光纤或单模光纤)有关。一般来说,LD 与单模光纤的耦合效率较高,可以达到 $30\% \sim 50\%$,而 LED 与单模光纤的耦合效率较低,可能小于 1%。

一般说来,光源在封装过程中都带有一段耦合好的尾纤,尾纤与传输光纤的连接可以采用熔接或活动光纤连接器,在一些光源的封装中,直接将活动光纤连接器的套筒与光源利用透镜进行光学耦合,传输光纤可以直接插在套筒上。

光源与光纤的耦合,一般采用两种方法,即直接耦合与透镜耦合。在直接耦合方式中,将经过处理的光纤端面尽可能地靠近光源的发光面,当调整到耦合效率最高时,用粘接剂(或全金属化封装)将光纤与光源的相对位置固定。光纤端面可以处理成平面,也可以采用拉锥烧球的方法在光纤端面形成一个透镜以增加耦合效率。

光源与光纤耦合,最简单的办法是直接耦合,即把光纤平端面直接对准光源的发光面。这种方法虽然简单方便,但耦合效率低。图 5-1 为耦合的示意图,光源为 LED 或 LD。下面以面发光 LED 与光纤的耦合为例来计算这种耦合方式的耦合效率。

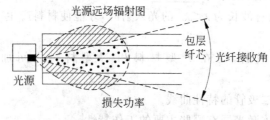

图 5-1 光源与光纤耦合示意图

面发光 LED 的输出为朗伯分布,在 θ 方向上

$$I(\theta) = I_0 \cos\theta \tag{5-2}$$

所以

$$\eta = \frac{P_F}{P_S} = \frac{\int_0^{\theta_0}(I_0\cos\theta)(2\pi\sin\theta)\mathrm{d}\theta}{\int_0^{\frac{\pi}{2}}(I_0\cos\theta)(2\pi\sin\theta)\mathrm{d}\theta} = \sin^2\theta_0 \tag{5-3}$$

因为 $N_A = \sin\theta_0$，N_A 很小。

如果 $N_A = 0.2$，则 $\eta = 0.04$。显然耦合效率非常低。边发光 LED 和 LD 发散角要比面发光 LED 小，耦合效率比面发光 LED 要高一些，一般可以达到 $10\% \sim 20\%$。但是仍然有 80% 的发光功率被损失掉了。

为提高耦合效率，可在光源与光纤之间放置透镜。在小角度近似下，透镜使光束发散角降低 M 倍，即 $a_i/a_0 = 1/M$，从而提高了耦合效率。

图 5-2 显示了几种面发光 LED 与多模光纤的耦合结构。图 5-2(a) 中光纤端部做成球形，当发光面直径为 $35\mu m$、纤芯直径为 $75\mu m$ 和 $110\mu m$ 时耦合效率达 6%。图 5-2(b) 采用截头微透镜，$1.3\mu m$ 的 InGaAsP/InP-DH-LED 的发光面直径 $14\mu m$，阶跃光纤芯径为 $85\mu m$、$NA=0.16$ 时，耦合效率可提高 13 倍。图 5-2(c) 为集成微透镜结构，由于没有胶粘面，预期效率可达 15% 以上。

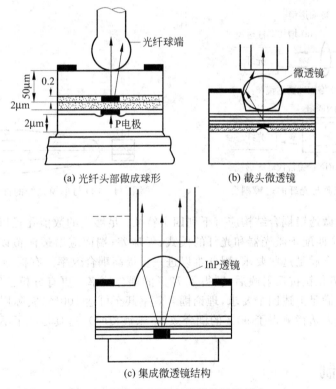

(a) 光纤头部做成球形　　　　　(b) 截头微透镜

(c) 集成微透镜结构

图 5-2　面发光 LED 与光纤的透镜耦合

边发光 LED 和 LD 的光束发散角较面发光 LED 小，因此预期可获得较高的光纤耦合效率。但它们的发射光束是非对称的 $(\theta_\perp \neq \theta_\parallel)$，它们的远场及近场图都呈椭圆形，因此可以用圆柱透镜来降低这种非对称性，如图 5-3(a) 所示。这种圆柱透镜通常是一段玻璃光纤，它可使与 LD 的耦合效率提高到 30%。图 5-3(b) 中在圆柱透镜后增加了一个球面透镜，以进一步降低光束的发散。图 5-3(c)采用大数值孔径的自聚焦透镜(GRIN 棒)来代替柱透镜。GRIN 透镜的聚焦特性好,可使 LD 与多模光纤的耦合效率达到 50%~80%。

　　由于单模光纤的芯径细,模斑尺寸小,故半导体激光器与单模光纤的耦合困难更大。但由于半导体激光器的输出光束接近高斯分布,与单模光纤中 LP_{01} 模场分布相近,因此半导体激光器与单模光纤的耦合可以认为是高斯光束的结构变换和匹配问题。当两个高斯光束的光斑尺寸完全一致时,它们之间就有了最佳的耦合状态。为了提高耦合效率,可以利用透镜来改变光源的光斑尺寸,使之与光纤的光斑尺寸一致。一种简单有效的耦合结构是单模光纤锥形耦合器(见图 5-4),单模光纤端部用高频电弧放电拉制出一定形状、尺寸的锥体,锥体尖端形成一个半球透镜。将光纤锥放于光源前面一定位置上,半球透镜将激光器出射的光聚焦,随着锥体部分芯径的变化,光场模斑尺寸变化,直到与单模光纤相匹配,得到高的耦合效率。这种锥体长度约 $300\sim600\mu m$,半球透镜半径约 $15\mu m$,锥尖与发光面间距约 $30\mu m$。利用这种光纤锥,耦合效率可达 50%~60%。这种耦合方式的缺点是锥体与 LD 之间距离位置的容差较小,要求有非常精确稳定的调整。

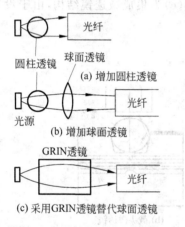

(a) 增加圆柱透镜

(b) 增加球面透镜

(c) 采用GRIN透镜替代球面透镜

图 5-3　光源与光纤的透镜耦合

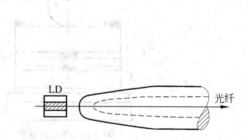

图 5-4　LD 与单模光纤的锥体耦合结构

　　一个理想的微透镜耦合结构应有下列四个特征:足够大的数值孔径以能收集所有的激光辐射;焦距完全匹配于激光器和光纤的模式;无球差;端面应增镀镀覆以消除反射。上述半球透镜不能完全满足这些要求,因此难以进一步提高耦合效率。有报导称,利用平头球硅透镜,表面镀二氧化铈抗反射膜后,获得了 72% 的耦合效率。更有分析证明,光纤头部双曲线形的透镜可以满足上述四个要求,理论耦合效率甚至可达 100%,实际用 CO_2 激光器制造的单模光纤双曲微透镜测得了 90% 的耦合效率(未镀覆时),这真是个了不起的结果。

5.2　光调制

　　要实现光纤通信,首先要解决的问题是如何将电信号加载到光源的发射光束上,即需要进行光调制。根据调制与光源的关系,光调制可分为直接调制和间接调制两大类。

1. 光源的直接调制

　　直接调制就是将调制信号直接作用在光源上,把要传送的信息转变为电源信号注入到

LD 或 LED，获得相应的光信号。这种方法实际上调制的是光源的发光强度，所以它是一种光强度调制(IM)。直接调制具有简单、经济、容易实现等优点，是光纤通信系统中广泛采用的调制方式。

光源的直接调制又称为光源的内调制。

从调制信号的形式来说，光源的直接调制又可分为模拟信号调制和数字信号调制。模拟信号调制是直接用连续的模拟信号(如话音、电视等信号)对光源进行调制，图 5-5(a)就是对发光二极管进行模拟调制原理图。如图 5-5 所示，连续的模拟信号电流叠加在直流偏置电流上，适当地选择直流偏置电流的大小，可以减小光信号的非线性失真。模拟调制电路，应是电流放大电路，图 5-5(b)所示为一个最简单的模拟调制电路图。

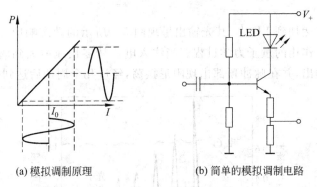

(a) 模拟调制原理　　　　　　(b) 简单的模拟调制电路

图 5-5　发光二极管的模拟调制

在光纤通信中，数字调制主要是指 PCM 编码调制。脉码调制是先将连续的模拟信号通过取样、量化和编码，转换成一组二进制脉冲代码，用矩形脉冲的有、无("1"码和"0"码)来表示信号。图 5-6 给出 LED 数字调制原理。

LD 数字信号的直接调制原理如图 5-7 所示，图 5-7 中 I_B 为偏置电流，I_t 为 LD 管的阈值电流，I_D 为注入电流，一般 I_B 稍低于 I_t。

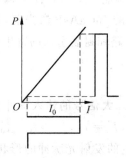

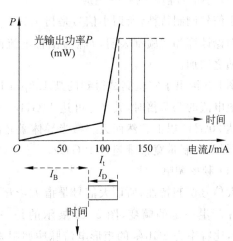

图 5-6　LED 数字调制原理　　　　　　图 5-7　LD 数字信号调制原理图

2. LD 调制特性

LD 的直接调制具有许多突出的特点,它在光纤通信系统中的应用极其广泛。所以有必要进一步探讨 LD 的调制特性。

(1) 电光延迟

电光延迟就是在电信号到来时,光信号相对于电信号的时间延迟,用延迟时间 t_d 来表示,电光延迟的原因是由于载流子浓度达到激光阈值需要一定的时间(约 $0.5 \sim 2.5 \mathrm{ns}$)。

理论和实验都证实,LD 预偏置在阈值附近,t_d 可以显著减小,且这时载流子寿命 τ_{sp} 也缩短了,有利于提高调制速率。

(2) 张弛振荡

当电流脉冲突然加到 LD 上,其光输出呈现图 5-8 所示的动态响应,这是注入电子与所产生的光子间相互作用的量子力学过程。当注入电流从零快速增大到阈值以上时,经电光延迟后产生激光输出,并在脉冲顶部出现阻尼振荡,经过几个周期后达到平衡值。

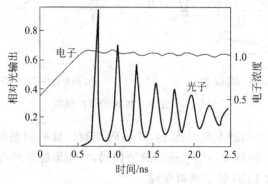

图 5-8　LD 的张弛振荡特性

(3) 小信号输入的频率响应

小信号调制特性,所谓小信号是指 $I_b > I_t$ 且调制信号幅值 $I_m \ll I_b - I_t$。

理论计算和实验都表明,f_{3dB} 随偏置电流的增加而增加,即随着输出功率加大,调制带宽也随之增加。

图 5-9 给出了实验测试得到的某 $1.3 \mu \mathrm{m}$ DFB 激光器的调制响应特性。当偏置电流高于阈值电流的 7.7 倍时,其 f_{3dB} 可达 14GHz。一些专门设计的 InGaAsP 激光器,其调制带宽可达 20GHz 以上。然而大多数半导体激光器,由于输入电路和封装引入的寄生电容的影响,实际的调制带宽很难超过 10GHz。

(4) 频率啁啾

大信号调制特性,所谓大信号是指 $I_b \geqslant I_t$ 且 $I_m \gg I_b - I_t$。大信号的输入脉冲会使输出光脉冲产生一定的畸变,图 5-10 展示的是一个 $I_b = 1.1 I_{th}$,$I_m = I_{th}$,$I_m \gg I_b - I_{th}$,脉宽为 500ps,比特率为 2Gb/s 的矩形电流脉冲调制激光器时所产生的发射光脉冲的形状。可见,与输入电脉冲波形相比,输出光脉冲发生了一定的畸变,产生了约 100ps 的前沿,300ps 的后沿及初始过冲,前者是由调制带宽不够宽而引起的,后者是由弛豫振荡现象引起的。虽然输出脉冲并不是外加调制电脉冲的精确复制,但偏差很小,足以使激光器用于达 10Gb/s 比特率的数据传输。在图 5-10 中,实线表示发射光脉冲形状,虚线表示载流子感应折射率变化导致的频率啁啾(β_{c})。

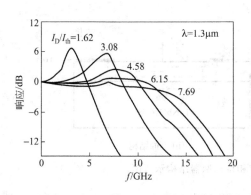

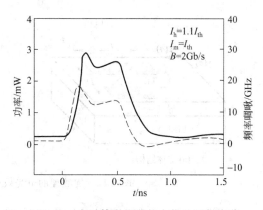

图 5-9　1.3μm DFB 激光器的小信号调制响应　　图 5-10　半导体激光器的大信号调制响应

调制脉冲的前沿升高(蓝移),后沿下降(红移),使输出频谱加宽,这种动态线宽加宽效应称为啁啾。

对于 FP-LD 啁啾可达 1nm,采用 DFB-LD 或 MQW-LD 可使啁啾减小到 0.2nm($\lambda=$ 1.31μm)以下。

LD 的频率啁啾构成对光纤通信系统的限制因素。

3. 光源的外部调制

对光源进行内调制的优点是电路简单容易实现。但是,若在高码速下采用这种调制方法时,将使光源的性能变坏,如使光源的动态谱线增宽,造成在传输时色散增加,从而使在光纤中所传脉冲波形展宽,结果限制了光纤的传输容量。因此,在高码速强度调制——直接检波的光纤通信系统,或外差光纤通信系统中,可采用对光源的外调制方式。

图 5-11　外部调制激光器的结构

光源的外部调制,是由恒定光源输出激光后,外加光调制器对光进行调制,如图 5-11 所示。

目前可以使用的外部调制方式有电光调制、声光调制和磁光调制。电光调制最容易实现,在光纤通信系统中广泛使用。下面对这三种调制分别加以介绍。

(1) 电光调制器

电光调制的基本工作原理是晶体的线性电光效应。电光效应是指电场引起晶体折射率变化的现象,能够产生电光效应的晶体称为电光晶体。电光调制器可以利用电光效应进行电光相位调制、电光强度调制和电光频率调制。

电光相位调制的基本工作原理是利用电光晶体(例如铌酸锂等)的电光效应,即当外加电场变化时,将引起它们的折射率 n 随之变化的现象。折射率的变化又将引起光波相位的变化。调制电压的变化最终将使光波的相位产生变化,从而达到电光调相的结果。在实际中,为了便于耦合、固定等原因,往往将电光相位调制器作成波导型的结构,如图 5-12 所示。图 5-12 中的波导是在 x 方向切割的铌酸锂(LiNbO$_3$)晶体上,用扩散金属钛来做成的,调制电信号通过同轴电缆接在行波电极上，光信号由光纤从左端接入调制器，经电光相位调制后的信号，由光纤从右端输出。

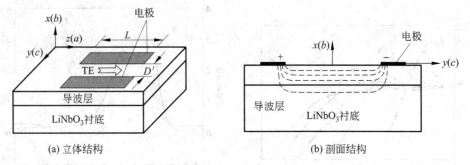

图 5-12　铌酸锂的电光效应相位调制器结构示意图

相位调制信号必须采用外差接收机来解调，在技术上实现比较困难。通常采用强度调制器是利用相位调制器来构成的，其结构如图 5-13 所示。在 LiNbO$_3$ 衬底上制作一对平行条形波导，两端各连一个 Y 型 3dB 分支波导，条形波导夹在表面电极之间，实质上构成了一个 MZ 干涉仪。光束在进入第一个分支波导被分为功率相等的两份，并在平行波导中传播，受到大小相等而方向相反的电场的作用，相位将得到调制。这两个调相波在第二分支波导的汇合处产生光的干涉，输入的光则为强度调制信号。

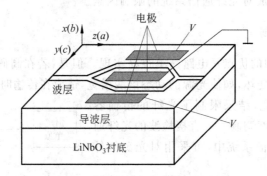

图 5-13　铌酸锂的电光效应强度调制器结构示意图

（2）声光调制器

声光调制器是利用介质的声光效应制成的。它的工作原理是，当调制电信号变化时，由于压电效应，使压电晶体产生机械振动形成超声波。这个声波引起声光介质的密度发生变化，使介质折射率跟着变化，从而形成一个变化的光栅。由于光栅的变化，使光强随之发生变化，结果使光波受到调制。

（3）磁光调制

磁光调制是利用法拉第效应得到的一种光外调制，入射光信号经过起偏器，使入射光变为偏振光，这束偏振光通过 YIG(掺钇铁石榴石)磁棒时，其偏振方向随绕在上面线圈的调制信号而变化，当偏振方向与后面的检偏器相同时，输出光强最大，当偏振方向与检偏器方向垂直时，输出光强最小，从而使输出光强随调制信号变化，实现了光的外调制。

5.3 光发射机

1. 对光发射机性能的要求

目前实际使用的光发射机是光端机的机架上插着的机盘。它的作用是把电端机送来的电信号变为光信号送入光纤中传输。

光发射机的性能主要包括以下几个方面。

(1)光源特性

包括发光波长、谱线宽度、P-I 特性和寿命等。

(2)调制特性

可以采用直接调制或外调制。如果采用直接调制要求调制在 P-I 曲线的线性范围内，否则会产生失真。

(3)输出特性

包括光功率,要求入纤光功率为 $0.01\sim 10\text{mW}$,稳定性为 $5\%\sim 10\%$。有较好的消光比 (EXT)。

消光比定义为：

$$EXT = \frac{\text{全“0”码时的平均光功率}}{\text{全“1”码时的平均光功率}} \tag{5-4}$$

一般要求 $EXT \leqslant 0.1$。

2. 光发射机的组成

目前使用的光发射机大多数是直接调制的光发射机,它的原理如图 5-14 所示。

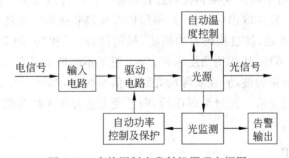

图 5-14 直接调制光发射机原理方框图

外部调制电路虽采用的不多,但更具有优越性,有较好的发展前景,它的原理如图 5-15 所示。

3. 输入电路

输入电路由图 5-16 所示电路组成,它的作用是将输入的 PCM 脉冲进行整形,变成 NRZ 码调制光源或外调制器。

(1)均衡器。由 PCM 端机送来的 HDB_3 或 CMI 码流,首先要进行均衡,用以补偿由电缆传输所产生的衰减和畸变,以便正确译码。

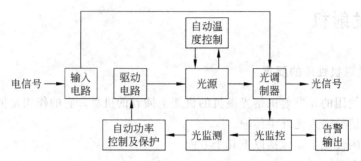

图 5-15 外部调制光发射机原理方框图

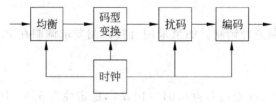

图 5-16 输入电路方框图

(2) 码型变换。由均衡器输出的 HDB$_3$ 码(又称三阶高密度双极性码)或 CMI 码(又称传号反转码),前者是三值双极性码(即＋1、0、－1),后者是归零码,在数字电路中为了处理方便,需通过码型变换电路,将其变换为非归零码(即 NRZ 码)。

(3) 扰码。若信码流中出现长连"0"或长连"1"的情况,将会给时钟信号的提取带来困难,为了避免出现这种情况,需加一扰码电路,它可有规律地破坏长连"0"和长连"1"的码流,从而达到"0"、"1"等概率出现。扰码以后的信号再进行线路编码。

(4) 时钟提取。由于码型变换和扰码过程都需要以时钟信号作为依据,因此,在均衡电路之后,由时钟提取电路提取出时钟信号,供给码型变换和扰码电路使用。

(5) 编码。如上所述,经过扰码后的码流,尽量使得"1"和"0"的个数均等,这样便于接收端提取时钟信号。另外,从实用角度来看,为了便于不间断业务的误码监测、区间通信联络、监控及克服直流分量的波动,在实际的光纤通信系统中,都要对经过扰码以后的信码流进行编码,以满足上述要求。经过编码以后,则已变为适合在光纤线路中传送的线路码型。

5.4 光接收机

1. 光接收机的组成

在光纤通信系统中,光接收机的作用是把接收来的光信号转变为原来的电信号,它的性能的优劣直接影响整个光纤通信系统的性能。

光纤通信系统有模拟和数字两大类,光接收机也相应地有两大类,即模拟接收机和数字接收机。目前,光接收机一般采用直接检测方式,由光电检测器、低噪声前置放大器及其他信号处理电路组成,模拟接收机较简单,数字接收机较复杂。

直接检测数字光纤通信接收机一般由三个部分组成,即光接收机的前端、线性通道和数据恢复三个部分,如图 5-17 所示。

图 5-17　直接检测数字光纤通信接收机框图

2. 光接收机前端

光接收机前端的作用是将光纤线路末端耦合到光电检测器的光比特流转变为时变电流,然后进行预放大,以便后一级进一步处理。

光接收机前端的组成如图 5-18 所示。

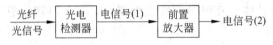

图 5-18　光接收机前端框图

(1) 光电检测器

目前采用的光电检测器一般采用 PIN 光电二极管或 APD 雪崩光电二极管,它们性能的优劣直接影响整个光接收机的性能。

(2) 前置放大器

在一般的光纤通信系统中,经光电检测器输出的光电流是十分微弱的。为了保证通信质量,显然,必须将这种微弱的电信号通过多级放大器进行放大。

放大器在放大的过程中,放大器本身的电阻会引入热噪声,放大器中的晶体管要引入散粒噪声。不仅如此,在一个多级放大器中,后一级放大器将会把前一级放大器送出的信号和噪声同样放大,即前一级引入的噪声也被放大了。

将上述这两点论述合起来即为:信号本来就微弱,又引入了噪声,而且噪声还被同样放大。因此,对多级放大器的前级就有特别的要求,它应是低噪声、高增益的,这样才能得到较大的信噪比。

一台性能优良的光接收机,应具有无失真地检测和恢复微弱信号的能力,这首先要求其前端应有低噪声、高灵敏度和足够的带宽。根据不同的应用要求,前端的设计有三种不同的方案。

① 低阻抗前端。如图 5-19(a)所示,这种前端从频带要求出发选择光检测器的负载电阻 R_L,使其满足

$$R_L \leqslant (2\pi \Delta f C_1)^{-1} \qquad (5\text{-}5)$$

式(5-5)中,Δf 为码速率所要求的前端带宽;$C_1 = C_{PN} + C_s + C_a$,C_{PN} 为光电二极管的结电容,C_s 为光电二极管和前置放大器引线的杂散电容,C_a 为前置放大器的输入电容。低阻抗前端电路

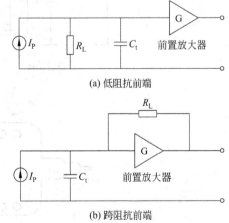

(a) 低阻抗前端

(b) 跨阻抗前端

图 5-19　光接收机前端的等效电路

简单,不需要或只需要很少的均衡,前置级的动态范围也较大。但缺点是灵敏度较低、噪声比较高。

② 高阻抗前端。为减小低阻抗前端热噪声,可采用高阻抗前端设计方案,但是负载阻抗 R_L 增大后将使前置放大器动态范围缩小,而且当比特率较高时,输入端信号的高频分量损失过大,对均衡电路要求较高,很难实现,所以高阻抗前端一般只适用于低速系统。

③ 跨(互)阻抗前端。如图 5-19(b)所示,这种前端将负载电阻连接为反相放大器的反馈电阻,因而又被称为互阻抗前端。它是一个性能优良的电流-电压转换器,会使 R_L 很高,而负反馈使有效输入阻抗降低了 G 倍,G 是前置放大器增益,从而使其带宽比高阻抗前端增加了 G 倍,动态范围也提高了。所以具有频带宽、噪声低、灵敏度高、动态范围大等综合优点,被广泛采用。

目前使用的光接收机前置放大器有多种类型,如图 5-20 所示,它们分别为:双极型晶体管前置放大器、场效应晶体管互阻抗前置放大器、PIN-FET(PIN 管与场效应管)前置放大器组件等。

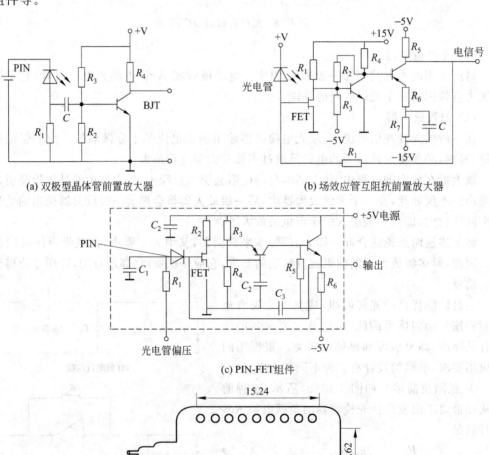

(a) 双极型晶体管前置放大器

(b) 场效应管互阻抗前置放大器

(c) PIN-FET组件

(d) 组件外形

图 5-20　光接收机前置放大器

3. 线性通道

光接收机的线性通道由一个高增益的主放大器和一个均衡滤波器组成,还应包括峰值检测和自动增益控制(AGC)电路,用来控制放大器增益,如图 5-21 所示。

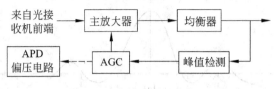

图 5-21　线性通道组成框图

主放大器的作用有两个方面:

(1) 将前置放大器输出的信号放大到判决电路所需要的信号电平。

(2) 它还是一个增益可调节的放大器,当光电检测器输出的信号出现起伏时,通过光接收机的自动增益控制电路对主放大器的增益进行调整,以使主放大器的输出信号幅度在一定范围不受输入信号的影响,一般主放大器的峰-峰值输出是几伏数量级。对于 APD 的光接收机还通过控制 APD 的偏压来控制雪崩倍增管的雪崩增益。

均衡滤波器的作用:实际上前置放大器、主放大器和均衡滤波器起一个线性系统的作用,输出电压可表示为

$$V_{out}(t) = \int_{-\infty}^{\infty} Z_T(t-t') I_p(t') dt' \qquad (5\text{-}6)$$

式(5-6)中:$I_p(t)$——光电二极管的输出光电流。

Z_T——频率为 ω 时的总阻抗。

如果用 $H_{out}(\omega)$ 和 $H_{in}(\omega)$ 分别表示输出和输入脉冲形状的频谱函数,研究结果表明 $H(\omega)$ 具有如下形式时,码间干扰最小。

$$H_{out}(f) = \begin{cases} [1+\cos(\pi f/B)]/2, & f < B \\ 0, & f \geqslant B \end{cases} \qquad (5\text{-}7)$$

式中:$f = \omega/2\pi$。

B——比特率。

对上式傅里叶逆变换,得线性通道的响应为

$$h_{out}(t) = \frac{\sin(2\pi B t)}{2\pi B t} \frac{1}{1-(2Bt)^2} \qquad (5\text{-}8)$$

式(5-8)中,$h_{out}(t)$ 相应于线性通道出口判决电路入口接收到的电压脉冲 $V_{out}(t)$ 的形状。在 $t=0$ 判决时刻,$h_{out}(t)=1$,信号最大,而当 $t=m/B$,m 为整数时,$h_{out}(t)=0$。$t=m/B$ 对应于相邻比特判决时刻,所以式(5-8)的电脉冲不会干扰相邻比特。

下面把没有均衡滤波器和有均衡滤波器的波形作一下比较,就会发现均衡滤波器是必不可少的。

(1) 没有均衡滤波器将出现的问题

在数字光纤通信系统中,送到发送光端机进行调制的数字信号是一系列矩形脉冲。由信号分析知道,理想的矩形脉冲具有无穷的带宽。这种脉冲从发送光端机输出后要经过光纤、光电检测器、放大器等部件,这些部件的带宽却是有限的。因此,矩形脉冲频谱中只有有

限的频率分量可以通过,这样,从接收机主放大器输出的脉冲形状将不再会是矩形的了,将可能出现很长的拖尾,如图 5-22(a)所示。这种拖尾现象将会使前、后码元的波形重叠,产生码间干扰,在严重时,造成判决电路误判,产生误码。

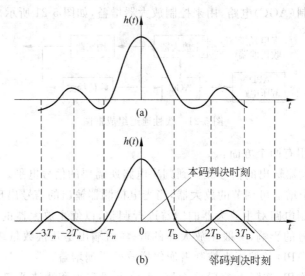

图 5-22　单个脉冲均衡前后波形的比较

（2）有均衡滤波器的波形

均衡滤波器是使经过均衡器以后的波形成为有利于判决的波形。例如,成为升余弦频谱脉冲。说得具体一点就是,经过均衡以后的波形,在本码判决时刻,波形的瞬时值应为最大值;而这个本码波形的拖尾在邻码判决时刻的瞬时值应为零。这样,即使经过均衡以后的输出波形仍有拖尾,但是这个拖尾在邻码判决的这个关键时刻为零,从而不干扰对邻码的判决,上述这种情况可从图 5-22(b)中明显地看出。

4. 数据恢复

数据恢复电路由判决电路和时钟恢复电路组成,如果需要与电端机接口,还需要解码、解扰和编码电路,如图 5-23 所示。

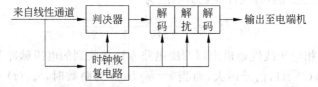

图 5-23　光接收机数据恢复部分框图

判决电路和时钟恢复电路的任务是把线性通道输出的升余弦波形恢复成数字信号。为了重建数字信号,而要判定每个码元是"0"还是"1",这首先要确定判决时刻。为此要从升余弦信号中提取准确的时钟信号,并经过适当移相后,在最佳时刻对升余弦信号取样,然后将取样幅度与判决阈值进行比较,确定码元是"0"还是"1",从而把升余弦波形恢复重建成原传输的数字信号。最佳取样时间相应于在"1"和"0"信号电平相差最大的位置,可由眼图决定,它由不同比特电脉冲顶部叠加而成,如图 5-24 所示。上图为理想眼图,下图为噪声和时间抖动导致的半张半闭退化眼图,最佳取样时间相应于眼睛睁开最大处的时间。

光接收机中,所谓时钟恢复是将 $f=B$ 的谱分量与接收信号分离,向判决电路提供码间隔 $T_B=1/B$ 的信息,使判决过程同步。在归零(RZ)码传输时,接收信号中存在 $f=B$ 的谱分量,采用声表面波这类带通滤波器能方便地将该谱分离出来;在非归零码(NRZ)传输时,接收信号中不存在 $f=B$ 的谱分量,通常将接收信号先通过高通滤波器,得到 $f=B/2$ 的谱分量,再经平方后检波,即得到 $f=B$ 的谱分量。

任何光接收机都存在固有噪声,总存在判决电路错误确定一个比特的可能,称为误码率。光波系统应用中,允许的误码率一般相当低,典型值小于 10^{-9},即小于十亿分之一。信号的再生过程可通过举一个例子来说明,如图 5-25 所示。

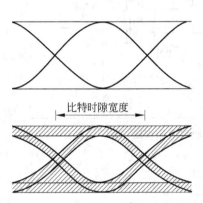

图 5-24　非归零码(NRZ)数字光接收的眼图

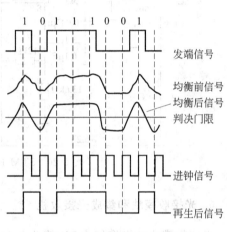

图 5-25　信号再生示意图

5．辅助电路

光接收机除上面介绍的若干部分外,还有一些辅助电路,下面简单介绍其中的一部分。

(1) 钳位电路。为了使输入判决器的信号稳定,在判决器前面还加有钳位电路,它将已均衡波的幅度底部钳制在一个固定的电位上。

(2) 温度补偿电路。由于光接收机环境温度变化时,雪崩管的增益将发生变化,由此,使接收机的灵敏度变化。为了尽可能减少这种变化,就需要给雪崩管的偏压加温度补偿电路,使雪崩管偏压随温度产生相应的变化。

(3) 告警电路。当输入光接收机的光信号太弱或无光信号时,则由告警电路输出一个告警信号至告警盘。

如上分别介绍了部分功能电路,下面给出 STM-16 数字光接收机电原理图,图 5-26 所示电路给出的是 STM-16 SPI(SDH 物理接口)功能块中光接收器的原理方框图,其中 LG1600FXH(时钟/数据再生器)负责完成判决电路、时钟恢复电路和告警电路的功能,图 5-26 中不包括解码、解扰和码型变换电路,码型变换由 PPI 完成,其他由 SDH 设备的各功能块完成。

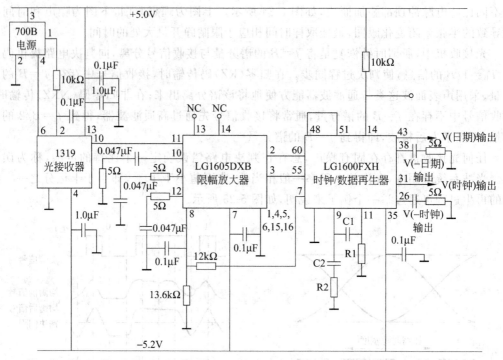

图 5-26　STM-16 数字光接收机电原理图

6. 光接收模块和集成光接收机

光接收模块是指将包括 PD 管芯和前置放大器以及阻抗匹配电路和电路状态监视/警示电路,再加上若干光学元件集成在一个管壳内并形成光接收功能的器件。根据应用不同,光接收模块分为模拟光接收模块和数字光接收模块。

数字光接收模块的电路框图如图 5-27 所示,整个电路由 7 个主要部分构成,它们分别是:光电探测器、前置放大器、主放大器、均衡器、判决再生与时钟提取、峰值检波器与 AGC 放大器和高压偏置电路。

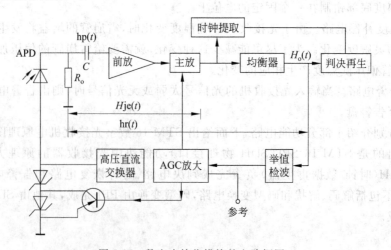

图 5-27　数字光接收模块的电路框图

集成光接收机与光接收模块不同,它是采用集成电路工艺技术把所有的元件集成在一个芯片上。光接收机的组成部件,除了光电二极管外,都是标准的电子元器件,采用标准集成电路(IC)工艺技术,很容易被集成在同一芯片上,做成集成光接收机。在高比特工作时,这种集成光接收机具有很多优点。

集成光接收机设计制造有两种方案,一种称为混合集成光接收机,它将电子器件集成在GaAs 芯片上,而将光电二极管制造在 InP 芯片上,然后将 InP 芯片按图 5-28 所示倒装式接合法,堆叠在 GaAs 芯片上,使这两个芯片连接起来。叠加芯片的优越性在于接收机的光电二极管和电子元器件可分别实现最优设计,而又保持寄生参数最小。混合集成光接收机在设计、制造工艺和性能等方面比由分立元器件做成的光接收机都得到了很大提高,并得到了广泛应用。

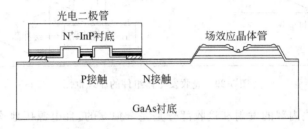

图 5-28　倒装式接合法混合集成光接收机

另一种是光电集成电路(OEIC),即把光接收机的所有元器件集成在同一芯片上的单片光接收机来获得的。目前 OEIC 技术发展很快,在 1.3~1.6μm,已利用 InP 材料,制成了单信道 5Gb/s InGaAs OEIC 接收机和平均带宽 2GHz 的多信道 InCaAs OEIC 接收机。

7. 光收发一体模块

光收发一体模块是将传统的分离发射、接收组件合二为一密封在同一管壳内的新型光电器件。它具有小型化、低成本、高可靠性和高性能等优点,在数据通信和电信传输中均有广阔的应用前景。

图 5-29 是光收发一体组件的原理框图,光收发一体模块由三大部分组成,它们分别是插拔式光电器件、电子功能线路和 DUPLEX SC 光接口。光发射部分由光源、驱动电路、控制电路(如 APC)三部分构成,具有发射禁止和监视输出的功能。模块内部的驱动电路包括对输出波形进行整形的缓冲级,以及保证功率和消光比稳定的 APC 和温度补偿电路。光接收部分主要由 PIN-FET 前放组件与光电检测电路两部分组成,并具有无光告警功能。

光收发一体模块具有以下特点。

(1) 在组件中采用高集成度的集成电路(IC)来分别完成发射模块的 APC、温度补偿、驱动、慢启动保护等功能以及接收模块的前置放大、限幅放大、信号告警等功能,其尺寸和光发射模块或光接收模块相当或更小。

(2) 光收发合一,不仅较以前分离的光接收和光发射模块节省了原材料,而且节省了工时,而且还可采用塑料管壳封装。因此光收发组件是实现低成本双向传输和光互连的最佳方案。

(3) 在组件内采用了 IC 并进行了隔离,保证了电路可靠性。同时采用 TO 管壳的同轴封装,保证光电器件管芯的使用寿命。在制作工艺中,采用激光焊接工艺,提高了可靠性。

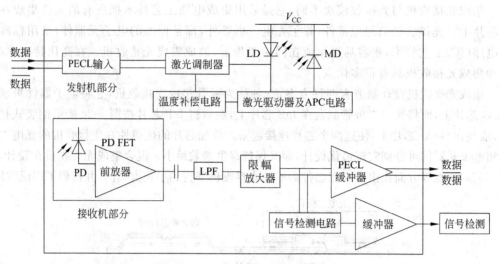

图 5-29　光收发一体组件的原理框图

（4）光收发模块内部的发射和接收部分是完全独立的,且电源接地均单独使用,减少两者之间的串扰。

5.5　光接收机的噪声分析

1. 数字光纤通信系统的信号变换特点

在数字光纤通信系统中,传输的是由"0"和"1"组成的二进制光脉冲信号,这是一种单极性码,即光功率在"接通"（"1"码）和"断开"（"0"码）两个电平上变动。按照"1"码时码元周期 T 的大小,分为归零码（RZ 码）与非归零码（NRZ 码）两种,如图 5-30 所示。显然,RZ 码的占空比为 0.5,而 NRZ 码的占空比为 1。

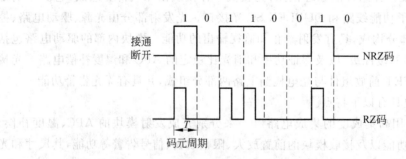

图 5-30　数字光纤通信中的码元

图 5-31 为数字光纤通信系统中数字脉冲传输过程的变换特点。需传输的信号（话音、图像及数据等）经数字化后调制光源,产生的矩形光脉冲进入光纤传输后到达系统终端——光接收机。如果光纤线路较短,光脉冲形状变化不大,仍可近似为矩形。但如果光纤线路较长,由于色散及损耗,光脉冲信号不但已经非常衰弱,而且产生了严重失真,脉冲形状基本上

已成钟形,这是一种最常见的情况。经光检测器检测及放大器放大滤波后,信号变得足够强
(1~3V),但同时也叠加了接收机噪声。随后的判决电路把每个码元的信号与某个参考电
平(称为判决电平)进行比较,如接收信号电平大于判决电平,被认为接收到的是"1"码,反之
则为"0"码,最后恢复出原来发送的信息。

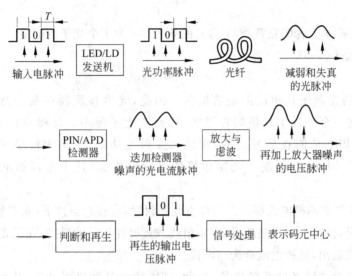

图 5-31　数字信号在光纤系统中的传输

　　数字信号传输过程中由于叠加噪声及波形失真等原因,会使原来发送的"1"码,在接收
端判决时被误判为"0"码;原来发送的"0"码,可能被误判为"1"码。产生误码的主要原因是
光接收机的噪声特性和系统带宽。

2. 光接收机的噪声源

　　光接收机的噪声是与信息无关的随机变化量,噪声源从噪声机理可分为散粒噪声和热
噪声。噪声源从引入过程来分,可分为两类,即与信号光电检测器有关的噪声和与光电接收
机电路有关的噪声。

　　与信号光电检测器有关的噪声包括:量子噪声、雪崩倍增噪声、暗电流及漏电流噪声和
背景噪声等。

　　与光接收机电路有关的噪声包括:放大器噪声、负载电阻热噪声等。接收机噪声及其分
布如图 5-32 所示。

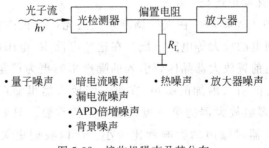

图 5-32　接收机噪声及其分布

(1) 量子噪声是与光信号有关,出现这种噪声的原因:光信息的传播是由大量的光量子传播来实现的。

例如,1mW 的光功率,频率为 10^{15} Hz,1s 接收到的光子数 n 为:

$$n = \frac{P}{hf} \tag{5-9}$$

式中:P 为光功率,h 为普朗克常数,f 为光的频率,hf 为 1 个光子的能量。

把数据代入式(5-9)

$$n = 1.509 \times 10^{15}$$

这样大量的光量子其相位都是随机的。因此,光电检测器在某个时刻实际接收到的光子数,是在一个统计平均值附近浮动,因而产生了噪声。从噪声产生的过程看出,这种噪声是顽固地依附在信号上的,用增加发射光功率,或采用低噪声放大器都不能减少它的影响。因而,它限制了光接收机的灵敏度指标(这个指标的准确定义将在后面介绍)。

(2) 光电检测器的暗电流噪声。当没有光照射时,在理想条件下,光电检测器应没有光电流输出。但是,实际上由于热激励、宇宙射线或放射性物质的激励,在无光的情况下,光电检测器仍有电流输出,这种电流称为暗电流。

又因上述各种激励条件是随机的,因此,暗电流也是随机浮动,从而形成了暗电流噪声。

(3) 雪崩倍增噪声是 APD 的光电倍增作用引入的噪声。

(4) 漏电流是由于器件表面物理特性不完善所致,它与表面积的大小及偏置电压有关。

(5) 背景噪声即是输入光信号的热噪声,它近似与频率无关,是一种白噪声。背景噪声一般不大,一般可以忽略。

(6) 热噪声。热噪声是在有限温度下,导电媒质内自由电子和振动离子间热相互作用引起的一种随机脉动,一个电阻中的这种随机脉冲,即使没有外加电压也表现为一种电流波动。在光接收机中,前端负载电阻中产生的这种电流波动将叠加到光检测器产生的光电流中。

$$I(t) = I_p + i_s(t) + i_T(t) \tag{5-10}$$

式(5-10)中,$i_T(t)$ 为热噪声引起的电流波动,在数学上,$i_T(t)$ 可用稳态高斯随机过程来模拟,其谱密度在 $0 \sim 1$ THz 范围内均与频率无关,近乎是一种白噪声。热噪声与光电源无关,即使没有光功率输入,热噪声还是存在的。

(7) 光接收机的放大器噪声。在强度调制系统的光接收机中,把光信号变为电信号之后,还要经过一系列电的放大等电路系统。在这些电路中,电阻将引入热噪声,晶体管也将引入噪声,尤其是前置放大器晶体管引入的噪声影响更为严重。在一个多级放大器中,每一级放大器都可能引入附加的噪声,在每一级放大器里噪声和信号都将同样地被放大。在这种情况下多级放大器的第一级就显得至关重要。只要第一级放大器的增益足够高,后面各级放大器对噪声的影响就比较小。所以我们更关心的是前置放大器的噪声。

3. 噪声的评价方法

噪声是一种随机性的起伏量,它表现为无规则的电磁场形式,其瞬时电压 $v_n(t)$ 的变化形式如图 5-33 所示。噪声是电信号中一种不需要的成分,它干扰实际系统中信号的传输和处理,影响和限制了系统的性能。

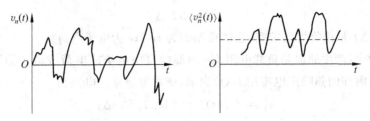

图 5-33　噪声电压 $v_n(t)$ 及其均方值,$\langle v_n^2(t) \rangle$ 随时间的变化

由于噪声电压 $v_n(t)$ 的振幅、相位等均随时间做无规则的变化,其瞬时值的平均为零,即 $\langle v_n(t) \rangle = 0$,因而无法用平均值来评价噪声的大小。

(1) 噪声的大小可以用均方值来表示

从统计理论上讲,其均方值 $\langle v_n^2(t) \rangle$ 则是完全确定的,这表示单位电阻(1Ω)上所耗损的平均功率,并可用功率电表测量。因此,噪声的大小可用 $\langle v_n^2(t) \rangle$ 来判定,而 $v_n(t)$ 的均方根值 $\sqrt{\langle v_n^2(t) \rangle}$ 为噪声电压的有效值。

例如,电阻 R 内部自由电子或电荷载流子的不规则热骚动引起的噪声均方电压和均方电流为

$$\langle v_n^2(t) \rangle_R = 4\,kTRB\,(\text{V}^2)$$

$$\langle i_n^2(t) \rangle_R = 4\,kTB/R\,(\text{A}^2)$$

上式中,$k = 1.38 \times 10^{-23}$ J/K 为玻尔兹曼常数,T 为绝对温度(K),B 为正频域内的系统工作带宽。设 $R = 1\text{k}\Omega$,$T = 300\text{K}$,$B = 10\text{MHz}$,则可得 $\langle v_n^2(t) \rangle = 1.64 \times 10^{-10}\,(\text{V}^2)$ 和 $\sqrt{\langle v_n^2(t) \rangle} = 12.8\mu\text{V}$。

若有 l 个噪声源,它们之间又互不相关,则总的噪声是各个噪声源的均方和,即

$$\langle v_n^2(t) \rangle = \sum_l \langle v_{n,l}^2(t) \rangle \tag{5-11}$$

$$\sqrt{\langle v_n^2(t) \rangle} = \sqrt{\sum_l \langle v_{n,l}^2(t) \rangle} \tag{5-12}$$

对噪声电流 $i_n(t)$ 可作类似的处理。

由于均方噪声电压或均方噪声电流都相当于在 1Ω 电阻上的功率,因此它们常常也称为噪声功率。

(2) 信噪比(SNR)

信噪比(SNR)是评价光接收机性能的重要指标,其定义为

$$\text{SNR} = \frac{\text{平均信号功率}}{\text{噪声功率}} = I_p^2/\sigma^2 \tag{5-13}$$

按照上述方法,对光接收机的各个过程引入的噪声都可以做定量分析。

按照如上评价方法可计算光接收机的信噪比。

先来计算均方噪声电流,对于散粒噪声,入射光功率产生的光电二极管电流(忽略平均暗电流 I_d)为

$$I(t) = I_P + i_s(t) \tag{5-14}$$

式(5-14)中:$I_P = RP_O$ 为光检测器输出的平均光电流;i_s 为散粒噪声的电流起伏。

则可以求得均方散粒噪声电流

$$\sigma_s^2 = 2eI_P \Delta f \tag{5-15}$$

式(5-15)中:Δf 是接收机的带宽,它的典型值为 B/2;e 为电子电荷。

对于热噪声,产生原因是负载电阻 R_L 内部的自由电子或电荷载流子的不规则热运动引起的噪声。附加的热噪声电流用 $i_T(t)$ 表示,则均方热噪声电流为

$$\sigma_T^2 = \langle i_T^2(t) \rangle = (4k_B T/R_L) \Delta f \tag{5-16}$$

式(5-16)中:$k_B = 1.38 \times 10^{-23}$ J/K 为玻耳兹曼常数;T 为绝对温度。

如果放大器的噪声指数为 F_n,则该噪声经放大器要扩大 F_n 倍。则获得的总的均方噪声电流为

$$\sigma^2 = \sigma_s^2 + \sigma_T^2 = 2eI_P \Delta f + (4k_B T/R_L) \Delta f F_n \tag{5-17}$$

则信噪比为

$$\mathrm{SNR} = \frac{R^2 P_O^2}{2eI_P \Delta f + 4(k_B T/R_L) \Delta f} \tag{5-18}$$

按照这个计算方法,对所有光接收机的各个过程引入的噪声都可以做定量分析。

对于 PIN 光接收机,通常热噪声占主导地位,散粒噪声可以忽略,则 PIN 光接收机的信噪比为

$$\mathrm{SNR} = \frac{R^2 P_O^2}{4(k_B T/R_L) \Delta f} \tag{5-19}$$

上式表明,在热噪声限制下,SNR 与 P_O 的平方成正比,而且与 R_L 成正比,这说明可以通过使用大的负载电阻 R_L 来提高 SNR,这也是大多数光接收机采用高阻抗或互阻抗前端的原因之一。

因为 APD 光接收机分别受散粒噪声和热噪声限制,因此要分两种情况来考虑 APD 光接收机的 SNR,但分析过程较为繁杂,不做进一步讨论。

5.6　光接收机的误码率和接收灵敏度

光接收机的误码率和灵敏度是描述光接收机准确检测光信号能力的性能指标。

1. 光接收机的误码率

光接收机的误码率 BER 的定义为

$$\mathrm{BER} = \frac{错误接收的码元数}{传输的码元总数} \tag{5-20}$$

那么光接收机的误码是如何产生的呢?

　　误码率由判决电路判定，判决电路接收到的波动信号如图 5-34 所示。判决电路首先在由恢复时钟决定的判决时刻 t_D 对信号采样，根据接收到的比特是"1"还是"0"，采样值围绕其平均值 I_1 或 I_0 波动。然后将采样值与一个阈值 I_D 比较，若 $I>I_D$，称采样值为 1，若 $I<I_D$，则称为 0。当考虑噪声影响时，如果对 1 比特，而 $I<I_D$，则发生错误。同样，如果对 0 比特，而 $I>I_D$，则同样发生错误，这两个错误都将引起误码。设 $P(1)$ 和 $P(0)$ 分别为接收到"1"和"0"的概率，$P(0/1)$ 是收到"1"而错判为"0"的概率，$P(1/0)$ 是收到"0"而错判为"1"的概率，总的错判率即误码率为

$$\mathrm{BER} = P(1)P(0/1) + P(0)P(1/0) \tag{5-21}$$

　　在 PCM 脉码调制比特流中，通常"1"和"0"出现的概率相同，即 $P(1)=P(0)=1/2$，因而有

$$\mathrm{BER} = 1/2[P(0/1) + P(1/0)] \tag{5-22}$$

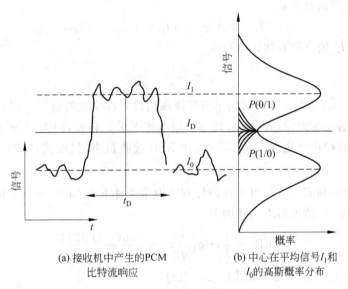

(a) 接收机中产生的PCM　　　　　　(b) 中心在平均信号I_1和
　　　比特流响应　　　　　　　　　　　　　I_0的高斯概率分布

图 5-34　光接收机判决电路接收到的波动信号

　　图 5-34(b) 显示了概率函数 $P(I)$ 与采样值的关系，其函数的具体形式取决于引起电流波动的噪声源的统计特征。对于热噪声电流 i_T 可用均值为零和方差为 σ_T^2 的高斯分布近似描述。阴影部分表示出现错误的情况。在 PIN 接收机中，散粒噪声 i_s 也可用高斯分布近似，而在 APD 接收机中则不能用简单的概率密度函数描述。通常的近似方法是对 PIN 和 APD 接收机都认为 i_s 是一种高斯随机变量，但分别具有不同的方差。在数学上，两个高斯随机变量的和还是高斯随机变量，因此采样值 I 是具有方差 $\sigma^2 = \sigma_s^2 + \sigma_T^2$ 的高斯概率密度函数。但是 I_P 是等于 I_1 还是 I_0 取决于接收到的比特是"1"还是"0"，两者的平均值和方差都是不同的。若 σ_1^2 和 σ_0^2 分别是"1"比特和"0"比特的方差，则条件概率可表示为

$$P(0/1) = \frac{1}{\sigma_1\sqrt{2\pi}}\int_{-\infty}^{I_D} \exp\left[-\frac{(I-I_1)^2}{2\sigma_1^2}\right]\mathrm{d}I$$
$$= \frac{1}{2}\mathrm{erfc}\left(\frac{I-I_D}{\sigma_1\sqrt{2}}\right) \tag{5-23}$$

$$P(1/0) = \frac{1}{\sigma_0 \sqrt{2\pi}} \int_{I_D}^{\infty} \exp\left[-\frac{(I-I_0)^2}{2\sigma_0^2}\right] dI$$

$$= \frac{1}{2} \operatorname{erfc}\left(\frac{I_D - I_0}{\sigma_0 \sqrt{2}}\right) \tag{5-24}$$

式(5-24)中 erfc 代表补余误差函数,定义为

$$\operatorname{exfc}(x) = \frac{2}{\sqrt{\pi}} \int_x^{\infty} \exp(-y^2) dy \tag{5-25}$$

则误码率 BER 为

$$\text{BER} = \frac{1}{4}\left[\operatorname{erfc}\left(\frac{I_1 - I_D}{\sigma_1 \sqrt{2}}\right) + \operatorname{erfc}\left(\frac{I_D - I_0}{\sigma_0 \sqrt{2}}\right)\right] \tag{5-26}$$

由上式可见,BER 主要取决于判决阈值 I_D。为使 BER 最小,应对 I_D 的选取进行优化。实际中,当 I_D 选择满足关系

$$(I_1 - I_D)/\sigma_1 = (I_D - I_0)/\sigma_0 = Q \tag{5-27}$$

时,BER 最小。I_D 的直接表达式可写成

$$I_D = \frac{\sigma_0 I_1 + \sigma_1 I_0}{\sigma_1 + \sigma_0} \tag{5-28}$$

当 $\sigma_1 = \sigma_0$ 时 $I_D = (I_1 + I_0)/2$,这对应于将判决阈值设置在中点的情况。因为在多数 PIN 接收机中,热噪声居支配地位($\sigma_T \gg \sigma_s$),且与平均电流无关。相反,因为 σ_s^2 随平均电流线性变化,比特 1 的散粒噪声比比特 0 大。所以,在 BPD 接收机中,根据式(5-28)设定判决阈值,可使 BER 最小。

根据式(5-26)和式(5-27)可求得最佳判决设定条件下的 BER,利用 $\operatorname{erfc}(Q/\sqrt{2})$ 的渐近展开式,可求得 BER 的近似表达式如下

$$\text{BER} = \frac{1}{2} \operatorname{erfc}\left(\frac{Q}{\sqrt{2}}\right) \approx \frac{\exp(-Q^2/2)}{Q\sqrt{2\pi}} \tag{5-29}$$

式(5-29)中的 Q 可由式(5-27)和式(5-28)求得:

$$Q = \frac{I_1 - I_0}{\sigma_1 + \sigma_0} \tag{5-30}$$

对 $Q > 3$,近似表达式有合理的精度,图 5-35 展示了 BER 随 Q 参数的变化趋势,当 Q 增大时,BER 降低了,接收机性能得到提高。当 $Q > 7$ 时,BER $< 10^{-12}$。由于当 $Q = 6$ 时,BER $\approx 10^{-9}$,因此接收机灵敏度相应于 $Q = 6$ 时的平均光功率。

2. 光接收机的灵敏度和动态范围

光接收机的灵敏度可以用满足给定的误码率(如 10^{-9})指标条件下而可靠工作所需要的最小平均光功率 $P_{\min}$ 来表示。当入射光功率 P 大于 $P_{\min}$ 时,系统的误码率 BER $< 10^{-9}$,能可靠地工作。当入射光功率 P 小于 $P_{\min}$ 时,误码

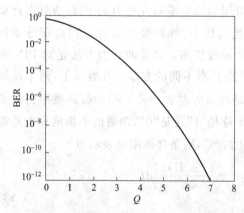

图 5-35　误码率 BER 随 Q 参数的变化

率较大,不能正常工作。可见某一光接收机能在较低的入射功率下,达到同样的指标,该接收机就比较灵敏。

最小平均光功率 P_{min},在国际单位制中,它的单位是瓦(W)。例如,某种 PIN 光接收机的 $P_{min} = 10^{-7} W = 0.1\mu W$。

在工程上,光接收机的灵敏度常用光功率相对值来表示,单位是分贝毫瓦(dBm)。两者的换算关系为

$$S_r = 10 \lg \frac{P_{min}}{10^{-3}} \tag{5-31}$$

式(5-31)中,P_{min} 的单位为瓦,S_r 的单位即为 dBm。

在上例中,那种 PIN 光接收机的灵敏度用 dBm 表示为 $-40dBm$。

光接收机的动态范围是在保证系统的误码率指标要求下,光接收机最低输入光功率 P_{min} 和最大允许光功率 P_{max} 的变化范围。这个范围用 D 来表示,一般在工程上用两者(用 dBm 描述)之差来表示。

一台质量好的光接收机应有较宽的动态范围。

那么光接收机的极限灵敏度是多少?

现在假设理想光接收机,不存在热噪声,没有暗电流,判决阈值为 0。它的探测器是理想探测器(量子效率为 100%),对这样的理想接收机只要接收到 1 个光子,也能无错误地确定为"1"比特。通过计算可以得出,为达到 BER 小于 10^{-9},每个"1"比特所含光子数 N_P 必须超过 20。由于这个要求与入射光相关的量子波动直接相关,因此称其为光接收机的量子极限。

在这个量子极限情况下获得的灵敏度就是光接收机的极限灵敏度

$$\overline{P}_r = \overline{N}_P hfB \tag{5-32}$$

式(5-32)中:B 为比特率;hf 为光子的能量;$\overline{N}_P$ 为每比特的平均光子数,假设当比特"0"不携带能量,$\overline{N}_P = N_P/2$。

量子极限情况下,$\overline{N}_P = 10$。利用式(5-32)计算的灵敏度就是光接收机的极限灵敏度。例如,对于 2.5Gb/s 的光接收机,工作波长 1550nm,它的极限灵敏度为 $3.208 \times 10^{-9} W$,约为 $-59.5dBm$。然而,实际的光接收机的灵敏度比这一个数值要高 20dB。

这是因为光接收机灵敏度的恶化的结果,前面对光接收机灵敏度的分析仅仅考虑了接收机的噪声,并假定入射到接收机的光信号都是由理想的比特率流组成,即比特"1"由恒定能量的光脉冲组成。而在比特"0"期间不存在能量,实际光发送机发出的光信号并非理想比特流,并在光纤传输过程中可能变形。在这种非理想条件下与仅考虑接收机噪声而导出的极限灵敏度 $\overline{P}_r$ 值相比,接收机要求的最小平均光功率增大了,这个增量称为功率代价,也称灵敏度恶化。造成功率代价的因素有多种,大致可分为两类。第一类是即使没有光纤,不传输也存在,包括:消光比引起的灵敏度恶化,强度噪声引起的灵敏度恶化,取样时间抖动引起的灵敏度恶化等。第二类是光信号在光纤中传输时而产生的灵敏度恶化。灵敏度恶化的结果是,实际的光接收机的灵敏度要降低许多。

5.7　光中继器

在光纤通信线路上,光纤的吸收和散射导致光信号衰减,光纤的色散将使光脉冲信号畸变,导致信息传输质量降低,误码率增高,限制了通信距离。为了满足长距离通信的需要,必须在光纤传输线路上每隔一定距离加入一个中继器,以补偿光信号的衰减和对畸变信号进行整形,然后继续向终端传送。通常有两种中继方法,一种是传统方法,采用光-电-光转换方式,也被称为光-电-光混合中继器,另一种是近几年才发展起来的新技术,它采用光放大器对光信号进行直接放大的中继器。

本节讨论的是光-电-光中继器,在光纤通信系统中,光中继器作为一种系统的基本单元,除了没有接口码型转换和控制部分外,在原理、组成元件与主要特性方面与光接收机和光发射机相同。

如图5-36所示,产生衰减与畸变的光信号被光接收机接收,转变为电信号,然后通过光发射机发射出去。这样,衰减的光信号被放大,同时恢复了失真的波形,使原来的光信号得到再生。

图 5-36　光-电-光中继器构成图

光-电-光中继器的结构与可靠性设计则视安装地点不同会有很大不同。

安装于机房的中继器,在结构上应与机房原有的光终端机和 PCM 设备协调一致。埋设于地下人孔内和架空线路上的光中继器箱体要密封、防水、防腐蚀等。如果光中继器在直埋状态下工作,要求将更加严格。

一个功能最简单的中继器应是由没有码型转换系统的光接收机和没有均衡放大和码型转换系统的光发射机组成,如图5-37所示。

图 5-37　最简单的光中继器原理方框图

从光纤接收到的已衰减和变形的脉冲光信号用光电二极管检测转换为光电流,然后经前置放大器、主放大器、判决再生电路在电域实现脉冲信号放大与整形,最后再驱动光源产生符合传输要求的光脉冲信号沿光纤继续传输。它实际上是前面已讨论过的光接收机和光发送机功能的串接,其基本功能是均衡放大、识别再生和再定时,具有这三种功能的中继器称为 3R 中继器,而仅具有前两种功能的中继器称为 2R 中继器。经再生后的输出光脉冲完全消除了附加噪声和波形畸变,即使由多个中继器组成的系统中,噪声和畸变也不会累积,这正是数字通信能实现长距离通信的原因。

小结

1. 光源与光纤的耦合

光源与光纤的耦合效率定义为 $\eta = \dfrac{P_F}{P_s}$。一般来说,LD 与单模光纤的 η 较高;LED 与单模光纤的 η 很低。

光源与光纤的耦合方法有直接耦合和透镜耦合。

2. 光调制

(1) 直接调制,光纤通信广泛采用这种调制方法。

(2) LD 调制特性:电光延迟;张弛振荡;小信号的频率响应,在小信号输入时 LD 随着输出功率增加,调制带宽也随之增加;频率啁啾。

(3) 光源的外调制,在高码速率强度调制-直接检波的光纤通信系统或外差光纤通信系统中可以采用,有电光调制、声光调制和磁光调制。

3. 光发射机

(1) 掌握对光发射机性能的主要要求。

消光比定义为:

$$\text{EXT} = \frac{\text{全“0”码时的平均光功率}}{\text{全“1”码时的平均光功率}}$$

(2) 光发射机组成的方框图和各部分的主要功能。

(3) 输入电路。

4. 光接收机

(1) 光接收机组成的方框图。

(2) 光接收机的前端由光电检测器和前置放大器组成,光电检测器一般采用 PIN 或 APD。前置放大器是低噪声、高增益的放大器。

(3) 线性通道的组成。

掌握主放大器和均衡滤波器的作用。

(4) 掌握数据恢复电路框图和各部分的作用。理解信号再生过程。

5. 光接收机噪声分析

(1) 数字光纤通信系统的信号变换特点

NRZ 码和 RZ 码。

（2）光接收机的噪声来源

① 与光电检测器有关的噪声包括：量子噪声、雪崩倍增噪声、暗电流噪声、漏电流噪声和背景噪声。

② 与光接收机电路有关的噪声包括放大器噪声、负载热噪声等。

③ 噪声的大小可以用均方值来表示。

信噪比(SNR)定义为：

$$\mathrm{SNR} = \frac{平均信号功率}{噪声功率} = I_\mathrm{P}^2/\sigma^2$$

6. 光接收机误码率

光接收机误码率定义为：

$$\mathrm{BER} = \frac{错误接收的码元数}{传输的码元总数}$$

光接收机的灵敏度工程上常用功率相对值 dBm 表示，光接收机的动态范围大，则它的性能好。

习题

5-1　填空题

（1）实现光源调制的方法有两类：_____和_____。

（2）消光比的定义为_____。

（3）LD 与单模光纤的耦合效率_____可达_____。

LED 与单模光纤的耦合效率_____可达_____。

（4）发光 LED 与多模光纤的耦合结构主要有_____、_____和_____。

（5）在光接收机中，与光电检测器相连的放大器称为_____，它是_____的放大器。

（6）信号电平超过判决门限电平，则判为_____码；低于判决门限电平，则判为_____码。

（7）工程上光接收机的灵敏度常用_____表示，单位是_____。

5-2　面发光 LED 的输出为朗伯分布 $I(\theta) = I_0\cos\theta$，试计算耦合效率 η。

$$\left(提示：P_\mathrm{F} = \int_0^{\theta_0} (I_0\cos\theta)(2\pi\sin\theta)\,\mathrm{d}\theta;\ P_\mathrm{S} = \int_0^{2\pi} (I_0\cos\theta)(2\pi\sin\theta)\,\mathrm{d}\theta。\right)$$

5-3　试画出 LD 数字信号的直接调制原理图。

5-4　什么是频率啁啾？

5-5　目前可以使用的外调制方式有几种，分别是什么？为什么采用外调制方式？

5-6　试画出光接收机组成方框图。

5-7　为什么在光接收机线性通道中要加入均衡滤波器？

5-8　数字光纤通信系统中，按照"1"码时码元周期 T 的大小可分哪两种？它们的占空比分别是什么？

5-9　什么是量子噪声？

5-10　某光接收机接收的光功率为 $0.1\mu W$，光波长为 $1.31\mu m$，求所对应的每秒接收的光子数。

5-11　某光纤通信系统光发送端机输出光功率为 $0.5mW$，接收端机灵敏度为 $0.2\mu W$，若用 dBm 表示分别是多少？（提示：$\lg2\approx0.3$。）

5-12　一数字光纤接收端机，在保证给定误码率指标条件下，最大允许输入光功率为 $0.1mW$，灵敏度为 $0.1\mu W$，求其动态范围。

第6章 光缆和光纤通信器件

6.1 光纤的温度特性和机械特性

1. 光纤的温度特性

通常情况下,光纤的特性受温度影响不大,但是在温度很低时,损耗随温度的降低而增加,尤其是在温度非常低时,损耗急剧增加,所以高寒地区工作的光缆应注意到这个特性。产生这种现象的原因是光纤的热胀冷缩。

构成光纤的二氧化硅(SiO_2)的热膨胀系数很小,在温度降低时几乎不收缩。而光纤在成缆过程中必须经涂覆和加上一些其他构件,涂覆材料及其他构件的膨胀系数较大,当温度降低时,收缩比较严重,所以当温度变化时,材料的膨胀系数不同,将使光纤产生微弯,尤其表现在低温区。

光纤的附加损耗与温度之间的变化曲线,如图 6-1 所示。从图 6-1 中看出,随着温度的降低,光纤的附加损耗逐渐增加,当温度降至$-55℃$左右,附加损耗急剧增加。

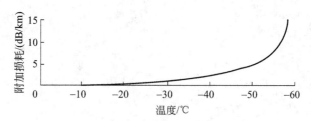

图 6-1　光纤附加损耗与温度之间的变化曲线

因此,在设计光纤通信系统时,必须考虑光缆的高、低温循环试验,以检验光纤的损耗是否符合指标要求。

2. 光纤的机械特性

目前构成光纤的材料是 SiO_2,要被拉成直径为 $125\mu m$ 的细丝。在拉丝过程中,光纤的抗拉强度约为 $0.1\sim0.2GPa$,如拉丝后立即在光纤表面进行涂覆,抗拉强度可达 $400GPa$。

这里所说的光纤的强度是指抗张强度,当光纤受到的张力超过它的承受能力时,光纤就将断裂。

对于光纤抗断强度,它和涂覆层的厚度有关,当涂覆厚度为 $5\sim10\mu m$ 时,抗断强度为 $3.30GPa$,涂覆厚度为 $100\mu m$ 时,则可达到 $5.3GPa$。

造成光纤断裂的原因,是由于光纤在生产过程中预制棒本身的表面有缺陷,在受到张力时,由于应力集中在伤痕处,当张力超过一定范围时,就会造成光纤的断裂。

为了保证光纤能具有 20 年以上的使用寿命,光纤应进行强度筛选试验,只有强度符合要求的光纤才能用来成缆。

国外对光纤强度的一般要求如表 6-1 所示。

表 6-1　国外对光纤强度的一般要求

用　途	拉伸应变	张力/N
陆地防潮光缆	0.5%	4.3
水深在 1.5km 以内光缆	>1.0%	8.6
水深在 1.5km 以上海缆	>2.2%	19

光纤容许应变包括：

① 成缆时光纤的应变。

② 敷设光缆时，由于某些因素的影响而使光纤发生的应变。

③ 工作环境温度的变化而引起光纤的应变。

据国外资料报道，当光纤的拉伸应变为 0.5% 时，其寿命可达 20～40 年。

6.2　光缆的种类、材料及其结构

由光纤的温度特性和机械特性可知，光纤必须制作成光缆才能使用。

光缆线路在长期使用中，必须经受敷设安装和长期维护运用的考验。因此，对光缆有如下基本要求：

① 不能因成缆而使光纤的传输特性恶化。

② 在成缆过程中光纤不断裂。

③ 缆径细、重量轻。

④ 便于施工和维护。

1. 光缆的种类

光缆的用途和使用环境很多，因此光缆的种类也很多，可以按照如下方法分类。

1) 按缆芯结构分

按缆芯结构的特点，光缆可分为层绞式光缆、中心管式光缆和骨架式光缆。

(1) 层绞式光缆是将几根至十几根或更多根光纤或光纤带子单元围绕中心加强件螺旋绞合成一层或几层的光缆。

(2) 中心管式光缆是将光纤或光纤带无绞合直接放到光缆中心位置而制成的光缆。

(3) 骨架式光缆是将光纤或光纤带经螺旋绞合置于塑料骨架槽中构成的光缆。

2) 按线路敷设方式分

按敷设方式，光缆可分为架空光缆、管道管缆、直埋光缆、隧道光缆和水底光缆。

(1) 架空光缆是指光缆线路在经过地形陡峭、跨越江河等特殊地形条件和城市市区无法直埋及赔偿昂贵的地段时，借助吊挂钢索或自身具有抗拉元件悬挂在已有的电线杆、塔上的光缆。

（2）管道光缆是指在城市光缆环路、人口稠密场所和横穿马路时,穿入用于保护的聚乙烯管内的光缆。

（3）直埋光缆是指光缆线路经过市郊或农村时,直接埋入规定深度和宽度的缆沟的光缆。

（4）隧道光缆是指经过公路、铁路等交通隧道的光缆。

（5）水底光缆是穿越江河湖海水底的光缆。

3）按缆中光纤状态分

按光纤在光缆中是否可自由移动的状态,光缆可分为松套光纤光缆、半松半紧光纤光缆和紧套光纤光缆。

涂覆后的光纤还需要制作成光缆芯线,目前主要采用下列两种保护结构,如图 6-2 所示。

紧套结构　如图 6-2(a)所示是在光纤与套管之间有一个缓冲层,其目的是减小外力对光纤的作用。缓冲层一般采用硅树脂,二次涂覆用尼龙材料,这种光纤的优点是结构简单,使用方便。紧套光纤光缆直径小、重量轻、易剥离,敷设和连接,但高的拉伸应力会直接影响光纤的衰减等性能。

松套结构　如图 6-2(b)所示,将一次涂覆后的光纤放在一个管子中,管中填充油膏,形成松套结构,这种光纤的优点是机械性能好防水性能好,便于成缆。并且有利于减少外界机械应力（或应变）对涂覆光纤的影响。

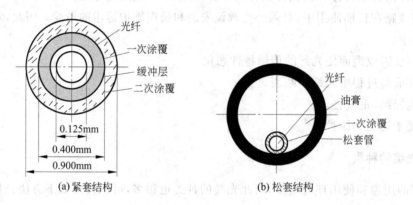

图 6-2　光纤保护结构示意图

半松半紧结构

半松半紧结构的光缆是在光缆中光纤的自由移动空间介于松套结构光缆和紧套结构光缆之间的一种光缆。

4）按使用环境与场合分

根据使用环境与场合,光缆主要分为室外光缆、室内光缆及特种光缆三大类。由于室外环境（气候、温度、破坏）相差很大,故这几类光缆在构造、材料、性能等方面也有很大区别。

室外光缆由于使用条件恶劣,光缆必须具有足够的机械强度、防渗能力和良好的温度特性,其结构较复杂;室内光缆则主要考虑结构紧凑、轻便柔软并应具有阻燃性能;特种光缆用于特殊场合,如海底、污染区或高原地区等。

5）按网络层次分

按网络层次的不同,光缆可分为长途光缆(长途端局之间的线路包括省际一级干线、省内二级干线)、市内光缆(长途端局与市话端局以及市话端局之间的中继线路)、接入网光缆(市话端局到用户之间的线路)。

2. 光缆的材料

光缆是由光纤、高分子材料、金属-塑料复合带及金属加强件等共同构成的光信息传输介质。光缆结构设计要点是根据系统通信容量、使用环境条件、敷设方式、制造工艺等,通过合理选用各种材料来赋予光纤抵抗外界机械作用力、温度变化、水作用等侵蚀。

图 6-3 所示的是所用材料种类最多的 GYTY53+333 层绞式钢带纵包双层钢丝铠装光缆的横截面图。由图 6-3 可知,层绞式钢带纵包双层钢丝铠装光缆是由光纤、高分子材料、皱纹钢塑复合带、双层钢丝铠装层和金属加强件等共同构成的。

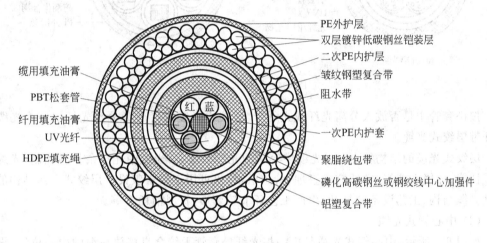

缆用填充油膏
PBT松套管
纤用填充油膏
UV光纤
HDPE填充绳

红　蓝

PE外护层
双层镀锌低碳钢丝铠装层
二次PE内护层
皱纹钢塑复合带
阻水带
一次PE内护套
聚脂绕包带
磷化高碳钢丝或钢绞线中心加强件
铝塑复合带

图 6-3　层绞式钢带纵包双层钢丝铠装光缆的横截面图

通常,除了光纤外构成光缆的材料可分为三大类:

(1) 高分子材料:松套管材料、聚乙烯护套料、无卤阻燃护套料、聚乙烯绝缘料、阻水油膏、阻水带、聚酶带。

(2) 金属-塑料复合带:钢塑复合带、铝塑复合带。

(3) 中心加强件:磷化钢丝、不锈钢丝、玻璃钢圆棒等。

众所周知,在光纤传输机械特性优异、光缆结构设计合理、成缆工艺完善的前提下,光缆的机械、温度、阻水等特性主要取决于所选用的各种材料的性能及其匹配的好坏。只有保证了所使用的各种材料的性能和各类材料的综合性能,光缆的机械、温度、阻水、寿命等实用性能才能得到根本保障。

3. 常用光缆的结构

光缆的结构通常是根据其应用条件和环境确定的,习惯上分为室外光缆、室内光缆及特种光缆三大类。

1）室外光缆

室外光缆常用的基本结构有：层绞式、中心管式和骨架式。每种基本结构中既可放置分离光纤，也可放置带状光纤。

（1）层绞式光缆

层绞式光缆结构如图6-4所示，是由多根二次被覆光纤松套管（或部分填充绳）绕中心金属加强件绞合成圆整的缆芯。缆芯外先纵包复合铝带并挤上聚乙烯内护套，再纵包阻水带和双面覆膜皱纹钢（铝）带加上一层聚乙烯外护层组成。

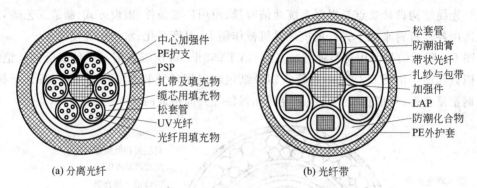

(a) 分离光纤　　　　　　　　　　　　　　　(b) 光纤带

图6-4　层绞式光缆结构

按松套管中是否放入分离光纤或光纤带，层绞式光缆又可分为分离光纤层绞式光缆和光纤带层绞式光缆。

层绞式光缆的结构特点是：光缆中容纳的光纤数量多，光缆中光纤余长易控制，光缆的机械性能、环境性能好，它适宜于直埋、管道敷设，也可用于架空敷设。层绞式光缆结构的缺点是光缆结构、工艺设备较复杂、生产工艺环节较繁琐、材料消耗多等。

（2）中心管式光缆

如图6-5所示，中心管式光缆是由一根光纤松套管无绞合直接放在缆的中心位置，纵包阻水带和双面涂塑钢（铝）带，两根平行加强圆磷化碳钢丝或玻璃钢圆棒位于聚乙烯护层中组成的。按松套管中放入的是分离光纤、光纤束还是光纤带，中心管式光缆分为分离光纤中心管式光缆、光纤束中心管式光缆和光纤带中心管式光缆。

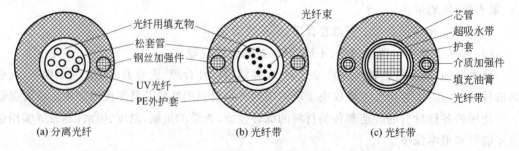

(a) 分离光纤　　　　　　　　　(b) 光纤带　　　　　　　　(c) 光纤带

图6-5　中心管式光缆

中心管式光缆的优点是：光缆结构简单、制造工艺简捷，光缆截面小、重量轻，很适宜架空敷设，也可用于管道或直埋敷设。中心管式光缆的缺点是：缆中光纤芯数不宜过多（如分离光纤为12芯，光纤束为36芯、光纤带为216芯），松套管挤塑工艺中松套管冷却不够，成品光缆中松套管会出现后缩,光缆中光纤余长不易控制等。

（3）骨架式光缆

目前,骨架式光缆在国内仅限于干式光纤带光缆,即将光纤带以矩阵形式置于 U 型螺旋骨架槽或 SZ 螺旋骨架槽中,阻水带以绕包方式缠绕在骨架上,使骨架与阻水带形成一个封闭的腔体如图 6-6 所示。

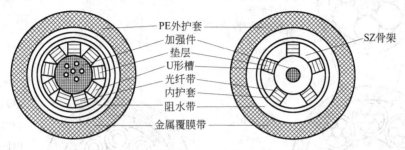

图 6-6　骨架式光缆结构

当阻水带遇水后,吸水膨胀产生一种阻水凝胶屏障。阻水带外再纵包双面覆塑钢带,钢带外挤上聚乙烯外护层。

骨架式光纤带光缆的优点是:结构紧凑、缆径小、光纤芯密度大(上千芯至数千芯)、施工接续中无需清除阻水油膏、接续效率高。干式骨架光纤带光缆适用于在接入网、局间中继、有线电视网络中作为传输馈线。骨架式光纤带光缆的缺点是:制造设备复杂(需要专用的骨架生产线)、工艺环节多、生产技术难度大等。

2）室内光缆

室内光缆均为非金属结构,故无须接地或防雷保护;室内光缆采用全介质结构保证抗电磁干扰,各种类型的室内光缆都容易开剥;紧套缓冲层光纤构成的绞合方式取决于光缆的类型。为便于识别,室内光缆的外护层多为彩色,且其上印有光纤类型、长度标记和制造厂家名称等。

与室外光缆的结构特点所不同的是,室内光缆尺寸小、重量轻、柔软、耐弯、便于布放、易于分支及具有阻燃性等。

通常,室内光缆可分为三种类型:多用途室内光缆、分支光缆和互连光缆。

（1）多用途室内光缆

多用途室内光缆的结构设计是按照各种室内所用场所的需要而定的。这种光缆可用于传输各种语音、数据、视频图像和信令。该光缆的直径小、重量轻、柔软,易于敷设、维护和管理,特别适用于空间受限的场所。

多用途室内光缆是由绞合的紧缓冲层光纤和非金属加强件(如芳轮纱)构成的。光缆中的纤数大于 6 芯时,光纤绕一根非金属中心加强件绞合形成一根更结实的光缆,如图 6-7 所示。

（2）分支光缆

为了终接和维护,分支光缆应便于各光纤的独立布线或分支布线。分支光缆分三种不同的结构:2.7mm 子单元适合于业务繁忙的应用;2.4mm 子单元适合于业务正常的应用;2.0mm 子单元适合于业务少的应用。

这些分支光缆可布放在大楼之间的管道内、大楼向上的上升井里、计算机机房地板下和光纤到桌面。8 芯分支光缆结构如图 6-8 所示。

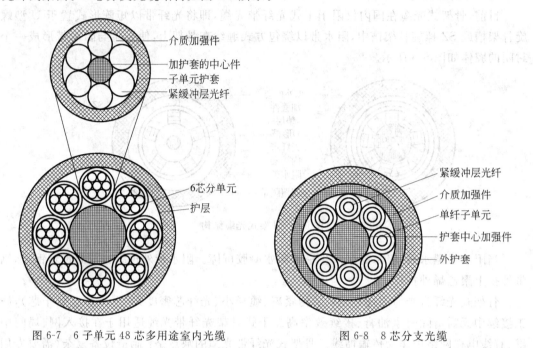

介质加强件
加护套的中心件
子单元护套
紧缓冲层光纤

6芯分单元
护层

紧缓冲层光纤
介质加强件
单纤子单元
护套中心加强件
外护套

图 6-7　6 子单元 48 芯多用途室内光缆　　　　图 6-8　8 芯分支光缆

与多用途光缆相比,由于分支光缆成本更高、重量更重、尺寸更大,所以,这些光缆主要应用在中、短传输距离场所。在绝大多数的情况下,多用途光缆能满足敷设要求。只有在极恶劣环境或真正需要独立单纤布线时,分支光缆的结构才显出优势。

为易于识别,子单元应加注数字或色标。分支光缆的标准光纤数为 2~24 纤。分支光缆的最大长期抗拉强度范围:2 纤分支光缆为 300N;24 纤分支光缆为 1600N。短期允许的抗拉强度是最大长期抗拉强度的 3 倍。

(3) 互连光缆

互连光缆是为布线系统进行语音、数据、视频图像传输设备互连所设计的光缆。使用的是单纤和双纤结构。这种光缆连接容易,在楼内布线中它们可用作跳线,如图 6-9 所示。

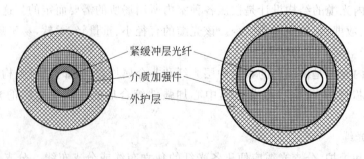

紧缓冲层光纤
介质加强件
外护层

图 6-9　分支光缆结构

互连光缆直径细、弯曲半径小,更易敷设在空间受限的场所。它们可以简单地直接或在工厂进行预先连接作为光缆组件用在工作场所或作为交叉连接的临时软线。

3）特种光缆

（1）电力光缆

电力光缆是指用于高压电力通信系统的光缆以及铁路通信网络的光电综合光缆。光纤对电磁干扰不敏感，使得架空光缆成为电力系统和铁路通信、控制和测量信号的一种理想的传输介质。

电力光缆的敷设趋势是将光缆直接悬挂在电杆或铁塔上，或缠绕在高压电力的相线上。安装的光缆抗拉强度能承受自重、风力作用和冰凌的重量。并有合适的结构措施来预防枪击或撞、挂等破坏。

电力光缆主要有全介质自承式光缆（ADSS）和光纤复合地线光缆（OPGW）和缠绕光缆三种类型。

（2）阻燃光缆

在人口稠密及一些特殊场合，如商贸大厦、高层住宅、地铁、矿井、船舶、飞机中使用的光缆都应考虑阻燃化。特别是接入网的蓬勃兴建，大大地推动了人们对敷入室内的光缆提出无卤阻燃要求的迫切性。

为确保要求低烟、无卤阻燃场所的通信设备及网络的运行可靠，必须切实解决聚乙烯护层遇火易燃、滴落会造成火灾的隐患，确保光缆处于高温下及燃烧条件下保护正常传输信号的能力，即所谓耐火性。要达到光缆阻燃的目的，需要用适当的结构及选用性能优良的合适材料。

无卤阻燃光缆的结构形式包括层绞式、中心管式、骨架式或室内软光缆，可以是金属加强件光缆，也可以是非金属加强光缆。最简单的无卤阻燃室内光缆结构，如图 6-10 所示。

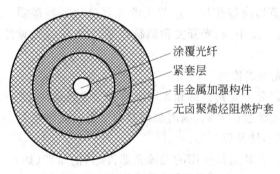

涂覆光纤
紧套层
非金属加强构件
无卤聚烯烃阻燃护套

图 6-10　无卤阻燃光缆的结构

（3）水底光缆

由于敷设时短期拉力大，水底光缆需要将光缆进行钢丝铠装，以便提供足够的抗拉强度。水底光缆的抗拉、抗侧压力机械特性和密封性能是光缆设计要考虑的主要问题。

水底光缆的密封有加金属管作密封层的，一般要求的水底光缆，最普遍的办法是在缆芯中填充阻水池膏，在缆芯外加金属护套密封。如图 6-11 所示为水底光缆中的一种。

以上介绍的是光缆的种类，关于光缆的型号，请查阅有关资料或国家标准。

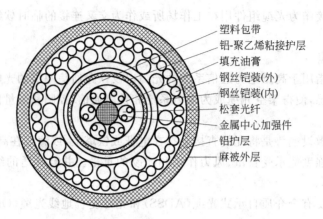

塑料包带
铝-聚乙烯粘接护层
填充油膏
钢丝铠装(外)
钢丝铠装(内)
松套光纤
金属中心加强件
铝护层
麻被外层

图 6-11　6～48 芯松套层绞式水底光缆

6.3　光纤通信器件及其性能参数

1. 光纤通信器件概述

光纤通信器件种类繁多,不同的器件工作原理和功能都不相同。

(1) 有源光器件和无源光器件

从器件是否有源来分类可以分为有源光器件和无源光器件。有源光器件包括光源及其光发射组件或模块、光电检测器及其光接受组件或模块等。除了有源光器件外,光纤通信系统还需要众多的无源光器件,在光路中起着光纤连接、光功率分配、光信息的衰减、隔离和调制、光波分复用、光信道切换等作用。这些无源光器件包括连接器、分路器与耦合器、衰减器、隔离器、滤波器、波分复用器、光开关和调制器等,没有这类无源光器件,就构不成光纤通信系统。

(2) 光路器件和光网络器件

从功能来分类可以分为光路器件和光网络器件。光路器件是这些器件在光路中实现光纤连接、光功率分配、光信息的衰减、隔离和调制等功能。光网络器件包括 SDH 网络、光波分复用网络、光接入网器件及设备等。

本章重点介绍一些光纤通信使用的无源光器件,其他器件(如光波分复用网络器件)将在后面的章节中介绍。在介绍这些无源光器件前,先介绍一些基本性能参数。

2. 性能参数

(1) 插入损耗

光器件的插入损耗可以理解为由光器件的插入而引起的光功率的损失。插入损耗是光器件输入端口和输出端口的光功率的比值,以 dB 为单位来表示,数学表达式为

$$I_L = -\lg \frac{P_{\text{in}}}{P_{\text{out}}} (\text{dB}) \tag{6-1}$$

式中,P_{in} 为输入光功率,P_{out} 是输出光功率。式(6-1)中的光功率以毫瓦表示。

　　插入损耗可以降低光信号的幅度且具有累加特性,插入损耗是指在系统的一条完整的光链路上,由所有的光器件、光连接器和接头所消耗的一些光信号功率而导致系统的总光功率产生损耗。如果总的光功率损耗超出系统的预算光功率,那么就需要进行光放大。在光纤通信系统的链路中,插入损耗越小,链路允许的传输距离越长;系统所需要的光放大器越少,系统的投资和维护费用就越少。因此,光器件的插入损耗的期望值最好为零。

　　(2) 回波损耗

　　光器件的回波损耗是指入射的光器件中的光功率与沿入射光路回返光器件的反射的光功率之比。以 dB 为单位来表示,数学表达式为

$$R_L = -\lg \frac{P_{in}}{P_r}(dB) \tag{6-2}$$

式中,P_{in} 为输入光功率,P_r 是返回光功率。式(6-2)中的光功率以毫瓦表示。

　　众所周知,回返光会引起激光器相对强度噪声、非线性啁啾和激射漂移等,使得通信系统性能劣化。因此在光器件的主要性能指标中,回波损耗是反映光器件影响通信系统性能的重要性能指标之一。

　　回波损耗是由光器件中的各个元件和空气失配造成的反射引起的。因此,可以通过在光器件端面镀增透膜、恰当的斜面抛光和装配工艺,使光器件的回波损耗达到 50dB 以上。

　　(3) 隔离度

　　隔离度表示应该被阻断的光路的光功率与输入的光功率之比。

$$I_S = -\lg \frac{P_{in}}{P_b}(dB) \tag{6-3}$$

式(6-3)中,P_{in} 为输入光功率,P_b 是被阻断的光路的光功率。式(6-3)中的光功率以毫瓦表示。

　　隔离度的期望值应该接近于无穷大(通过光器件返回的光功率为零)。在光纤通信中,隔离度越小可以越减小干涉和潜在的二阶谐振。

　　(4) 偏振相关损耗

　　当光通过物质时,其光功率会发生损耗。尽管引起光功率损耗的原因很多,偏振只是众多原因之一。实际上,所有的光学透明材料与光相互作用,材料都会引起光的偏振态发生或多或少的变化。一般情况光学透明材料呈现出一个空间偏振分布。当光信号通过光学透明材料时,由于空间偏振分布与光的相互作用,在特定方向使光功率产生选择性减小或者光功率损耗。因为这种由局部偏振引起的光功率损耗与波长有关,所以其被称为偏振相关损耗。

　　与插入损耗不同,偏振相关损耗是指当输入光偏振态发生变化而其他参数不变时,光器件的插入损耗的最大变化量。因此,偏振相关损耗是衡量光器件插入损耗受偏振态影响程度的指标。低速率传输时,偏振相关损耗和插入损耗引起的光功率损耗比小得多;在 10Gb/s 高速率传输时,偏振相关损耗引起的光功率损耗变得与插入损耗同样的重要。因此,对于 10Gb/s 以上的高速率系统而言,必须仔细研究和妥善解决偏振相关损耗问题。例如,在波分复用系统中,级联的各个光器件偏振相关损耗之和,可以通过光功率损耗和中心波长位移形式,使系统性能劣化。

6.4　光纤的连接和光纤连接器

　　光纤与光纤的连接有两种,一种是永久性连接,另一种是活动连接。

　　光纤与光纤的永久性连接通常采用高频电弧放电熔接的方法,如图 6-12 所示,熔接在专用的光纤熔接机上进行。光纤端面切割好后,光纤间的对准、调整及熔接、损耗测量等步骤都在微处理机的控制下自动完成,熔接质量很好,同种光纤间的接头附加损耗可达 0.1dB以下。

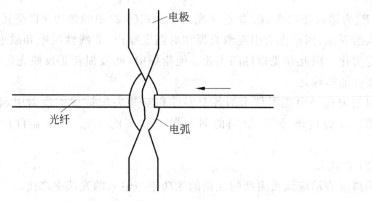

图 6-12　光纤的电弧固定熔接

　　在实际工程中,把光缆中的光纤熔接好后,还必须把它们放在一个光缆接头盒中加以保护,如图 6-13 所示。

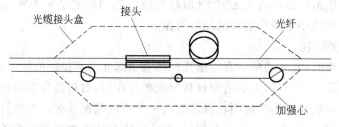

图 6-13　光缆的连接

　　光纤连接器的作用是实现系统中设备之间、设备与仪表之间、设备与光纤之间及光纤与光纤之间的活动连接,以便于系统的接续、测试和维护。

　　对光纤连接器的主要要求是插入损耗小、体积小、装拆重复性好、可靠性好及价格便宜。

　　光纤连接器的结构种类很多,但大多用精密套筒来准直纤芯,以降低损耗,如图 6-14所示。

　　在光纤通信系统或光纤测试中,经常要遇到需要从光纤的主传输信道中取出一部分光,作为监测、控制等使用,这就会用到光纤分路器。也有时需要把两个不同方向来的光信号合起来送入一根光纤中传输,这就要用光纤耦合器来完成。

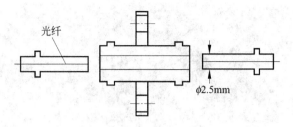

图 6-14　活动光纤连接器

光纤连接器的作用是实现系统中设备之间、设备与仪表之间、设备与光纤之间及光纤与光纤之间的活动连接，以便于系统的接续、测试和维护。光纤连接器的主要性能如表 6-2 所示。

表 6-2　光纤连接器的主要性能

性 能 参 数	单位	性 能 指 标
（单模）插入损耗	dB	典型值 0.1；最大值 0.3
（多模）插入损耗	dB	典型值 0.02；最大值 0.1
重复性	dB	小于 0.1
互换性	dB	小于 0.2
（单模）回波损耗	dB	大于 45（插针端面为 PC）、大于 40（插针端面为 SPC）、大于 60（插针端面为 APC）
（多模）回波损耗	dB	大于 36
插拔次数	次	大于 1000
工作温度	℃	−40～＋80

对光纤连接器的主要要求是插入损耗小、体积小、装拆重复性好、可靠性好及价格便宜。光纤连接器的结构种类很多，但大多用精密套筒来准直纤芯，以降低损耗。插针体多采用陶瓷材料。两个连接器是通过物理接触来减小它们之间的空气缝隙。最早，采用的陶瓷插针的对接端面是平面接触方式（FC）。此类连接器结构简单、操作方便、制作容易，但光纤端面对微尘较为敏感，且容易产生菲涅尔反射，提高回波损耗性能较为困难。后来，对该类型连接器做了改进，采用对接端面呈球面的插针（PC），而外部结构没有改变，使得插入损耗和回波损耗性能有了较大幅度的提高。

常见的插针端面有 PC、SPC、APC 三种。PC 为端面呈球面的物理接触，SPC 为超级抛光端面呈球面的物理接触，APC 为端面与插针体中心线成 8°的物理接触以减小回波损耗，从连接方式看在光纤通信领域应用比较广泛的有 FC 型、ST 型、SC 型等，下面介绍 FC 型、ST 型、SC 型光纤连接器。

① FC 型光纤连接器

FC（Ferrule Connector）的连接方式为螺纹锁紧式。如图 6-15 所示，其外部加强方式是采用金属套，紧固方式采用螺丝紧固件。

(a) FC/PC型　　　　　　　　(b) FC/APC型

图 6-15　FC 型光纤连接器

② ST 型光纤连接器

它的连接方式为卡口旋转锁紧式。如图 6-16 所示，ST 型光纤连接器外壳呈圆形，所采用的插针与耦合套筒的结构尺寸与 FC 型完全相同，紧固方式为卡口旋转扣。此类连接器适用于各种光纤网络，操作简便，且具有良好的互换性。

③ SC 型光纤连接器

SC 型是推拉式插拔卡式，为高精度塑料成型的精密塑料件，如图 6-17 所示。SC 型光纤连接器外壳呈矩形，所采用的插针与耦合套筒的结构尺寸与 FC 型完全相同，紧固方式是采用插拔销闩式，不须旋转。此类连接器价格低廉、插拔操作方便、介入损耗波动小、抗压强度较高、安装密度高。

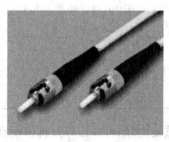

SC/PC型　　　　　　　　SC/APC型

图 6-16　ST 型光纤连接器　　　　　图 6-17　SC 型光纤连接器

④ 光纤适配器

光纤适配器如图 6-18 所示，由陶瓷套筒或铍青铜套与金属或塑料外壳加工装配而成。作用是实现两个光纤连接器之间的相连。

图 6-18　SC/FC/ST 型光纤适配器

6.5　光纤分路与耦合器

1. 光纤分路与耦合器的作用

在光纤通信系统或光纤测试中,经常要遇到需要从光纤的主传输信道中取出一部分光,作为监测、控制等使用,这就用到光纤分路器;也有时需要把两个不同方向来的光信号合起来送入一根光纤中传输,光纤耦合器就用于完成上述工作。

光纤分路器及耦合器有时被统称为光纤耦合器。它是用于实现对光信号分路、合路、插入、分配等功能的无源光器件。光纤耦合器种类繁多,按其构成的原理来分可分为棱镜式、光纤式和平面波导式,如图 6-19 所示。

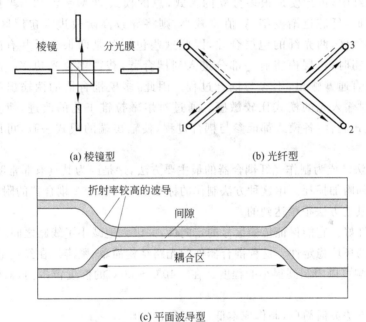

图 6-19　光耦合器的构成

图 6-19(b)中的光纤型耦合器有 4 个端口,从端口 1 输入的光信号(图 6-19 中用实线表示)向端口 2 方向传输,可从端口 3 耦合出一部分光信号,而端口 4 无光信号输出;从端口 3 输入的光信号(图中虚线所示)向端口 4 方向传输,可从端口 1 耦合出一部分光信号,而端口 2 无光信号输出。如果光信号从端口 1 和端口 4 输入光信号,可合并为一路光信号,由端口 2 或端口 3 输出。

分光比 T 为两个输出端口的光功率之比,分光比的大小由需要而定,一般为 $1:1 \sim 1:10$。

光纤耦合器从端口形式上可以分为 T 型(或 Y 型)分路器、X 型 2×2 定向耦合器、$1 \times N$ 树型耦合器、$N \times N$ 星型耦合器等。

2. 光纤耦合器的工作原理

1) 熔融拉锥型光纤耦合器

熔融拉锥型光纤耦合器是将两根或两根以上除去涂覆层的光纤扭绞在一起,然后在高温加热下熔融,同时向两侧拉伸,最终在加热区形成双锥体形式的特殊波导结构,是实现传输光功率耦合的一种方法。

在单模光纤中,只存在 LP_{01}(或 HE_{11})基模,它包含两个正交的偏振分量 LP_{01}^x 和 LP_{01}^y(或 HE_{11}^x 和 HE_{11}^y)。当该传导模进入熔锥区时,随着纤芯不断变细,归一化频率 V 逐渐减小,有越来越多的光功率进入包层中。实际上,在熔锥区光功率是在由包层为芯、以空气为新包层的复合波导中传输的。在输出端,随着纤芯的逐渐变粗,V 值重新变大,光功率被两根光纤以特定的比例重新分配。

在多模光纤中,传导模是很多分立的模式,总的模式数 $M=V^2/2$。当传导模进入多模光纤熔锥区时,纤芯逐渐变细,V 值将减小,则将导致高阶模进入包层区,即形成包层模。由于在熔锥区,两光纤的包层合并,因此这些包层模是两根光纤共有的。当输出端纤芯又重新变粗时,包层模将有一部分进入到耦合臂,获得耦合光功率。而原有的低阶模只能继续由直通臂输出,不参与耦合过程。因此,多模耦合器的两输出端的传导模是不同的,器件对输入光的模式比较敏感。通过对熔融拉锥工艺的改进,使多模光在熔锥区能够实现模式混合,各模式都能参与耦合过程,使输出端的模式一致,可以消除器件的模式敏感性。

熔融拉锥法已成为制作光纤耦合器的最主要方法,这是因为其具有非常明显的优点。

(1) 极低的附加损耗。用这种方法制作的标准 1×2 或 2×2 耦合器的附加损耗已可低于 0.05dB,是其他方法很难达到的。

(2) 方向性好。它能保证传输信号的定向性,并极大地减小了线路之间的串扰。

(3) 良好的环境稳定性。这种耦合器件的光路结构简单、紧凑。在经过适当封装后,受环境条件的影响可以限制到很小的程度。在 $-40\,℃\sim80\,℃$ 的温度范围内,器件可以保持稳定的工作特性。

(4) 控制方法灵活简单,制作成本低,适于批量生产。

利用熔融拉锥方法也可以构成 $N\times N$ 星型耦合器,但由于技术较为复杂,仅限于低端口数器件。多端口 $N\times N$ 星型耦合器一般用基本单元拼接法制作。

基本单元拼接法制作星型耦合器是比较简单和常用的方法。对于 N 不大于 8 的星型耦合器,可以采用 2×2 器件作为基本单元构成,如果 N 大于 16,则采用 4×4 或 8×8 等器件作为基本单元构成。几种常见的星型耦合器的拼接示意图如图 6-20 所示。

树型耦合器是指具有 $1\times N$ 或 $2\times N$ 端口组态的功率分配器件,它是广播分配网中的重要器件。树型耦合器包括功率均分的标准器件,以及非均分的特殊器件,后者可满足不同传输距离对功率分配提出的要求。

树型耦合器件的制作与星型耦合器件相同,也可以采用直接拉制法和基本单元拼接法制作。

2) 波导型光耦合器

波导型光耦合器是采用平面光波导技术制作的,包括沉积、光刻与扩散三道工艺过程。

沉积是在衬底上镀膜,光刻是在膜层上刻蚀出所需的图案;扩散是使光刻形成的膜层图案在基体内形成光波导。衬底材料有铌酸锂晶体、玻璃等,可以通过离子交换、Ti 扩散形成光波导。

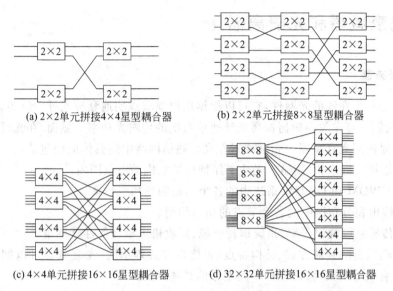

(a) 2×2单元拼接4×4星型耦合器　　(b) 2×2单元拼接8×8星型耦合器

(c) 4×4单元拼接16×16星型耦合器　　(d) 32×32单元拼接16×16星型耦合器

图 6-20　星型耦合器拼接结构示意图

波导型耦合器的基本单元有 1×2 分支波导和 2×2 定向耦合器,其基本结构如图 6-21 所示。

利用波导的基本单元可以级联构成波导型光耦合器。例如可以构成 1×8 树型波导型光耦合器,如图 6-22 所示。

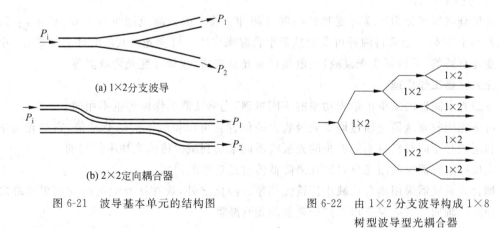

(a) 1×2分支波导

(b) 2×2定向耦合器

图 6-21　波导基本单元的结构图　　　图 6-22　由 1×2 分支波导构成 1×8 树型波导型光耦合器

波导型光耦合器有以下几方面优点而被广泛应用。

① 体积小、重量轻、易于集成。这是这种器件最重要的优点之一,可以非常方便地与其他光电器件集成在一起,构成功能组件。

② 机械及环境稳定性好。耦合器的这种特性与耦合波导结构密切相关,可以用于一些有特殊要求的场合。

③ 耦合分光比易于精确控制,在母版定型后,可以进行大批量生产。采用这种技术制作的树型及星型耦合器,在多路数情况下,更具有体积小、制作方便、特性优良等特点。

6.6　光衰减器和光隔离器

1. 光衰减器

衰减器是一个在线的光器件,它可以根据用户要求预期地衰减光纤中所传输的光功率。迄今为止,人们一直在关心如何提高光纤通信系统的传输光功率。然而,在光纤通信系统的许多情况需要使用光衰减器。光衰减器在光纤通信网络中的具体应用包括:

(1) 防止接收机饱和,使输入光功率保持在接收机动态范围内。

(2) 在 CWDM 和 DWDM 系统中的各个信道的光功率均衡。

(3) 有线电视分布网中的各个节点的功率均衡。

(4) 光传输系统的误码率、系统损耗模拟、接收机灵敏度等性能测量。

按照光衰减器的衰减方式、结构特点、光接口方式等不同,光衰减器可以细分为固定衰减器和可调衰减器两大类、几十种不同型号的具体产品。

1) 固定衰减器

它的衰减量是一定的,用于调节传输线路中某一区间的损耗。要求体积小、重量轻。具体规格有 3dB、6dB、10dB、20dB、30dB、40dB 标准衰减量。衰减量误差小于 10%。固定光衰减器的种类主要有液晶可变光衰减器、尾纤式固定光衰减器、转换器式固定光衰减器、变换器式固定光衰减器等。

2) 可变衰减器

这种衰减器可分为连续可变和分挡可变两种。前者的衰减范围可达 60dB 以上,衰减量误差小于 10%。通常将两种可变衰减器组合起来作用。可变光衰减器的种类主要有:小型可变光衰减器、手调可变光衰减器、电调可变光衰减器、数显可变光衰减器等。

光衰减器工作原理

按照光衰减器的减少传输光功率的不同机理,光衰减器工作原理也不相同。

可变光吸收衰减器是通过调整光吸收盘的位置就可以得到不同的衰减值,它对光功率降低利用的是不同材料对不同波长的光吸收不同来达到减少传输光功率的目的。

光反射衰减器是利用光反射原理来降低传输光功率的。

耦合光衰减器采用耦合比减小传输光功率。除此之外,现在还有通过改变两根光纤之间的径向和轴向空气间隙获得不同衰减值的光衰减器。

对于光纤通信而言,评价光衰减器的质量优劣的性能有衰减量、插入损耗、回波损耗、衰减量可调整范围和衰减控制精度等。

电调可变光衰减器具有极好的波长相关损耗、抖动特性,极小的偏振相关损耗,优良的温度稳定性能。它可以用于 CWDM 和 DWDM 传输系统中的信道功率均衡、光发射机和光接收机功率控制、光放大器的增益斜率补偿和光分插复用的功率均衡。为此,电调可变光衰减器是用于 C 波段或 L 波段的 CWDM 和 DWDM 系统光功率调节的最经济有效的技术方案。

液晶可变光衰减器是光强控制模块,其控制部分利用液晶技术。整个器件没有任何运动部件,所以其具有优良的光电性能指标。液晶可变光衰减器主要应用在 CWDM 和 DWDM 的光放大系统中,用以调整不同数量的活动信号道的功率,实现增益平坦及动态增益均衡,光发射机和光接收机功率控制,光分插复用的功率均衡。

电调可变光衰减器和液晶可变光衰减器的主要性能指标见表 6-3。

表 6-3　光衰减器的性能指标

性　　能	单位	电调可变光衰减器的性能指标	液晶可变光衰减器的性能指标
波长范围	nm	$1530\sim1565,1565\sim1625$	$1530\sim1565,1565\sim1625$
衰减范围	dB	$0\sim30$	$0\sim15$
衰减精度	dB	$\leqslant0.1$	$\leqslant0.1$(连续可调)
最小插入损耗	dB	$\leqslant0.6$	$\leqslant1$
回波损耗	dB	$\geqslant50$	$\geqslant50$
偏振相关损耗	dB	$\leqslant0.1$	$\leqslant0.2$
波长相关损耗	dB	$\leqslant0.3$	$\leqslant0.3$
工作温度	℃	$-5\sim65$	$-5\sim65$

2. 光隔离器

某些光器件,像 LD 及光放大器等对来自连接器、熔接点、滤波器等的反射光非常敏感,并会导致系统性能恶化,因此需要用光隔离器来阻止反射光。光隔离器是一种只允许单向光通过的无源光器件。

按照传输的光是否为偏振光,光隔离器可分为偏振相关光隔离器和偏振无关光隔离器。偏振无关光隔离器是采用有角度地分离光束的原理制成,可以达到偏振无关的目的。偏振相关光隔离器是无论入射光是否为偏振光,经过这种偏振器后出射光均为线偏振光。

下面介绍法拉第磁光隔离器。

法拉第磁光隔离器是利用法拉第电磁旋转效应的原理制成。法拉第电磁旋转效应是将某些晶体(如 Yttrium-Iron-Garnet,YIG)放入强磁场中时,晶体中传输的光的偏振面会发生旋转,旋转的角度与磁场的强度和晶体的长度成正比,表示为

$$\phi = \rho HL \tag{6-4}$$

式(6-1)中,ϕ 为光的偏振面旋转的角度,ρ 是材料的费尔德常数,H 是沿光传输方向的磁场强度,L 是光和磁场相互作用的长度。

法拉第磁光光隔离器的结构与工作原理如图 6-23 所示。

对于正向入射的信号光,通过偏振滤光器(起偏器)后成为线偏振光,法拉第旋磁介质与外磁场一起使信号光的偏振方向右旋 $45°$,并恰好低损耗通过与起偏器成 $45°$放置的偏振滤光器(检偏器)。对于反向光,通过偏振滤光器(检偏器)的线偏振光经过旋转介质时,偏转方向也右旋转 $45°$,从而使反向光的偏振方向与偏振滤光器(起偏器)方向正交,完全阻断了反向光的传输。

法拉第旋磁介质在 $1\sim2\mu m$ 波长范围通常采用光损耗低的钇铁石榴石(YIG)单晶。

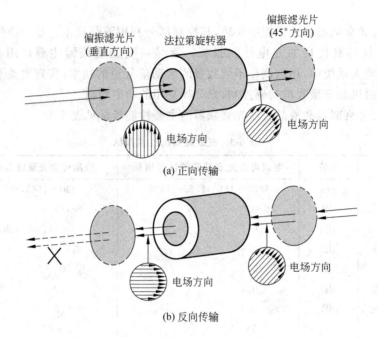

图 6-23　法拉第磁光光隔离器的结构与工作原理

新型尾纤输入输出的光隔离器有相当好的性能,最低插入损耗仅约 0.5dB、隔离度达
35～60dB,最高可达 70dB。

6.7　光开关

1. 光开关的作用

光开关是一种具有多个可供选择的输入/输出端口,它可以将任意输入端口的光信号转
换到任意输出端口的光通路转换器件。光开关的作用是使光信号能够在光网络中实现不同
光通路上的快速倒换。光开关不仅可以用作简单的光信号倒换开关,而且可以构成光分插
复用器和光交叉连接器内部的核心开关矩阵,灵活调配波长通路。光开关具有的光通路上
的快速倒换功能,在光网络的灵活组网和保护恢复中扮演着非常重要的作用。

光开关是波分复用光网络组网的关键器件之一。利用光开关具有的快速倒换功能可以
实现全光层的路由选择、波长选择、光交叉连接和自愈保护等。光开关被广泛使用于分插复
用器、光交叉连接器和保护倒换等设备中,其成为全光交换中的一个十分重要的器件。

随着光纤通信技术的发展,特别是数据通信和密集波分复用(DWDM)系统的应用,复
杂的网络拓扑对可靠、灵活的网管产生了强烈的需求。DWDM 在城域网和接入网应用对
具有插/分和交换功能的光开关的需要更加迫切。随着网络转向全光平台,光域优化、路由、
保护和自愈的网络功能已成为关键,光开关已经成为光纤通信的重要器件。

例如,光开关的最简单的应用是切换光路,使用 1×2 光开关切换光路示意图如图 6-24
所示。

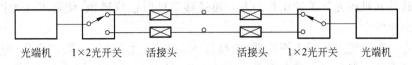

图 6-24　使用 1×2 光开关切换光路示意图

在光网络的不同位置,应该选用不同的光开关。光开关的品种多、结构各异,按照其工作原理一般把光开关归为四个大类,即机械式光开关、电光式光开关、热光式光开关和液晶光开关等。

无论哪种光开关及光开关阵列都有共同的要求,这些要求可归纳为:

- 小的串音。
- 大的消光比。
- 低的插入损耗。
- 小的驱动电压(或电流)。
- 无极化依赖性。
- 与光纤有高的耦合效率。
- 紧凑的器件尺寸。
- 根据需求而定的开关速度和频率带宽。

2. 机械光开关

机械光开关工作原理利用机械运动机构移动光纤或光学器件完成光信号的开关功能。按照移动的对象不同,机械光开关可细分为光纤式机械光开关和光学器件式机械光开关。

光纤式机械光开关的工作过程是:利用步进电动机带动和平移一组带有输入光信号的光波导,变换其与一组输出光波导的位置,完成输入光信号到输出光纤的光通路的开关。利用这种原理可以实现高达 1×256 的光纤开关和 256×256 的大型光开关。

图 6-25 所示为光纤式机械光开关的一种: 1×N 移动臂机械光开关。它是一个光纤耦合器件,通常用电磁铁驱动活动臂移动,切换到不同的固定臂光纤。

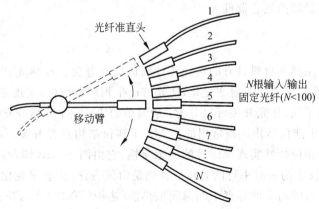

图 6-25　1×N 移动臂机械光开关

光学器件式机械光开关的工作过程：通过移动反射镜或透镜，使输入的光信号聚焦到不同的输出光纤中。

机械光开关的优点是插入损耗低（典型值 0.5dB，最大 1.2dB）、隔离度高（可达 80dB）、技术上容易实现。但其最大的弱点是响应速度低（低于 15ms），限制了它的应用领域。

下面介绍机械光开关的另外一种微电子机械系统光开关。

微电子机械系统（Micro Electro Mechanical Systems，MEMS）是一种将光学机械机构和电子器件集成在一个硅基片上的微小电子机械系统。这个微小电子机械系统可以以一个独立是器件形式用做光开关。

MEMS 光开关的工作原理是利用静电驱动力（反向充电的机械元件的吸引力），使微小反射镜发生上下、左右或旋转等细微移动实现光开关的开关功能。三维 MEMS 光开关的工作原理如图 6-26 所示，输入的光信号首先通过输入光纤阵列，经过微小透镜变换成平行光束射向可以移动的阵列微小反射镜，经过微小反射镜反射的输出光信号再由输出透镜聚焦到输出光纤阵列上到希望到达输出光纤，完成光信号的路由选路过程。

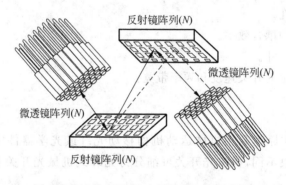

图 6-26　三维 MEMS 光开关的工作原理图

目前 MEMS 光开关可以实现 1000×1000 的交叉矩阵。由于这些光学微镜与传输速率和传输波长无关，光束中的信道数可以达到 1000 个。实验证明，MEMS 的光纤-光纤的损耗仅为 0.1dB，开关的消光比为 60dB，开关消耗的功率是 2mW，开关时间仅为 5～10ms，开关工作次数可达数亿次。同时还具有结构紧凑、集成度高和性能优良等特点，正在成为构成光网络的光交叉连接器的核心器件。

3. 热光开关

热光开关是利用热光材料具有的热光特性制成的光开关。在热光开关中，以向加热器通电方式，通过温度变化引起折射率变化，使光波产生相对相位移，实现光信号的开关功能。

按照基本结构不同，热光开关可以分为：最简单的 1×2 的 Y 形分支器结构和 2×2 的马赫-曾德尔（MZ）干涉仪结构。最常用的是 MZ 干涉仪结构热光开关。MZ 干涉仪结构热光开关是利用光的相位特性实现光信号的动态交换，它由两个 3dB 耦合器和一个 MZ 干涉仪组成。MZ 干涉仪中的一对平行的光波导臂则是由铌酸锂（折射率变化大）材料组成。利用沉积在 MZ 干涉仪的两个波导臂上的薄膜加热器（热相位移器）作为开关。

马赫-曾德尔干涉仪结构的热光开关的工作原理如图 6-27 所示。

入射的输入光信号在第一个 3dB 耦合器分成两路，各自沿着不同的光波导体传输，然后经过第二个 3dB 耦合器汇合并再次分离至不同的输出端口。

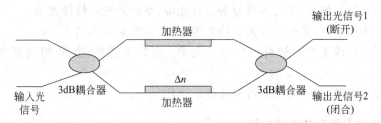

图 6-27　马赫-曾德尔干涉仪结构的热光开关的工作原理

光信号由左侧输入,当加薄膜加热器断开时,马赫-曾德尔干涉仪的相位移为 0,输出光信号 1;当加薄膜加热器闭合时,马赫-曾德尔干涉仪的两个波导臂中的折射率由热光效应而发生变化,在两个波导臂中产生了光波的传播光程差,从而引起了 π 相位移,输出光信号 2。

这种光开关的特点是,通过控制向加热器所施加的功率,可以达到使光信号在 0 和 π 两个状态之间进行动态转换,就可以实现光信号两个输出端口的开关。马赫-曾德尔干涉仪结构的热光开关的特点是结构紧凑、功率消耗小于机械光开关,但是对光波长敏感,需要进行温度控制。主要适用于中小规模的光开关。

4. 电光开关

电光开关是利用光电晶体材料铌酸锂和半导体放大器等的电光特性制成的没有移动物体的光开关。它采用 $LiNbO_3$ 或 GaAs 等半导体材料为衬底,制造两条(或多条)条形光波导,形成定向耦合器,通过电极上的调制电压控制两个输出臂间的光功率通断。原理与马赫-曾德尔干涉仪结构的热光开关相似,只是两条(或多条)条形光波导利用电压控制,开关速率极高。电光开关的主要优点是开关速率高,可达几吉赫兹以上,开关电压较小(5~10V),是光交换技术和未来的全光通信网所需的高速器件。不足之处是插入损耗较大、偏振相关损耗和串扰较高、价格昂贵。

小结

1. 光纤的温度特性和机械特性

光纤随温度降低,附加损耗逐渐加大。对于高寒地区工作的光缆,我们应注意到这一特性。

由光纤的机械特性可知,光纤需要制成光缆才能使用。

2. 光缆的种类、材料及其结构

按缆芯结构的特点,光缆可分为层绞式光缆、中心管式光缆和骨架式光缆。
按敷设方式,光缆可分为架空光缆、管道管缆、直埋光缆、隧道光缆和水底光缆。
按光纤在光缆中是否可自由移动的状态,光缆可分为松套光纤光缆、半松半紧光纤光缆和紧套光纤光缆。

根据使用环境与场合,光缆主要分为室外光缆、室内光缆及特种光缆。

按网络层次的不同,光缆可分为长途光缆、市内光缆和接入网光缆。

除了光纤外构成光缆的材料可分为三大类:高分子材料、金属-塑料复合带和中心加强件。

应了解室外光缆、室内光缆及特种光缆的结构。

3. 光纤通信器件及其性能参数

光纤通信器件种类繁多,从器件是否有源来分类可以分为有源光器件和无源光器件。从功能来分类可以分为光路器件和光网络器件。

性能参数主要介绍:插入损耗、回波损耗、隔离度、偏振相关损耗。

4. 光纤的连接和光纤连接器

光纤与光纤的连接有两种,一种是永久性连接,另一种是活动连接。

光纤与光纤的永久性连接通常采用高频电弧放电熔接的方法。

光纤连接器的作用是实现系统中设备之间、设备与仪表之间、设备与光纤之间及光纤与光纤之间的活动连接。从连接方式看在光纤通信领域应用比较广泛的有 FC 型、ST 型、SC 型等。

5. 光纤分路与耦合器

光纤耦合器是实现对光信号分路、合路、插入、分配等功能的无源光器件。

光纤耦合器种类繁多,按其构成的原理来分,可分为棱镜式、光纤式和平面波导式。

6. 光衰减器和光隔离器

衰减器是一个在线的光器件,用于衰减光纤中所传输的光功率。

光衰减器可以分为固定衰减器和可调衰减器。

光隔离器是一种只允许单向光通过的无源光器件。

按照传输的光是否为偏振光,光隔离器可分为偏振相关光隔离器和偏振无关光隔离器。

应了解法拉第磁光光隔离器的结构与工作原理。

7. 光开关

光开关是一种具有多个可供选择的输入/输出端口,它可以将任意输入端口的光信号转换到任意输出端口的光通路转换器件。按照其工作原理,一般把光开关归为四个大类,即机械式光开关、电光式光开关、热光式光开关和液晶光开关等。

习题

6-1　试画出光纤附加损耗随温度变化曲线。

6-2　试画出层绞式光缆结构示意图。

6-3　光纤通信器件种类繁多,试加以概述。

6-4　插入损耗是光器件输入端口和输出端口的光功率的比值,以 dB 为单位来表示,请写出数学表达式。在光纤通信系统中对光器件的插入损耗的期望是什么?

6-5　光纤与光纤之间的固定连接一般采用什么方式?

6-6　光纤分路器及耦合器的作用是什么?

6-7　光纤通信系统中为什么必须采用光隔离器?

6-8　试论述法拉第磁光光隔离器的结构与工作原理。

6-9　光开关品种繁多、结构各异,按照其工作原理一般把光开关归为四个大类,它们分别是什么?

6-10　画出马赫-曾德尔干涉仪结构的热光开关的工作原理示意图,并说明其工作原理。

第7章 光纤通信系统

7.1 数字光纤通信系统

1. IM-DD 数字光纤通信系统的组成

20 世纪 70 年代末,光纤通信进入实用化阶段,各种各样的光纤通信系统在世界各地先后建立,逐渐成为电信网的主要传输手段。目前最常用、最主要的方式是强度调制——直接检测(IM-DD)数字光纤通信系统。

图 7-1 为点对点 IM-DD 数字光纤通信系统结构图。

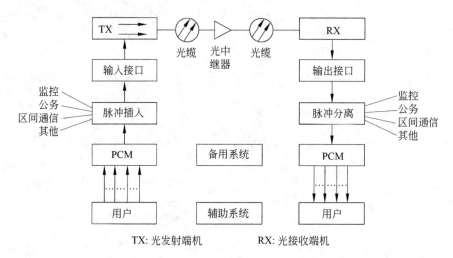

TX: 光发射端机　　　　　RX: 光接收端机

图 7-1　光纤通信系统

图 7-1 中的光纤、光发射机、光接收机已经在前面章节介绍过了,构成一个 IM-DD 数字光纤通信系统还需要解决语音、视频等模拟信号的转换问题,可通过 PCM 端机实现;低速数字信号如何复用成高速数字信号,这就需要分析光纤系统的数字体系;还需要考虑光纤通信的线路码性问题;还需要解决光信号传输问题,这就要分析对光纤通信系统的限制因素。除此之外还要考虑的下面介绍光中继器、监视控制系统和辅助与备用系统等问题。

2. PCM 端机

通信中传送的许多信号(如话音、图像信号等)都是模拟信号。PCM 端机的任务,就是把模拟信号转换为数字信号(A/D 变换),完成 PCM 编码,并且按照时分复用的方式把多路信号复接、合群,从而输出高比特率的数字信号。

PCM 编码包括取样、量化、编码三个步骤,这个过程可以通过图 7-2 来说明。要把模拟信号转换为数字信号,第一步必须以固定的时间间隔对模拟信号进行取样,把原信号的瞬时值变成一系列等距离的不连续脉冲。模拟信号总是占据一定的频带,含有各种不同的频率成分,若模拟信号的带宽为 Δf,那么根据奈奎斯特(Nyquist)提出的取样定理,取样频率($f_a=1/T$)应大于 $2\Delta f$。只要满足这一条件,取样后的波形只须通过低通滤波器就能恢复为原始波形。

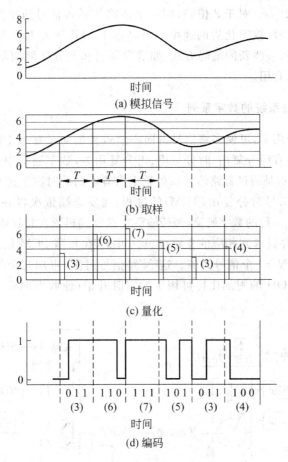

图 7-2　PCM 编码过程

　　PCM 编码的第二步是量化,即用一种标准幅度量出每一取样脉冲的幅度大小,并用四舍五入的方法把它分配到有限个不同的幅度电平上去。解调后的信号必然会与原传递的信号存在一定的差异,即存在一定的量化噪声。量化噪声的大小与划分的幅度电平的数量有关,幅度电平划分得越细,量化噪声就越小。为使量化噪声不大于原波形的噪声,幅度电平的数量 m 应满足

$$m > \left[1 + \left(\frac{A_S}{A_N} \right)^2 \right]^{1/2} \tag{7-1}$$

式(7-1)中 A_S 是最大的信号幅度,A_N 是 $r.m.s$ 噪声幅度,A_S/A_N 为波形的信噪比。

　　PCM 编码的第三步是编码,即用一组组合方式不同的二进制脉冲代替量化信号。当取样信号划分为 m 个不同的幅度电平时,每一个取样值需要用

$$N = \text{lb}m \tag{7-2}$$

个二进制脉冲表示。在图 7-2 所示的情况中,m 为 8(0~7),则每一个取样值需用 3 个比特

表示。

　　PCM 信号中一个码元所占的时间 T 称为码长,单位时间内传的码元数叫做数码率(码速)B,$B=1/T$。一个二进制码元代表 1 比特(bit)的信息量,每秒传送 1 个码元,码速即为每秒 1 比特(1b/s)。对于电话,话音信号最高频率设为 4kHz,则抽样频率 $f=2\times4kHz=8kHz$,抽样周期为 $125\mu s$。对于 8 位码,则一个话路的话音信号速率为 $8\times8=64kb/s$。对于电视一类的宽带信号,数字化后的速率则可高达 100Mb/s 左右。为了减小传输带宽,可采取压缩措施。另外,一些新的编码方式(如增量调制和差分脉码调制等)在频带压缩及高质量图像传输中特别有用。

3. 数字光纤通信系统的数字系列

　　为了提高信道利用率,可使多路信号沿同一信道传输而又互不干扰,这就是多路复用。多路复用的方法主要有频分复用、时分复用、码分复用等,数字通信中广泛采用时分复用方式。时分制通信的特点是通过各路信号在信道上占有不同的时隙来进行通信,图 7-3 显示了多路 PCM 数字基带信号时分复用(TDM)的过程:在发送端依次将并行的 1,2,3,…,N 路 PCM 数字信号复合成串行的数字码流,经传输后在接收端再依次将这串行的 1,2,3,…,N 路信号顺序依次分开,并行送到相应的支路信道。可见,在每路 PCM 信号的相邻两个时隙之间,依次插入了其他 $N-1$ 个信号时隙。这 N 路信号时隙,再加几个附加的帧开销(FOH)时隙,构成一帧,该 FOH 的附加比特可用于帧定时开销(使收发同步)、误码检测及系统运行监测等。

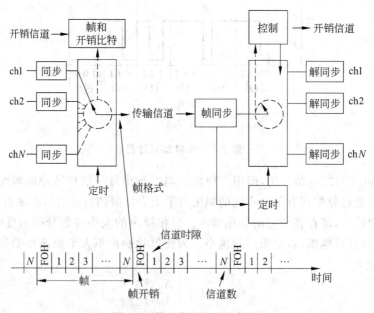

图 7-3　数字信号的时分复用

　　按 CCITT 对话音 PCM 数字信号复用的建议,有两种基群系列,即 PCM30/32 路系统(我国及西欧采用)及 PCM24 路系统(日美采用)。在 PCM30/32 路系统中,帧长 $125\mu s$,共有 32 个时隙(TS0~TS31),其中 30 个话路时隙(TS1~TS15 及 TS17~TS31),TS0 时隙用作帧同步,TS16 时隙用作信令及复帧同步。由于每个时隙包含 8 个比特,故一帧共有 8×32＝256 比特,相应的码速为 2.048Mb/s。

为了实现更多路信号的复用,可采用数字复接的方法将几个低次群复接成一个高次群,如将 4 个 32 路的基群复接成一个二次群,四个二次群复接成一个三次群,等等。

目前,我国及世界上大多数国家的数字通信设备基本上采用准同步数字系列 PDH (Plesiochronous Digital Hierarchy),其复接结构采用异步方式,即各支路的数字信号流标称速率值相同,它们的主时钟是彼此独立的,但通过加进一些额外的比特使各支路信号与复接设备同步,并复用成高速信号。表 7-1 为 CCITT 规定的两种群路体制的标准。

表 7-1　PDH 数字系列标准

系列	级别	标准话路数	码速/(Mb/s)	备　注
32 路系列	基群	30	2.048	＝64×32kb/s
	二次群	120	8.448	＝(2048×4＋256)kb/s
	三次群	480	34.368	＝(8448×4＋576)kb/s
	四次群	1920	139.264	＝(34368×4＋1792)kb/s
24 路系列	基群	24	1.544	＝(64×24＋8)kb/s
	二次群	96	6.312	＝(1544×4＋136)kb/s
	三次群	480(日)	32.064	＝(6312×4＋504)kb/s
		672(北美)	44.736	＝(6312×7＋552)kb/s
	四次群	1440(日)	97.728	＝(32064×3＋3098)kb/s
		1334(北美)	90	＝(44736×2＋528)kb/s

PDH 系列可很好地适应传统电信网的点对点通信,但难以适应动态联网要求,也难以支持新业务的开发及现代的网络管理。PDH 系列的缺点如下所示。

(1) PDH 有两种系列,即以 2.048Mb/s 为基群及以 1.544Mb/s 为基群的体系,相互间难以互通和兼容。

(2) 由于没有统一规范的光接口,不同厂家的设备在光路上不能互通,必须转换成标准电接口才能互通,限制了联网应用。

(3) PDH 高次群信号中的低次群信号位置没有指示,因此要从中取出/插入一个低次群信号(俗称上/下电路)很不方便,必须逐级分接、复接才能实现,需要设备多,上下业务费用高,如图 7-4 所示。

(4) PDH 各等级的帧结构中预留的插入比特(开销)很少,使网络无法适应不断演变的管理要求,更难以支持新一代的网络。

为此,CCITT 根据世界各国间通信联网的需要,制定了同步数字系列 SDH(Synchronous Digital Hierarchy)的建议。在用光纤来构成基于 SDH 的传输网时,也称为同步光网 SONET (Synchronous Optical Network),是一种新一代的理想传输体制。

4. 监视控制系统

监控系统为监视、监测和控制系统的简称。与其他通信系统一样,在一个实用的光纤通信系统中,为保证通信的可靠,监控系统是必不可少的。

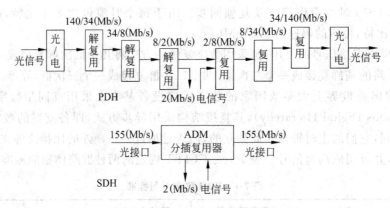

图 7-4　PDH 和 SDH 中分插信号流图的比较

由于光纤通信是在近四十年来发展起来的新的通信手段,故能在光纤通信的监控系统中,应用了许多先进的监控手段。如用计算机进行集中监控等方式。

（1）监控的内容

监视内容:

- 在数字光纤通信系统中误码率是否满足指标要求。
- 各个光中继器是否有故障。
- 接收光功率是否满足指标要求。
- 光源的寿命。
- 电源是否有故障。
- 环境的温度、湿度是否在要求的范围内。

除上述内容外,还可根据需要设置其他监测内容。

控制内容:

当光纤通信系统中主用系统出现故障时,监控系统即由主控站发出倒换指令,遥控装置将备用系统接入,将主用系统退出工作。当主用系统恢复正常后,监控系统应再发出指令,将系统从备用倒换到主用中。

另外,当市电中断后,监控系统还要发出启动电机的指令,又如中继站温度过高,则应发出启动风扇或空调的指令。同样,还可根据需要设置其他控制内容。

（2）监控信号的传输

在上面讨论的光纤通信监控系统中,监控信号是怎样在主控站和被控站之间传输呢?从目前情况来看,有两类方式:一类是在光缆中加金属导线对来传输监控信号;另一类是由光纤来传输监控信号。

在光缆中设专用金属线传监控信号。用这种方式传输监控信号的优点是:让主信号(光信号)"走"光纤,让监控信号"走"金属线,这样,主信号和监控信号可以完全分开,互不影响,光系统的设备相对简单。这种方式类似于在同轴电缆中采用的方式。

然而,在光缆中加设金属导线对,将带来较多的问题。由于金属线要受雷电和其他强电、磁场的干扰,从而影响传输的监控信号,使监控的可靠性要求难以满足。而且,一般来说,距离越长干扰越严重,因而使监控距离受到了限制。鉴于上述原因,在光缆中加金属线对传输监控信号不是发展方向,将逐渐被淘汰。

用光纤传输监控信号。这种方法又可分为如下两种方式。

① 频分复用传输方式。从对数字信号的频域分析来看，光纤通信中的主信号（高速数字信号）的功率谱密度是处在高频段位置上，其低频分量很小，几乎为零，而监控信号（低速数字信号）的功率谱密度，则处在低频段位置，如图 7-5 所示。

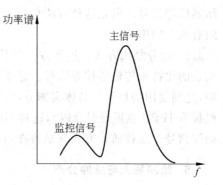

图 7-5　频分复用方式传输监控信号的频谱示意图

这就为采用频分复用方式传输监控信号创造了一个可行的条件。采用频分方式可有不同的方法，下面介绍其中一种方法——脉冲调顶法。

脉冲调顶法的实施方案是：将主信号（即数字信号电脉冲）作"载波"，用监控电数字信号对这个主信号进行脉冲浅调幅，即使监控信号"载"在主信号脉冲的顶部，或者说对主信号脉冲"调顶"。最后，再将这个被"调顶"的主信号对光源进行强度调制，变为光信号耦合进光纤。

主信号被监控信号调顶后的波形示意图如图 7-6 所示。在中继站的接收端，由光纤来的光信号经光电检测变为电信号后，再经前放、主放和均衡。由于主信号和监控信号的频率相差较大，因而，可用高通滤波器将主信号滤出，经调制送入光纤继续向前传输。而监控信号由低通滤波器滤出，经判决再生电路恢复出形状规则的波形后送到微型计算机进行处理。具有调顶功能的中继站方框图如图 7-7 所示。

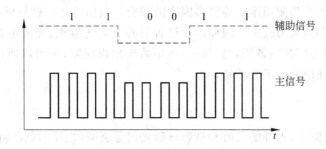

图 7-6　主信号被调顶后的波形示意图

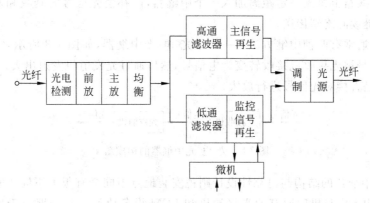

图 7-7　具有调顶功能的中继站方框图

目前,这种方法在使用 5B6B 码型的机器上,用来传输监控信号,此外还可传输公务区间通信等信号。但是这种方法也有一些缺点,如这种调制方式将造成主信号与监控信号之间有微弱的串扰。

② 时分复用方式。这种方式就是在电的主信号码流中插入冗余(多余)的比特,用这个冗余的比特来传输监控等信号。这就是说,将主信号和监控等信号的码元在时间上分开传输,达到复用的目的。具体实施方法:如将主信号码流中每 m 个码元之后插入一个码元,一般称为 H 码(意思是混合码),这种不断插入的 H 码就可传输监控、区间通信、公务联络、数据等信号。这种插入方式就是将在后面要讨论的 mB1H 编码方式。

5. 脉冲插入与脉冲分离

在一个实用的光纤通信系统中,除了要传输从电端机送来的多路信号之外,为了使整个系统完善地工作,还需传送监控信号、公务联络信号、区间通信信号以及其他信号。

脉冲复接是将监控信号、公务联络信号、区间通信信号等汇接后在读脉冲的作用下,将上述信号插入信码流经编码后多余的时隙中,然后在光纤中传输。

在光纤通信系统的接收端设有脉冲分离电路。它的作用与脉冲插入电路相反,将插入的监控信号、公务联络信号、区间通信信号分离出来,送至相应的单元中。

6. 保护倒换系统

对于通信系统要求其具有高可靠性。光纤数字通信系统的各个组成部分的可靠性是技术、材料、元器件、工艺和使用维护等诸多因素的综合。根据统计资料分析,传输故障主要来源于光缆线路,且多为人为故障。因而需要设置另外一套光端机、光中继器以及光缆线路,供一个或多个主用系统共同备用,当某一个主用系统出现故障,则可以通过倒换装置,启用该备用系统,以保证信息的正常传输。

7. 光中继器

在光纤通信线路上,光纤的吸收和散射导致光信号衰减,光纤的色散将使光脉冲信号畸变,导致信息传输质量降低,误码率增高,限制了通信距离。为了满足长距离通信的需要,必须在光纤传输线路上每隔一定距离加入一个中继器,以补偿光信号的衰减和对畸变信号进行整形,然后继续向终端传送。

光中继器通常有两种中继方法:一种是光-电-光中继器,如图 7-8 所示,它是产生衰减与畸变的光信号被光接收机接收转变为电信号,然后通过光发射机发射出去;另一种是采用光放大器,它是直接对光信号进行放大。

光信号 ──→ 光接收机 ──电信号──→ 光发射机 ──光信号──→

图 7-8　光-电-光中继器的构成图

光-电-光中继器的结构与可靠性设计则视安装地点不同会有很大不同。安装于机房的中继器,在结构上应与机房原有的光终端机和 PCM 设备协调一致。埋设于地下人孔内和架空线路上的光中继器箱体要密封、防水、防腐蚀等。如果光中继器在直埋状态下工作,则要求将更严格。图 7-9 为最简单的光中继器原理方框图,是由一个没有码型转换系统的光接收机和没有均衡放大和码型转换系统的光发射机组成。

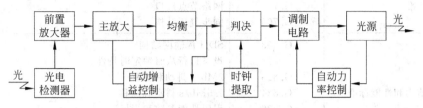

图 7-9　最简单的光中继器原理方框图

光-电-光中继器的基本功能是均衡放大,判决再生和再定时。具有这三种功能的中继器称为 3R 中继器,而仅具有前两种功能的中继器称为 2R 中继器。经再生后的输出光脉冲完全消除了附加噪声和波形畸变,即使在由多个中继器组成的系统中,噪声和畸变也不会累积,这正是数字通信能实现长距离通信的原因。

7.2　同步数字体系

1. SDH 网的提出和基本特点

前面所述的 PDH 存在着一系列缺点,已经不能适应目前的光纤通信领域的迅速发展。一个现代通信网要求以大容量、高度灵活性为用户提供经济而迅速的服务,同时又要求电信网络管理部门能对网络的运行、维护、管理和配置等进行方便的在线实时控制,以降低网络的运行费用。

国际电报电话咨询委员会 CCITT(现改为国际电信联盟标准部 ITU-T)在美国贝尔实验室提出的 SONET(Synchronous Optical Network,光同步数字网)基础上,于 1988 年制定了同步数字系列(SDH)这种新的技术体制。从 1988 年至 1995 年共通过了 16 个有关 SDH 的决议,见表 7-2,从而给出了 SDH 的基本框架。

光同步传输网的主要特点是同步复用、标准光接口和强大的网络管理能力。具体地说,有如下主要特点。

(1) 使 24 路制和 30 路制两种 PDH 数字系列在 STM-1 等级上实现了统一,使之成为数字传输体制上的世界标准。

(2) 由于采用了同步复用和复用映射方法,各种不同等级的码流在帧结构净负荷内的排列是有规律的,而净负荷与网络同步。因此可以方便地从高速信号中一次分出低速支路信号,省去 PDH 中全套背靠背的数字复用/去复用设备,及相应的多次码速调整与变换。这不仅使上下业务变得非常容易,而且也会便于业务的管理及改善网络的业务透明性。

(3) 在帧结构中安排了丰富的开销比特,因而使网络的运行、管理和维护(OAM)能力大大加强,而且便于将部分网络管理能力分配到网络单元,实现分布式管理以及实现高可靠性的自愈环网结构。

(4) 确定了世界统一的光纤网络接口,可以在光路上实现横向兼容,便于网络的组织和调度,使网络投资成本节约 10%～20%,甚至更高。

表 7-2　ITU-T 关于 SDH 的几个主要协议

一般标准	G.707	比特率
	G.708	网络节点接口
	G.709	同步复用结构
网络结构和性能标准	G.803	SDH 传输网结构
	G.813	设备运行从时钟定时特性
	G.823	2Mb/s 抖动和漂移
	G.824	1.5Mb/s 抖动和漂移
	G.826	误码性能参数和指标
	G.827	通道部件可用性能参数和指标
	G.911	光纤通信系统可靠性和可用性参数及其计算方法
设备标准	G.781	设备结构
	G.782	设备类型和一般特性
	G.783	功能组件特性
	G.825	抖动和漂移
	G.957	光接口
	G.958	数字线路系统
网络管理标准	M.3010	电信管理网(TMN)的一般原理
	G.771	Q 接口及其有关协议
	G.772	数字协议监控点
	G.773	Q 接口协议
	G.774	管理信息模型
	G.784	管理
	G.831	管理能力

(5) SDH 网具有信息净负荷和定时的透明性,所谓信息净负荷的透明性指的是网络可以传送各种净负荷及他们的组合,而与信息的具体结构无关。

(6) SDH 网具有后向和前向兼容性,它与传统的 PDH 网完全兼容,另外它还能容纳新的业务信号,如 B-ISDN 中的 ATM 信元、高速局域网的光纤分布式数据接口(FDDI)信号和分布排队双总线(DQDB)信号等。

作为一种新的技术体制,也有其不足之处:

① SDH 的频带利用率不如传统的 PDH 系统。

② 由于采用了指针调整技术,所以增加了设备的复杂性。

③ 在 PDH 网到 SDH 网的过渡时期,由于指针调整产生的相位跃变,使得信号经过多次 PDH/SDH 变换后,抖动和漂移性能损伤较大,一般要采取相位平滑措施才能满足抖动和漂移性能指标。

④ 由于大规模采用软件管理和控制方式,在网络层上的人为错误、软件故障及计算机病毒等可能导致全网瘫痪,因此对网络拓扑和软件测试等均提出了较高的要求。

2. SDH 传输速率

实际 SDH 网的关键是规范一个统一的网络节点接口(NNI),而实现统一的 NNI 的首要任务是接口速率等级和数据传送格式的安排。为此,在 SDH 传输网中,信息结构采用标准化的模块信号,即同步传送模块 STM-N($N=1$、4、16 等),其中 $N=1$ 是基本的标准模块信号,其速率为 155.52Mb/s,其他等级信号的标准速率值如表 7-3 所示,表中也列出了适用于我国的每秒速率线路可传输的数字话路数。

表 7-3　SDH 传输速率及可传输的数字话路数（每路话的速率为 65kb/s）

SDH 等级	速率/(Mb/s)	2Mb/s 口数据	数字话路数
STM-1	155.520	63	1890
STM-4	622.080	252	7560
STM-16	2448.320	1008	30 240
STM-64	9953.280	4032	120 960

3. SDH 的帧结构

SDH 的帧结构与 PDH 不同，它是块状帧，如图 7-10 所示，它由横向 $270 \times N$ 列和纵向 9 行字节（1 字节为 8 比特）组成，因而全帧由 $2430N$ 个字节，相当于 $19\,440N$ 个码元组成，帧重复周期为 $125\mu s$。字节的传输是由左到右按行进行的，首先由图中左上角第一个字节开始，从左到右，由上而下按顺序传送，直至整个 $9 \times 270N$ 个字节都传送完毕再转入下一帧，如此一帧一帧地传送，每秒共 8000 帧，因此对于 STM-1 而言，每秒传送速率为 $9 \times 270 \times 8 \times 8000 = 155.52 \text{Mb/s}$。

整个帧结构大体可以分为三个主要区域。

（1）段开销（SOH）

所谓段开销是指 STM 帧结构中为了保证信息正常灵活传送所必需的附加字节，主要是些维护管理字节，例如误码监视、帧定位、数据通信、公务通信和自动保护倒换字节等。由图 7-11 可知，对于 STM-1，帧结构中左边 9 列×8 行（除去第四行）共 72 个字节（相当 576 个比特）均可用于段开销。由于每秒传 8000 帧，因此共有 4.608Mb/s 可用于维护管理，可见段开销相当丰富。

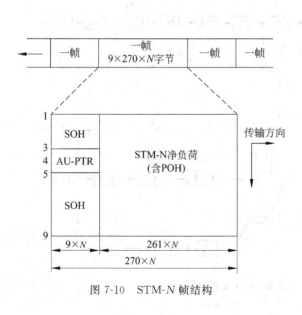

图 7-10　STM-N 帧结构

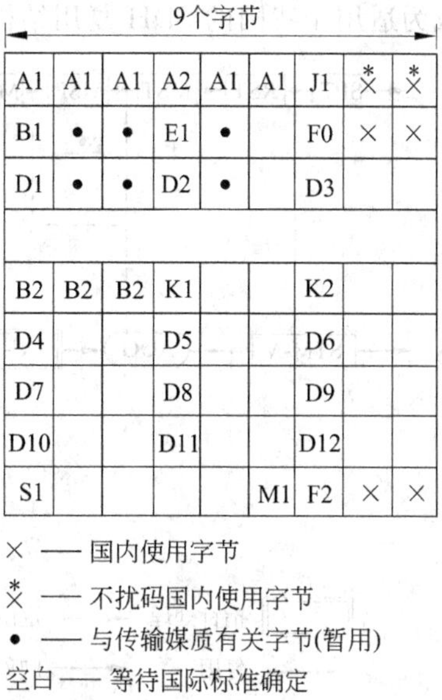

图 7-11　STM-1 段开销

× —— 国内使用字节

※× —— 不扰码国内使用字节

● —— 与传输媒质有关字节(暂用)

空白 —— 等待国际标准确定

段开销还可进一步划分为第一行～第三行的再生段开销（RSOH）和第五行～第九行的复用段开销（MSOH）。其中第四行 9 个字节用作管理单元指针（AU PTR），它主要用来指示信息净负荷的第一个字节在 STM-1 帧内的准确位置，以便在接收端正确地分解。

SDH 光缆线路系统对开销通路都应提供接入能力，并能在不中断业务的情况下提供所需的开销通路应用。

除段开销外，在净负荷中还包含通道开销字节，它是用于通道性能监视、控制、维护和管理的开销比特。

（2）信号净负荷区域

所谓信息净负荷就是网络节点接口码流中可用于电信业务的部分，因而净负荷区域就是存放各种信息业务容量的地方。对于 STM-1，图 7-10 右边 261 列×9 行共 2349 个字节都属于净负荷区域。

（3）管理单元指针区域

管理单元指针（AU PTR）是一种指示符，主要用来指示净负荷的第 1 个字节在 STM-N 帧内的准确位置，以便接收端正确地分解。图 7-11 中第四行的 9 个字节是保留给指针用的。因此用指针可以使之在 PDH 环境中完成复用同步和帧定位，消除了常规 PDH 系统中滑动缓冲器所引起的延时和性能损伤。

4. 复用映射结构

根据前面的讨论可知，SDH 的帧周期是以 $125\mu s$ 为基础的，在此周期中，既可以装入相互同步的 STM 信号，也可以装入 PDH 体系支持的各低速支路信号。同时为达到上述目的，ITU-T 在 G.709 建议中给出了 SDH 的复用结构与过程。由于 ITU-T 要照顾全球范围内的各种情况，因而 ITU-T 所规定的复用结构是最全面的，也是最复杂的。由于我国仅选用 PCM30/32 系列 PDH 信号，因而根据具体实际情况，对 ITU-T 的复用结构进行简化，使之成为适用于我国的 SDH 复用结构，如图 7-12 所示。

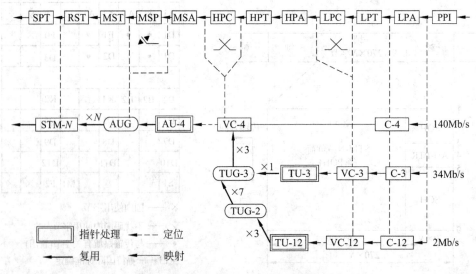

图 7-12　我国的 SDH 复用结构

　　我国目前采用的复用结构是以 2Mb/s 系列 PDH 信号为基础,通常应采用 2Mb/s 和 140Mb/s 支路接口,当然如有需要时,也可采用 34Mb/s 支路接口。但由于一个 STM-1 只能容纳 3 个 34Mb/s 的支路信号,因而相对而言不经济,故应尽可能不使用该接口。

　　SDH 的复用结构是由一系列基本复用单元组成,而复用单元实际上是一种信息结构,不同的复用单元,其信息结构不同,因而在复用过程中所起的功能各不相同。常用的复用单元有容器(C)、虚容器(VC)、支路单元(TU)、管理单元(AU)等。

　　(1) 容器 C

　　所谓容器实际上是一种用来装载各种速率业务信号的信息结构,主要完成 PDH 信号与 VC 之间的适配功能(如码速调整等)。针对不同的 PDH 信号,ITU-T 规定了 5 种标准容器。我国的 SDH 复用结构中,仅用了装载 2.048Mb/s、34.368Mb/s 和 139.264Mb/s 信号的 3 种容器,即 C-12、C-3 和 C-4。其中 C-4 为高阶 C,而 C-12 和 C-3 则属于低阶 C。

　　(2) 虚容器 VC

　　VC 是用来支持 SDH 通道层连接的信息结构,它是由标准容器 C 的信号再加上用来对信号进行维护与管理的通道开销(POH)构成的。虚容器又分为高阶 VC 和低阶 VC,很明显,能够容纳高阶容器的 VC 为高阶虚容器,能够容纳低阶容器的 VC 为低阶虚容器。

　　无论是高阶虚容器,还是低阶虚容器,它们在 SDH 网络中始终保持独立的、相互同步的传输状态,即其帧速率与网络保持同步,并且同一网络中的不同 VC 的帧速率都是相互同步的。因而在 VC 级别上可以实现交叉连接操作,从而在不同 VC 中装载不同速率的 PDH 信号。另外,VC 信号仅在 PDH/SDH 网络边界处才进行分接,从而在 SDH 网络中始终保持完整不变,独立地在通道的任意一点进行分出、插入或交叉连接。

　　(3) 支路单元 TU

　　支路单元 TU 是为低阶通道层与高阶通道层提供适配功能的一种信息结构,它是由一个低阶 VC 和指示其在高阶 VC 中初始字节位置的支路单元指针(TU-PTR)组成。可见低阶 VC 可在高阶 VC 中浮动,并且由一个或多个在高阶 VC 净负荷中占有固定位置的 TU 组成一个支路单元组(TUG)。

　　(4) 管理单元 AU

　　管理单元 AU 是在高阶通道层与复用段层之间提供适配的一种信息结构。它是由高阶 VC 和指示高阶 VC 在 STM-N 中的起始字节位置的管理单元指针(AU-PTR)构成,同样高阶 VC 在 STM-N 中的位置也是浮动的,但 AU 指针在 STM-N 帧结构中的位置是固定的。

　　一个或多个在 STM 帧中占有固定位置的 AU 组成一个管理单元组(AUG)。

　　(5) 同步转移模块 STM

　　在 N 个 AUG 的基础上,加上起到运行、维护和管理作用的段开销,便形成了 STM-N 信号,由前面的分析可知,不同的 STM-N,其信息等级不同,一般 N=1,4,16,64,…,与此对应,可以存在 STM-1、STM-4、STM-16、STM-64 等若干等级的同步转移模块。

5. 基本复用映射步骤

各种信号复用映射进 STM-N 帧的过程要经过映射、定位和复用三个步骤。

　　(1) 映射

映射(Mapping)即装入,是一种在 SDH 网络边界处,把支路信号适配装入相应虚容器过程。例如，将各种速率的 PDH 信号先分别经过码速调整装入相应的标准容器，再加进低或高阶通道开销，以形成标准的 VC。

（2）定位

定位（Alignment）是把 VC-n 放进 TU-n 或 AU-n 中，同时将其与帧参考点的偏差也作为信息结合进去的过程。它依靠 TU-PTR 和 AU-PTR 功能加以实现灵活和动态的定位，即在发生相对帧相位偏差使 VC 帧起点浮动时，TU-PTR 和 AU-PTR 指针值也随之调整，从而始终保证指针值准确指示 VC 帧的起点。通俗地讲，定位就是用指针值指示 VC-n 的第一个字节在 TU-n 或 AU-n 帧中的起始位置。

（3）复用

复用（Multiplex）是一种将多个低阶通道层的信号适配进高阶通道或者把多个高阶通道信号适配进复用段层的过程，即将多个低速信号复用成一个高速信号。其方法是采用字间插的方式将 TU 组织进高阶 VC 或将 AU 组织进 SIM-N。

由于经过 TU-PTR 和 AU-PTR 处理后的各 VC 支路已实现了相位同步，因此其复用过程为同步复用，复用的路数可参见图 7-13。

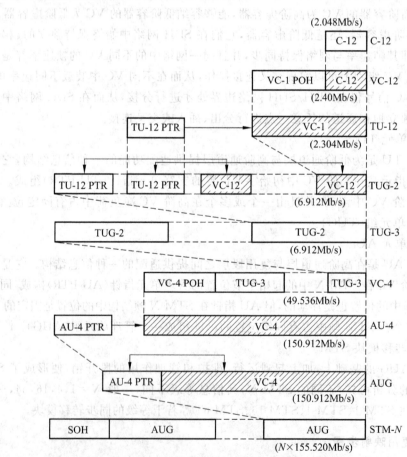

注：非阴影区域是相位对准定位的，阴影区与非阴影区间的相位对准定位由指针规定并由箭头指示。

图 7-13 2.048Mb/s 支路信号映射、定位和复用过程

以上简单地介绍了映射、定位和复用的过程,下面对由 2.048Mb/s 支路信号经映射、定位、复用形成 STM-N 帧的过程加以归纳总结,具体过程如下所示。

① 映射

速率为 2.048Mb/s 的信号先进入 C-12 作适配处理后,加上 VC-12POH 构成了 VC-12。由映射过程可知,一个 $500\mu s$ 的 VC-12 复帧容纳的比特数为 $4\times(4\times9-1)\times8=1120$bit,所以 VC-12 的速率为 $1120/500\times10^{-6}=2.240$Mb/s。

② 定位(指针调整)

VC-12 加上 TU-12PTR 构成 TU-12。一个 $500\mu s$ 的 TU-12 复帧有 4 个字节的 TU-12PTR,所含总比特数为 $1120+4\times8=1152$bit,故 TU-12 的速率为 $1152/500\times10^{-6}=2.304$Mb/s。

③ 复用

3 个 TU-12(基帧)复用进 1 个 TUG-2,每个 TUG-2 由 9 行 12 列组成,容纳的比特数为 $9\times12\times8=864$bit,TUG-2 的帧频为 8000 帧/秒,因此 TUG-2 的速率为 $8000\times864=6.912$Mb/s(或 $2.304\times3=6.912$Mb/s)。

7 个 TUG-2 复用进 1 个 TUG-3,1 个 TUG-3 可容纳的比特数为 $864\times7+9\times2\times8$(塞入比特)$=6192$bit,故 TUG-3 的速率为 $8000\times6192=49.536$Mb/s。

3 个 TUG-3 按字节间插,再加上 VC-4POH 和塞入字节后形成 VC-4,每个 VC-4 可容纳 $(86\times3+3)\times9\times8=261\times9\times8=18\ 792$bit,所以其速率为 $8000\times18792=150.336$Mb/s。

④ 定位

VC-4 再加 576kb/s 的 AU-4PTR($8000\times9\times8=0.576$Mb/s)组成 AU-4,其速率为 $150.336+0.576=150.912$Mb/s。

⑤ 复用

单个 AU-4 直接置入 AUG,速率不变。AUG 加 4.608Mb/s 的段开销($8000\times8\times9\times8=4.608$Mb/s)即形成,但 STM-1,速率为 $4.608+150.912=155.520$Mb/s。或者 N 个 AUG 按字节间插复用(再加上 SOH)形成 STM-N 帧,速率为 $N\times155.520$Mb/s。

139.264Mb/s 支路信号经映射、定位、复用成到 STM-N 帧的过程比较简单,过程如下所示(见图 7-14)。

(1)首先将标称速率为 139.264Mb/s 的支路信号装进 C-4,经适配处理后 C-4 的输出速率为 149.760Mb/s。然后加上每帧 9 字节的 POH(相当于 576kb/s)后,便构成了 VC-4(150.336Mb/s),以上过程称为映射。

(2)VC-4 与 AU-4 的净负荷容量一样,但速率可能不一致,需要进行调整。AU-PTR 的作用就是指明 VC-4 相对 AU-4 的相位,它占有 9 个字节,相当容量 576kb/s。于是经过 AU-PTR 指针处理后的 AU-4 的速率为 150.912Mb/s,这个过程被称为定位。

(3)得到的单个 AU-4 直接置入 AUG,再由 N 个 AIJG 经单字节间插并加上段开销便构成了 STM-N 信号。以上过程称为复用。当 N=1 时,一个 AUG 加上容量为 4.608Mb/s 的段开销后就构成了 S1M-1,其标称速率为 155.520Mb/s。

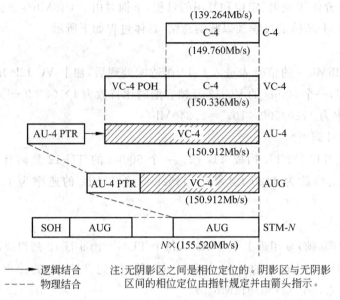

图 7-14   139.264Mb/s 支路信号复用映射过程

6. SDH 传输系统与设备简介

在 SDH 光缆线路系统中,通常采用点对点链状系统和环网系统,如图 7-15 所示。由此可见,在点对点系统中,它是由具有复用和光接口功能的线路终端、中继器和光缆传输线构成。其中中继器可以采用目前常见的光-电-光再生器,也可以使用掺铒光纤放大器 EDFA,在光路上完成放大的功能。而在环网系统中,可选用分插复用器,也可以选用交叉连接设备

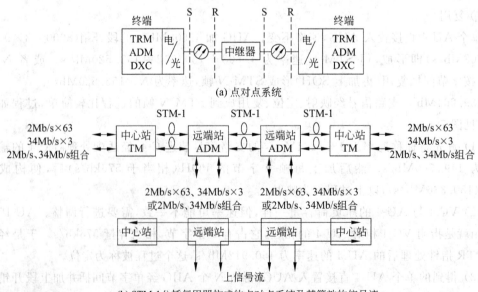

图 7-15   SDH 系统

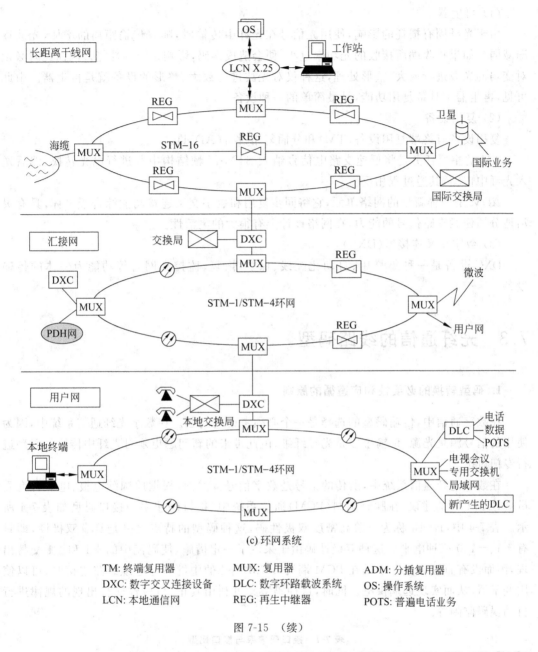

(c) 环网系统

TM: 终端复用器	MUX: 复用器	ADM: 分插复用器
DXC: 数字交叉连接设备	DLC: 数字环路载波系统	OS: 操作系统
LCN: 本地通信网	REG: 再生中继器	POTS: 普遍电话业务

图 7-15　（续）

来作为节点设备。它们的区别在于后者具有交换功能,它是一种集复用、自动化配线、保护/恢复、监控和网管等功能为一体的传输设备。可以在外接的操作系统或电信管理网络(TMN)设备的控制下,对多个电路组成的电路群进行交换,因此其成本很高,故通常使用在线路交汇处。而接入设备则可以使用数字环路载波系统(DLC)、B-ISDN 宽带综合业务接入单元、FDDI。

SDH 传输网中的设备有三类,即交换、传输和接入设备。就其传输设备而言,又包括再生器、复用设备和交叉连接设备。

（1）再生器

由于光纤固有损耗的影响,使用光信号在光纤中传输时,随着传输距离的增加,光波逐渐减弱。如果接收端所接收的光功率过小,便会造成误码,影响系统的性能。因而此时必须对变弱的光波进行放大、整形处理,这种仅对光波进行放大、整形的设备就是再生器。由此可见,再生器不具备复用功能,是最简单的一种设备。

（2）复用设备

复用设备有终端复用设备(TM)和分插复用设备(ADM)。

TM 的主要任务是将低速支路电信号纳入 STM-N 帧结构中并进行电光转换,然后送入光纤中传输,其逆过程相反。

ADM 是一种新型的网络单元,它将同步复用和数字交叉连接功能综合于一体,具有灵活地分插任意支路信号的能力,在网络设计上有很大的灵活性。

（3）数字交叉连接器(DXC)

DXC 设备是一种集复用、自动化配线、保护/恢复、监控和网管等功能为一体的传输设备。

7.3　光纤通信的线路码型

1. 码型转换的必要性和应遵循的原则

在数字通信中,传输码型的选择是一个必须考虑的问题。在数字光纤通信系统中,因为使用的信号源是光源,传输手段是光导纤维,由此带来的新问题更须对光纤中传输的码型进行专门讨论。

在数字光纤通信系统中,所传的信号是数字信号。然而,根据原国际电报、电话咨询委员会(CCITT)的建议,在脉码调制(PCM)通信系统中,接口码速率与接口码型如表 7-4 所示。表 7-4 中,HDB_3 称为三阶高密度双极性码,这种码型的特点之一是具有双极性,即具有 +1、-1、0 三种电平。这种双极性码由于采取了一定措施,使码流中的 +1 和 -1 交替出现,因而没有直流分量。于是在 PCM 端机,PCM 系统的中继器与电缆线路连接时,可以使用变量器,从而实现远端供电。同时,这种码型又可利用其正、负极性交替出现的规律进行自动误码监测等。

表 7-4　接口码速率与接口码型

	基群	二次群	三次群	四次群
接口码速率/(Mb/s)	2.048	8.448	34.368	139.264
接口码型	HDB_3	HDB_3	HDB_3	CMI

CMI 为传号反转码,它是一种两电平不归零码,它的码表如表 7-5 所示。即将原来的二进制码的"0"编为 01;将原来二进制的"1"编为 00 或 11。若前一次用 00,则后一次用 11,即 00 和 11 是交替出现的,从而使"0","1"在码流中是平衡的,并且它不出现 10,作为禁字使用。因此,一旦码流中出现 10 就知道前面产生了误码,因而具有误码监测功能。

表 7-5　CMI 码的码表

二进制 NRZ 码	**0**		**1**	
CMI	01		00	11

以上介绍的是 PCM 系统与光纤通信系统接口的两种码型。

然而,PCM 系统中的这些码型并不都适合在光纤数字通信系统中传输,例如 HDB_3 码有 +1、0、−1 三种状态,而在光纤数字通信系统中,光源只有发光和不发光两种状态,没有发负光这种状态。因此,在光纤系统中无法传输 HDB_3 码。为此,在光发射机中传输 140Mb/s 以下码速率时,必须将 HDB_3 解码,变为单极性的"0"、"1"码。但是 HDB_3 解码后,这种码型所具有的上述误码监测等功能都将失去。以上是需要重新编码的一个原因。另一方面,在光纤线路中,除了需要传输主信号外,还需增加一些其他的功能,如传输监控信号、区间通信信号、公务通信信号、数据通信信号,当然也仍需要有不间断进行误码监测功能等。为此,需要在原来码速率基础上,提高一点码速率,以增加一些信息余量(冗余度)从而实现上述目的。具体做法是在原有码流中插入脉冲,这也需要重新编码。

综上所述,在光纤通信系统中,需要重新编码。例如:

将二次群的 HDB_3 码解码后,编为 1B2B 码。

将三次群的 HDB_3 码解码后,编为 4B1H 或 8B1H 或 5B6B 码。

选择线路码型应尽量解决以下问题。

(1) 码流中"1"及"0"码的出现是随机的,可能会出现长串的连"1"或连"0",这时定时信息将会消失,使接收机定时信息提取产生困难。

(2) 简单的单极性码流中有直流成分,且当码流中"0"与"1"作随机变化时直流成分也作随机变化,从而引起数字信号的基线漂移,给判决和再生带来困难。

(3) 尽可能在不中断业务的条件下检测线路的 BER。除此之外线路码速比标准码速尽量增加要小,对高次群光纤通信系统特别重要。还应具备电路简单等特点。常用的码型有分组码、伪双极性码、插入比特码。

2. 分组码

分组码又称为 mBnB 码。它是把输入信码流中每 m 比特码分为一组,然后变换为 n 比特($n>m$)输出。

mBnB 码型有 1B2B、2B3B、3B4B、5B6B、5B7B、6B8B 等。我国在三次群或四次群系统中常采用 5B6B 编码(见表 7-6)。

5B6B 码的优点是:

- 冗余度较小。
- 对于三、四次群,可以利用计算机的 IC-PROM 器件直接编、译码,电路设计得到简化。
- 连"0"和连"1"数小,定时方便。
- 可以实现运行误码监测。

5B6B 码的缺点是:

- 速率受 PROM 的限制,而本身的电子电路较复杂。

- 耗电较多,中继远供电源困难。
- 辅助信息的传递较困难,用调顶的方式。

表 7-6　5B6B 码型的一种方案

输入码组	输出码组(6bit 为一组)	
(5bit 为一级)	正　模　式	负　模　式
00000	000111	同正模式
00001	011100	同正模式
00010	110001	同正模式
00011	101001	同正模式
00100	011010	同正模式
00101	010011	同正模式
00110	101100	同正模式
00111	111001	000110
01000	100110	同正模式
01001	010101	同正模式
01010	010111	101000
01011	100111	011000
01100	101011	010100
01101	011110	100001
01110	101110	010001
01111	110100	同正模式
10000	001011	同正模式
10001	011101	100010
10010	011011	100100
10011	110101	001010
10100	110110	001001
10101	111010	000101
10110	101010	同正模式
10111	011001	同正模式
11000	101101	010010
11001	001101	同正模式
11010	110010	同正模式
11011	010110	同正模式
11100	100101	同正模式
11101	100011	同正模式
11110	001110	同正模式
11111	111000	同正模式

5B6B 码是将码流中每五位码元分为一组,然后变为六位码进行传输,表 7-6 的编码方案中输入的五位码元与输出的六位码元是一一对应关系。编码方案中根据输出码元的特点,输出码流分为:

- 平衡码:六位码组中三个"1"和三个"0"的码组,共有 20 个。
- 非平衡码:六位码组中含有四个"1"和两个"0",这种模式为正模式,选择 12 个。负模式为正模式的反码,即含有两个"1"和四个"0",也选择了 12 个。

以上码组共有 44 个。六位码组中共有 $2^6 = 64$ 个码组,另外 20 个未被选用的为禁字。

3. 伪双极性码

光纤通信中使用的伪双极性码是用"11"和"00"来代表双极性码中的 +1 和 -1,从而使信码流中"0"和"1"出现的概率均等。这样就可消除信码流中直流分量的起伏。CMI 和 DMI 码的码表如表 7-7 所示。

表 7-7　CMI 和 DMI 码的码表

双极性码	CMI	DMI
+	11	11
0	01	在 +1 后用 01,在 -1 后用 10
−	00	00

这种编码的优点是可使信码流的直流分量为 0,缺点是冗余度大,仅在基群和二次群系统中使用。

4. 插入比特码

插入比特码是将信码流中每 m 比特划为一组,然后在这一组的末尾一位之后插入一个比特码输出,根据插入码的类型分为 mB1P 码、mB1C 码、mB1H 码。

mB1P 码中插入的 P 码为奇偶校验码,利用它可实现误码监测的功能。

mB1C 码中插入的 C 码为补码,这种码除了进行误码监测外,还可以减少连"0"或连"1"的不良影响。

mB1H 码中插入的 H 码为混合码。这种码型具有多种功能。它除了可以完成 mB1P 或 mB1C 码的功能外,还可同时用来完成几路区间通信、公务联络、数据传输以及误码监测的功能。从使用上看 mB1H 有较强的优势。

常采用的码型有 8B1H、4B1H 和 1B1H。

5. 加扰二进码

除了以上三种光纤通信线路码型外,光纤通信还广泛使用加扰二进码。

加扰二进码将输入的二进制 NBZ 码进行扰码后输出仍为二进制码,没有冗余度,有些书中不把这种码作为线路码。但从它改变了原来的码序列并改善了码流的一些特性(如限制了连"1"和连"0"数)而言,也可以看成是一种码型变换。由于它没有引入冗余度,因此很难实现不中断业务的误码检测,辅助信号的传送也很困难,不太适合作为准同步数字序列(PDH)的线路码。但在同步数字系列(SDH)中,监测信息和辅助信号的传送通过帧结构中的开销字节来实现,加扰二进码被作为光线路码。例如在 STM-4 和 STM-16 中,都有七级扰码作为光线路码。

7.4 光纤损耗和色散对系统的限制

1. 损耗对系统的限制

光纤通信系统显然受到光纤损耗的限制,中继距离越长则光纤通信系统的成本越低,技术经济效益越高,因此,我们要在满足系统的性能指标前提下,最大限度地延长中继距离。中继距离的估算一般采用 ITU-T G.956 所建议的极限值设计法。

$$L = \frac{P_T - P_R - A_{CT} - A_{CR} - P_d - M_E}{A_f + A_s/L_f + M_C} \tag{7-3}$$

式(7-3)中

$$A_f = \sum_{i=1}^{n} \alpha_{fi}/n \tag{7-4}$$

$$A_s = \sum_{i=1}^{n-1} \alpha_{Si}/(n-1) \tag{7-5}$$

上述公式中:P_T 表示平均发送光功率,单位为 dBm,P_R 表示接收灵敏度,单位为 dBm,A_{CT} 和 A_{CR} 分别表示线路系统发送端和接收端活动连接器的接续损耗,单位为 dB,M_E 是设备富余度(dB),M_C 是光缆富余度(dB/km),n 是中继段内所用光缆的盘数,α_{fi} 是单盘光缆的衰减系数(dB/km),A_f 则是中继段的平均光缆衰减系数(dB/km),α_{si} 是光纤各个接头的损耗(dB),A_s 则是中继段平均接头损耗(dB),P_d 是由光纤色散模分配噪声和啁啾声所引起的色散代价(dB)(功率损耗),通常应小于 1dB。

从以上分析和计算可以看出,这种设计方法仅考虑现场光功率概算参数值的最坏值,而忽略其实际分布,因而使设计出的中继距离过于保守,即其距离过短,不能充分发挥光纤系统的优越性。事实上,光纤系统的各项参数值的离散性很大,若能充分利用其统计分布特性,则有可能更有效地设计出光纤系统的中继距离。

则有可能更有效地设计出光纤系统的中继距离。

上述估算中,一般取:

- 平均发送光功率 P_T 的最大值 3dBm
- 活动连接器 A_{CT} 和 A_{CR} 为 0.4dB
- 设备富余度 M_E 为 3dB

光纤衰减系数 α_{fi} 对于不同的光纤有所不同,对于不同的工作波长也会有所不同,通常 1310nm 取 0.35dB/km,1550nm 取 0.2dB/km,对于相同的光缆,A_f 取值与 α_{fi} 相同,平均熔接接头损耗 A_s 为 0.05dB/km,线路富余度 M_C 为 0.06dB/km。

例 7-1 一个 STM-4 光纤通信系统,接收机灵敏度估计值为 -31.2dBm,其他数据按照上面估算给出,求工作波长为 1310nm 和 1550nm 的中继距离是多少?

解 根据公式(7-3)可得:

对于 1310nm 光纤通信系统

$$L = \frac{3 - (-31.2) - 2 \times 0.4 - 1 - 3}{0.35 + 0.05 + 0.06} = 64 \text{km}$$

对于 1550nm 光纤通信系统

$$L = \frac{3 - (-31.2) - 2 \times 0.4 - 1 - 3}{0.2 + 0.05 + 0.06} = 95 \text{km}$$

2. 色散对系统的限制

色散会使系统性能参数恶化,有光纤色度色散、模分配噪声、频率啁啾等。

(1) 光纤色度色散

光纤色度色散使输入的光信号在光纤传输过程中展宽到一定程度,就会产生码间干扰,增加误码率,从而限制了通信容量。

(2) 模分配噪声

激光器的各谱线(各频率分量)经过长距离的光纤传输,产生不同的迟延,在接收端造成了脉冲展宽。又因为各谱线的功率呈随机分布,因此当它们经过上述光纤传输后,在接收端取样点得到的取样信号就会有强度起伏,引入了附加噪声,这种噪声就称为模分配噪声。

由此还看出,模分配噪声是在发送端的光源和传输介质光纤中形成的噪声,而不是接收端产生的噪声,故在接收端是无法消除或减弱的。这样当随机变化的模分配噪声叠加在传输信号上时,会使之发生畸变,严重时使判决出现困难造成误码,从而限制了传输距离。

(3) 频率啁啾声

模分配噪声是由激光器多纵模造成,人们提出使用单纵模激光器,随之又出现新的问题。对于处于直接强度调制状态下的单纵模激光器,其载流子密度的变化是随注入电流的变化而变化。这样使有源区的折射率指数发生变化,从而导致激光器谐振腔的光通路长度相应变化,结果致使振荡波长随时间偏移,这就是所谓的啁啾声现象。

那么色散对系统的中继距离有哪些影响呢?

我们假定到达接收机的输入光功率始终满足接收机灵敏度的要求,单独讨论色散效应随着传输距离的积累最终允许严重到什么程度。如图 7-16 所示,设发送机输出的是一个规整的"101"码组,其在光通路内传输过程中由于色散效应将会逐渐展宽,直至两个"1"码出现码间重叠。

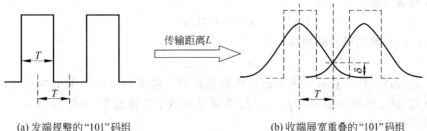

(a) 发端规整的"101"码组　　　　　　　(b) 收端展宽重叠的"101"码组

图 7-16　"101"码组在传输过程中的畸变展宽重叠

图 7-16 中的 δ 表示在"0"码判决时刻两传号的重叠程度。当码间重叠 δ 等于"1"码幅度的 1/4 时,"101"码组将难免误判成"111"码字。这便是判决误码率允许的码间干扰极限。造成光脉冲展宽重叠的原因包括:光纤色度色散、频率啁啾、差分群延迟、抖动和反射等。其中以光纤色度色散的距离积累影响最为严重。而抖动和反射等因素对光脉冲展宽的贡献具有随机性,很难直接写出它们与传输距离的关系式。频率啁啾引起的脉冲展宽也具有距离积累效应,但其弛豫周期参数随光源和调制方式而变,不便横向比较。通常认为它引起的波长漂移比光源的谱宽小一个数量级。这里采取变通的办法处理,假定除光纤色度色散的码间干扰以外的所有其他因素对光脉冲展宽的贡献占总展宽的 20%,即用将 δ 容限值由 1/4 调为 1/5 来处理,虽然这一处理办法必定带来估算结果的误差,但估算结果的误差不超过 10% 是可以期待的。

展宽波形的时域响应符合高斯分布,即

$$h(t) = \frac{1}{\sqrt{2\pi}\sigma_t}\exp\left(-\frac{t^2}{2\sigma_t^2}\right) \tag{7-6}$$

式(7-6)中 σ_t 为接收机输入端处光信号波形的时间方差,为不与发送信号的均方根谱宽相混淆,特意加了下标 t。

当 $t=T_b$ 处码间重叠 δ 为"1"码幅度的 20% 时,应有

$$\exp\left(-\frac{T_b^2}{2\sigma_t^2}\right) = 20\% \tag{7-7}$$

$$\frac{T_b^2}{2\sigma_t^2} = \ln 0.2 \tag{}$$

所以

$$\sigma_t = T_b/1.79 \tag{7-8}$$

定义脉冲宽度 τ 为波形的半高全宽度,则应有:

$$\exp\left(-\frac{\frac{\tau^2}{4}}{2\sigma_t^2}\right) = \frac{1}{2} \tag{7-9}$$

由此可得到

$$\tau = \sqrt{8}(\ln 2)\sigma_t \tag{7-10}$$

把(7-9)代入(7-10)得

$$\tau = 1.3154 T_b \tag{7-11}$$

因此允许的最大脉冲展宽为

$$\Delta\tau = 0.3154 T_b \tag{7-12}$$

由于光纤色度色散的最大脉冲展宽为

$$\Delta\tau = L D_{max} \Delta\lambda_{3dB}$$

如果光纤在工作波长范围内的最大色散系数 D_{max} 采用 ps/(nm·km)为单位;光源谱线的半高全宽 $\Delta\lambda_{3dB}$ 的单位是 nm;$f_b = 1/T_b$ 为系统的数字传输速率,单位为 Mb/s。色散受限距离的简明估计公式为

$$L = \frac{0.3154 \times 10^6}{D_{max}\Delta\lambda_{3dB}f_b} \tag{7-13}$$

例 7-2　MLM 光源的 $\Delta\lambda_{3dB}$ 为 2.355nm,系统所用常规光纤,在 1310nm 工作波长范围

内的最大色散系数 $D_{max}=3.5ps/(nm \cdot km)$，估计 STM-1、STM-4、STM-16 系统的最大色散受限距离。

解　由式(7-13)得出：

STM-1 系统 $L=246km$

STM-4 系统 $L=61.5km$

STM-16 系统 $L=15.4km$

例 7-3　SLM 光源的 $\Delta\lambda_{3dB}$ 为 0.388nm，在 1550nm 工作波长范围内，系统所用 G.652 常规光纤最大色散系数 $D_{max}=20ps/(nm \cdot km)$，如系统所用 G.653 光纤最大色散系数 $D_{max}=3.5ps/(nm \cdot km)$，估计 STM-1、STM-4、STM-16、STM-64 系统的最大色散受限距离。

解　计算方法同例 7-2。

系统所用 G.652 光纤：

STM-1 系统 $L=241km$；STM-4 系统 $L=65.2km$；STM-16 系统 $L=16.3km$；STM-64 系统 $L=4.1km$。

系统所用 G.653 光纤：

STM-1 系统 $L=1492km$；STM-4 系统 $L=373km$；STM-16 系统 $L=93.3km$；STM-64 系统 $L=23.3km$。

通过分析可以得出如下结论。

(1) STM-1 系统最大色散受限距离远大于衰耗受限距离，因此 PDH 系统都是衰耗受限系统，色散的影响可以忽略不计，工程设计时只要工作波长不超过 C 区和 D 区范围，光纤产品的色散特性甚至无须检验。

(2) STM-4 系统，采用 MLM，最大色散受限距离与最大衰耗受限距离基本相当，速率等级高于 STM-4 的系统的最大无再生传输距离主要取决于色散的限制。但选用线宽较窄的 SLM 激光器，STM-4 系统最大色散受限距离远大于衰耗受限距离。

(3) STM-16 系统必须选用线宽较窄的 SLM 激光器和 G.653 或 G.655 光纤。

(4) 系统所用 G.653 光纤可以极大地延长最大色散受限距离，如果中继距离受到最大衰耗受限距离的影响，可以使用光放大器。

(5) STM-64 系统在选用 SLM 激光器，且选用 1550nm 工作波长区，不加光放大器也不加色散补偿的情况下，最大无再生距离至多为 37km。超过 37km 必须加色散补偿措施。

(6) STM-256 系统无补偿措施不能用于局间通信，而且简单的补偿办法也是行不通的，因为仅频率啁啾引起的波形展宽就可能使脉冲展宽一倍，所以利用上述方法估计，估算结果的误差可能大到已经失去了参考价值。STM-256 系统需要光源的外调制、光放大和色散补偿多重技术同时采用。可见 STM-256 系统目前的传输成本不支持其实用化。

7.5　光纤通信的性能指标

目前，ITU-T 已经对光纤通信系统的各个速率、各个光接口和电接口的各种性能给出具体的建议，系统的性能参数也有很多，这里介绍系统最主要的两大性能参数，误码性能和抖动性能。

1. 误码性能

系统的误码性能是衡量系统优劣的一个非常重要的指标,它反映数字信息在传输过程中受到损伤的程度。误码率(BER)定义为

$$BER = \frac{B_E}{B} \tag{7-14}$$

式中 B 为传送的总码元数,B_E 为其中传送错误的码元数。

长期平均误码率是在实际测量中,长时间测量的误码数目与传送的总码元数之比。对于一路 64kb/s 的数字电话,若 $BER \leqslant 10^{-6}$,则话音十分清晰,感觉不到噪声和干扰;若 BER 达到 10^{-5},则在低声讲话时就会感觉到干扰存在,个别的喀喀声存在;若 BER 达到 10^{-3},则不仅感到严重的干扰,而且可懂度也会受到影响。ITU-T 建议的误码质量要求见表 7-8。

表 7-8   ITU-T 建议的误码质量要求

业务种类	数字电话	2~10Mb/s 数据	可视电话	广播电视	高保真立体声
平均误码率	10^{-6}	10^{-8}	10^{-6}	10^{-6}	10^{-6}

表 7-8 为电信号是从发端到收端的总误码率,其中一部分分配给编码、复接、码型变换等过程中的误码,然后再折算到光纤传输速率下的误码率。对于低速光纤通信系统的长期平均误码率应小于 10^{-9},ITU-T 建议高速光纤通信系统的长期平均误码率应小于 10^{-10},10Gb/s 以上或带光放大器的光纤通信系统要达到 10^{-12}。

长期平均误码率是表示系统误码率的长期统计平均的结果,它不能反映系统是否有突发性、成群的误码存在。为了有效地反映系统实际的误码特性,还需要引入误码的时间百分数来表示。有严重误码秒(SES)和误码秒(ES)两个指标。

这两个指标是设定 BER 的某一门限值,记录每一个抽样观察时间,误码率超过门限的抽样观察时间的数与总观察时间的可用时间比值。如在 1s 内只要有误码发生,就称为 1 个误码秒,在长时间观测中误码秒数与总的可用秒数之比就是误码秒指标。在全程全网上 SES、ES 满足的指标如表 7-9 所示。

表 7-9   在全程全网上 SES、ES 满足的指标

类别	定　义	门限值	抽样时间	全程全网指标
SES	误码秒劣于门限的秒	10^{-3}	1s	时间百分数小于 0.2%
ES	出现误码的秒	0	1s	时间百分数小于 8%

在 PDH 传输网中的误码特性是用平均误码率(BER)、严重误码秒(SES)和误码秒(ES)来描述的。而在 SDH 网络中,由于数据传输是以块的形式进行的,其长度不等,可以是几十比特、也可能长达数千比特。然而无论其长短,只要出现误码,即使仅 1 比特的错误,该数据块也必须进行重发,因而在高比特率(大于 2Mb/s)通道的误码性能参数主要依据 ITU-T G.826 建议,是以"块"为基础的一组参数,而且主要用于不间断业务的监视。在 SDH 帧结构的块状结构中,当块内任意比特发生差错时,我们就称该块是误块(EB)。

（1）误码性能度量参数

误块秒比（ESR）　当某一秒具有一个或多个误块，或至少有一种缺陷时，则该秒称为误块秒（ES）。在规定测量时间间隔内，出现的 ES 与总的可用时间（在测试时间内扣除其间的不可用时间）之比，称为误块秒比（ESR）。

严重误块秒比（SESR）　当某一秒内包含有不少于 30% 的误块或者至少出现一种缺陷时，则该秒称为严重误块秒（SES）。在规定测量时间间隔内，出现的 SES 数与总的可用时间之比称为严重误块秒比（SESR）。SESR 指标可以反映系统的抗干扰能力。它通常与环境条件和系统自身的抗干扰能力有关，而与速率关系不大，所以不同速率的 SESR 指标相同。

背景误块比（BBER）　扣除不可用时间和 SES 期间出现的误块后所剩下的误块，称为背景误块（BBE）。对一个确定的测试时间而言，在可用时间以内出现的 BBE 数与扣除不可用时间和 SES 期间所有块数后的总块数之比称为背景误块比（BBER）。

以上三种参数各有特点，ESR 适于度量零星误码，SESR 适于度量很大的突发性误码，而 BBER 则大体上反映了系统的背景误码。经验表明，上述 3 种参数中 SESR 最严，BBER 最松。大多数情况下，只要通道满足了 SESR 和 ESR 指标，BBER 指标也可以满足。

上述误码性能参数的评价中，都是在可用时间内的计算结果，因为只有在通道处于可用状态时才有意义。即扣除了不可用时间。可用时间是测试时间扣除其间的不可用时间，所谓的不可用时间，ITU-T 规定当连续 10s 都是 SES 时，不可用时间开始（即不可用时间包含这 10s）；当连 10s 都未检测到 SES 时，不可用时间结束（即不可用时间扣除这 10s）。

（2）误码性能规范

全程误码指标　由假设参考通道（HRP）模型可知，最长的假设参考数字通道为 27 500km，其全程端到端的误码特性应满足表 7-10 所示的要求。从参数定义可知，测量参数的准确性与测试时间有关，ITU-T 建议的测量时间为一个月。

表 7-10　高比特率全程 27 500km 通道端到端的误码特性规范要求

速率（Mb/s）	155.520	622.080	2488.320
ESR	0.16	待定	待定
SESR	0.002	0.002	0.002
BBER	2×10^{-4}	10^{-4}	10^{-4}

误码指标分配　为了将 27 500km 端到端光纤通信系统的指标，分配到更小的组成部分，G.826 采用了一种新分配方法，即在按区段分段的基础上结合按距离分配的方法。将全程分为国际部分和国内部分。

我国国内标准最长假设参考通道（ERP）为 6900km，按照 G.826 的分配策略，我国国内部分共分得 24.5% 的端到端指标。

国内网可分成两部分，即接入网和转接网（由长途网和中继网组成），转接网按距离线性分配直到再生段为止，即按规定每公里可以分得 G.826 规定的端到端指标的 0.0055%。实际系统设计指标和工程验收指标指标还要严格，一般为理论估计值的 1/10。因而，我国国内 420km、280km 和 50km 各类假设参考数字段（HRDS）的通道误码性能要求应满足表 7-11、表 7-12 和表 7-13 所示的数值。

表 7-11   420km HRDS 误码特性指标

速率(Mb/s)	155.520	622.080	2488.320
ESR	3.696×10^{-4}	待定	待定
SESR	4.62×10^{-6}	4.62×10^{-6}	4.62×10^{-6}
BBER	4.62×10^{-7}	2.31×10^{-7}	2.31×10^{-7}

表 7-12   280km HRDS 误码特性指标

速率(Mb/s)	155.520	622.080	2488.320
ESR	2.464×10^{-4}	待定	待定
SESR	3.08×10^{-6}	3.08×10^{-6}	3.08×10^{-6}
BBER	3.08×10^{-7}	1.54×10^{-7}	1.54×10^{-7}

表 7-13   50km HRDS 误码特性指标

速率(Mb/s)	155.520	622.080	2488.320
ESR	4.4×10^{-5}	待定	待定
SESR	5.5×10^{-7}	5.5×10^{-7}	5.5×10^{-7}
BBER	5.5×10^{-8}	2.75×10^{-8}	2.75×10^{-8}

2. 抖动性能

所谓数字信号的抖动一般指定时抖动,它是数字传输中的一种不稳定现象,即数字信号在传输过程中,脉冲在时间间隔上不再是等间隔的,而是随时间变化的一种现象。即接收脉冲与发送脉冲之间出现了 Δt_1, Δt_2, Δt_3,…的时间偏离,如图 7-17 所示。

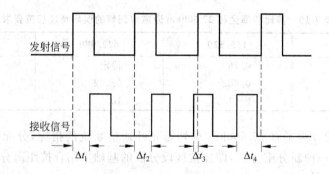

图 7-17   数字信号的抖动示意图

抖动产生的原因主要有:

① 由于噪声引起的抖动。例如,在逻辑电路中,当输入信号阶跃时,由于信号叠加了噪声,输入信号提前超过了逻辑电路的门限电平,使跃变信号提前发生,从而引起了抖动。

② 时钟恢复电路产生的抖动。在时钟恢复电路中有谐振放大器,如果谐振回路元件老化,初始调谐不准等因素可引起谐振频率的变化。这样,这种输出信号经时钟恢复电路限幅

整形恢复为时钟信号时就会出现抖动。

③ 其他原因引起的抖动。引起抖动还有其他原因,如数字系统的复接、分接过程,光缆的老化等。

不同码速的光纤通信系统允许的时间偏离是不同的,因此人们可以用光纤通信系统的单位时隙(UI)为单位表示抖动。当传输信号为 NRZ 码时,1UI 就是 1 比特信息所占用的时间,它在数值上等于传输速率的倒数,即

$$UI = \frac{1}{f_b} \tag{7-15}$$

不同的码速率,1UI 的时间是不同的,如:基群码速率 2.048Mb/s,1UI 的时间为 488ns;四次群的码速率 139.264Mb/s,1UI 的时间为 7.18ns。可见不同的码速率,1UI 的时间相差非常大,一般用抖动占 UI 的相对值来表示。

由于抖动难以完全消除,抖动会引起误码率的增加。为保证整个系统正常工作,根据 ITU-T 建议和我国国标,抖动的性能参数主要有以下 3 个。

① 输入抖动容限。光纤通信系统各次群的输入接口必须容许输入信号含有一定的抖动,系统容许的输入信号的最大抖动范围称为输入抖动容限。

② 输出抖动。当系统无输入抖动时,系统输出口的抖动性能。

③ 抖动转移特性。抖动转移也称为抖动传递,它定义为系统输出信号的抖动与输入信号中具有对应频率的抖动之比。

关于上面 3 个参数的要求和性能测试,ITU-T 建议有相关的规定,如输入抖动容限的测试方法为,用正弦低频信号发生器调制伪随机码,改变正弦低频信号发生器的频率和幅度,使光端机的输入信号产生抖动。固定一个低频信号的频率,加大其幅度,直到产生误码,用抖动测试仪测出此时的抖动值即是输入抖动容限。

7.6　光纤通信系统设计

1. 系统设计的任务

光纤通信系统是非常复杂的,与新技术的开发不同,任何系统设计都是针对实用化的系统进行的。系统设计的任务是遵循 ITU-T 建议规范,明确系统的全部技术参数,以技术先进性与通信成本经济性的统一为准则,合理选用器件和子系统,完成实用系统的合成。

系统设计需要了解光纤、光器件的所有特性,还需要理解高速工作状态下的各种效应和 ITU-T 建议规范文件,灵活地运用衰减补偿、色散补偿、信道间隔等各种技术。系统设计与工程设计的任务有所不同,工程设计是在系统设计的基础上,完成工程建设中详细的经费概预算,设备和线路的具体安装细节等,而系统设计是系统总体的经济性和技术的可行性,虽然两者的任务有所不同,但是它们相辅相成,是有机的统一。

2. 系统设计

一个光纤通信系统的设计,需要考虑许多问题,如:当前和未来的需求,设备的技术性和经济性,ITU-T 的各项建议和系统的各项指标。弄清上面情况后,需要对下面问题具体考虑。

(1) 选择路由,设置局站

对于所要设计的系统,首先要在源宿两个终端站之间选择最合理的路由、设置中继站(或转接站和分路站)。路由一般以直、近为选择的依据,同时应考虑不同级别线路(例如一级干线和二级干线)的配合,以达到最高的线路利用效率和覆盖面积。

中间站(中继站、转接站和分路站)的设置既要考虑上下话路的需要,又要考虑信号放大、再生的需要。由于光纤通道的衰减和色散使传输距离受限,需要在适当的距离上设置光再生器以恢复信号的幅度和波形,从而实现长距离传输的目的。

传统的 O-E-O 式再生器具有所谓的 3R 功能,即再整形(Reshaping)、再定时(Retiming)和再生(Regenerating)功能。这种再生器相当于光接收机和光发射机的组合,设备较复杂、成本高、耗电大。目前,在 $1.55\mu m$ 波段运行的系统,已普遍采用掺铒光纤放大器(EDFA)代替传统的 O-E-O 再生器。虽然国际上也在研究具备 3R 功能的 EDFA,但目前实用的 EDFA 只具备光放大的功能。因此,对高速率、长距离光纤通信系统,当使用级联 EDFA 时,需考虑对色散的补偿和对放大的自发辐射(ASE)噪声的抑制。

(2) 确定系统的容量

20 世纪 90 年代中期,SDH 设备已经成熟并在通信网中大量使用,考虑到 SDH 设备良好的兼容性和组网的灵活性,新建设的长途干线和大城市的市话通信一般都应选择 SDH 设备,长途干线已采用 STM-16、多路波分复用的 2.5Gb/s 系统、甚至 10Gb/s 系统。

还要考虑是否应用波分复用技术。

(3) 光纤选型

目前可选择的光纤类型有 G.652 光纤、G.653 光纤、G.654 光纤、G.655 光纤以及特种光纤。

① G.652 光纤　G.652 光纤为常规单模光纤,是目前最常用的光纤,在 1310nm 波段工作性能最佳。但这种光纤工作在 1550nm 波段时,有 20ps/(km·nm)左右的色散,限制了高速率系统的传输距离,但在低速系统也在采用。这种光纤设计简单、工艺成熟、成本低,因而目前大量敷设。

② G.653 光纤　G.653 光纤是色散位移单模光纤,它是通过改变光纤的结构参数和折射率分布来加大波导色散,从而使零色散波长从 1310nm 附近移动到 1550nm 附近,在 1550nm 处损耗和色散同时达到最小,只能工作在 1550nm 波段。对光波分复用系统,非线性效应很严重,其中四波混频效应最为严重,限制了它的使用,因为目前新建或改建的大容量光纤通信系统均为光波分复用系统。

③ G.654 光纤　G.654 光纤是截止波长位移单模光纤,在 1550nm 波长处损耗极小,多用于长距离海底系统。

④ G.655 光纤　G.655 光纤是非零色散位移单模光纤,它是为波分复用系统而设计,通过改变折射率结构的方法,使得在 1550nm 附近的色散不为零,从而解决 G.653 使用在

DWDM 系统出现的四波混频等非线性效应问题。

　　ITU-T 关于光纤的主要规范如表 7-14 所示,系统设计者可根据系统的具体情况和需要选择适当的光纤类型和工作波长。

表 7-14　ITU-T 关于光纤的主要规范

光纤种类		常规单模光纤	色散位移单模光纤	截止波长位移单模光纤	非零色散位移单模光纤
型号		G. 652	G. 653	G. 654	G. 655
模场直径(μm)					
截止波长(μm)					
衰减系数(dB/km)	1310nm	0.35~0.45			
	1550nm	0.20~0.28	0.19~0.25	0.15~0.19	0.19~0.25
色散系数(ps/nm · km)	1310nm	3.5			
	1550nm	20	3.5	20	0.1~6.0

　　(4) 选择合适的设备,核实设备的性能指标

　　发送、接收、中继、分插及交叉连接设备是组成光纤传输链路的必要元素,选择性能好、可靠性高、兼容性好的设备是设计成功的重要保障。目前,ITU-T 已对各种速率等级的 PDH 和 SDH 设备(发送机 S 点和接收机 R 点)和 SR 点通道特性进行了规范,系统设计者应熟悉所设计的系统的各项指标,并以 ITU-T 的建议和我国的国标作为系统设计的依据。

　　(5) 光接口规范

　　制定光光接口规范的目的,光纤通信系统非常复杂,制定相应的规范可以使系统设计的计算量小,设计相对容易;便于系统应用时兼容不同厂家的产品;给系统升级留有余地;高速光纤通信产品的种类相对减少了,对器件和子系统的生产和研究有力。

　　光接口分类与应用代码见表 7-15～表 7-17。

表 7-15　普通光接口分类与应用代码

应 用		局内	局　　间				
			短距离		长距离		
光源标称波长/nm		1310	1310	1550	1310	1550	1550
光纤类型		G. 652	G. 652	G. 652	G. 652	G. 652 G. 654	G. 653
目标距离/km		小于等于 2	15 (STM-64 为 20)		40	80	
STM 等级	STM-1	I-1	S-1.1	S-1.2	L-1.1	L-1.2	L-1.3
	STM-4	I-4	S-4.1	S-4.2	L-4.1	L-4.2	L-4.3
	STM-16	I-16	S-16.1	S-16.2	L-16.1	L-16.2	L-16.3
	STM-64	I-64	S-64.1	S-64.2	L-64.1	L-64.2	L-64.3

表 7-16　1A/G.691 光接口分类与应用代码

应用	甚短距离和局间通信						
光源标称波长/nm	1310	1310	1310	1550	1550	1550	1550
光纤类型	G.652	G.652	G.652	G.652	G.652	G.653	G.655
目标距离/km	ffs	0.6	2	2	25	25	25
STM-64 应用代码	VSR-64.1	I-64.1r	I-64.1	I-64.2r	I-64.2	I-64.3	I-64.5
目标距离/km	ffs	ffs	ffs	ffs	ffs	ffs	ffs
STM-256 应用代码	ffs	ffs	ffs	ffs	I-256.2	ffs	ffs

应用	短　距　离				长　距　离		
光源标称波长/nm	1310	1550	1550	1550	1310	1550	1550
光纤类型	G.652	G.652	G.653	G.655	G.652	G.652	G.653
目标距离/km	20	40	40	40	40	80	80
STM-64 应用代码	S-64.1	S-64.2	S-64.3	S-64.5	L-64.1	L-64.2	L-64.3
目标距离/km		40	40			80	80
STM-256 应用代码	ffs	S-256.2	S-256.3	ffs	ffs	L-256.2	L-256.3

表 7-17　1B/G.691 光接口分类与应用代码

应用		局　　间				
		甚长距离			超长距离	
光源标称波长/nm		1310	1550	1550	1550	1550
光纤类型		G.652	G.652	G.653	G.652	G.653
目标距离/km		60	120	120	160	160
STM 等级	STM-4	V-4.1	V-4.2	V-4.3	U-4.2	U-4.3
	STM-16		V-16.2	V-16.3	U-16.2	U-16.3
	STM-64		V-64.2	V-64.3		
	STM-256	ffs	ffs	ffs		

　　以上给出的光接口分类与应用代码,其相应的光接口参数规范在 ITU-T 的文件中给出,这里不再全部列出。

3. 核算

　　(1) 对中继段进行功率和色散预算

　　功率预算和色散预算是保证系统工作在良好状态下所必需的,所以对中继段进行功率和色散预算是十分必要的,功率预算和色散估算按照上节的方法进行估算。

　　(2) 通路光功率代价核算和光缆线路富余度

　　通路光功率代价 P_d 指的是光通道的色散代价,一般认为,对于多数低色散系统,可以容忍的最大色散代价为 1dB;对于少数高色散系统,允许 2dB 的色散功率代价。系统设计者根据允许的光通道代价,对不同速率的系统提出光通道值及光源谱线宽的指标。

通路光功率代价 P_d 与色散引起的光信号相对展宽因子 ε 有关

$$\Delta\tau/T_b = DL\,\Delta\lambda f_b \tag{7-16}$$

通常认为光信号的频谱为高斯分布，$\Delta\lambda$ 可用光谱的均方根谱宽 σ 表示，则

$$\Delta\tau = k\sigma \tag{7-17}$$

$$\Delta\tau/T_b = k\varepsilon \tag{7-18}$$

式中 ε 称为相对展宽因子。

通路光功率代价 P_d 的影响因素很多，主要有码间干扰功率代价、模分配噪声代价、频率啁啾代价等。

(1) 码间干扰功率代价的核算

码间干扰功率代价的核算公式为

$$P_{ISI} = 5\lg(1 + 2\pi\varepsilon^2) \tag{7-19}$$

(2) 模分配噪声功率代价的核算

它是由于多纵模激光器和光纤色散相结合产生的系统损伤，由模分配噪声产生的等效功率代价

$$P_{MPN} = -10\lg\{1 - 0.5[kQ(1 - e^{\pi^2\varepsilon^2})]^2\}(1 + 2\pi\varepsilon^2) \tag{7-20}$$

式 (7-20) 中：Q 为接收机灵敏度高斯近似计算的积分参量，当 BER$=1\times10^{10}$ 时，$Q=6.365$；k 是多模激光器模分配噪声性能的参数，其大小与激光器的结构有关；F-P 腔激光器的 k 值范围为 $0.3\sim0.7$，DFB 激光器的边模抑制比很高，k 值范围小于 0.015，模分配噪声代价可以忽略。

(3) 频率啁啾功率代价的核算

单纵模激光器工作于直接调制状态时，由于注入电流的变化引起有源区载流子浓度变化，进而使有源区折射率发生变化。结果导致谐振波长随着时间偏移，产生频率啁啾 (chirping)。由于光纤的色散作用，频率啁啾造成光脉冲波形展宽，影响到接收机的灵敏度。外调制器引起的频率啁啾远小于直接调制频率啁啾。

频率啁啾的功率代价 P_c 这里暂不给出，但频率啁啾的功率代价 P_c 与距离 L 有关，在长距离系统 P_c 很大。

光缆线路富余度 M_c 包括：

(1) 将来光缆线路配置的修改，例如附加的光纤接头、光缆长度的增加等，一般长途通信按 $0.05\sim0.1$dB/km 考虑。

(2) 环境因素可以使光缆性能发生变化，例如低温可以使光缆衰减增加。直埋方式可按 0.05dB/km 考虑，架空方式随具体环境和光缆设计而异。

(3) S-R 点之间光缆线路所包含的活动连接器和其他无源光器件的性能恶化。

ITU-T 并没有对光缆富余进行统一规范，各国电信部门可根据所用的光缆性质、环境情况和经验自行确定。对我国长途传输，M_c 可选用 $0.05\sim0.1$dB/km；对于市内局间中继和接入网则常用 $0.1\sim0.2$dB/km，或以 $3\sim5$dB 范围内的固定值给出。我国光接入网标准规定，传输距离小于 5km 时富余度不少于 1dB；传输距离 $5\sim10$km 时，富余度不少于 2dB；传输距离大于 10km 时，富余度不少于 3dB。

7.7　光纤通信工程概述

光纤通信系统工程包括工程设计、工程施工、工程验收三个阶段。

(1) 工程设计是光纤通信系统设计基础上的具体化,工程建设中的详细的经费概预算,设备和线路的具体工程安装细节则是工程设计的主要任务。

(2) 工程施工主要包括光缆线路的施工和设备的安装。它直接关系到整个系统是否能正常运行。

(3) 工程验收就是对整个光纤通信系统进行测试,测试结果与系统的许多因素有关,测试结果的优劣直接影响系统能否正常地稳定地工作。

下面重点介绍工程施工,工程施工包括光缆线路施工和端机设备安装施工。

1. 光缆线路的敷设

光缆的敷设方式有直埋方式、管道方式和架空方式,一般应满足下列基本要求。

- 由于光缆的纤芯很细,光纤的弯曲甚至微弯均会引起附加损耗,故此通常要求缆弯曲半径不得小于光缆外径的 15 倍,施工过程中的弯曲不得小于 20 倍。因而在光缆布放时,为了减少光缆由于弯曲、扭转所带来的损耗,必须使光缆保持松弛弧形,从缆盘上方放出,同时在光缆放线过程中,应尽量保持无扭转状态。

- 虽然光缆中有承受引力的加强件,但由于光缆本身的抗张力弱,因此布放光缆时的牵引力,不应该超过光缆允许张力的 80%,同时为了防止在牵引过程中扭转损伤光缆,必须采取一定的保护措施。例如,在牵引端头与牵引索之间加入转环。

- 当采用机械牵引方式时,应考虑到地形条件、牵引张力等因素的影响,并通过调节牵引速度来完成。

- 每当光缆布放完毕之后,应全面检查光缆状况,特别要使光缆端头做到密封、防潮。

不同的敷设方式,技术要求会有所不同,必须按照技术规程操作。

(1) 架空光缆敷设方式

由于光缆的架空敷设具有作业方便、技术成熟的优点,特别是利用现有的架空明线杆路,使得施工工作量相对较小和施工费用降低,因此其工程进展速度相当快。在进行施工时应注意以下几个方面的问题。

① 在光缆的架设过程中,首先应根据光缆结构及架挂方式,准确计算架空光缆垂度,并由此反复核算光缆的伸长率,以确保光缆的伸长率处于规定的范围之内。

② 当在长途架空明线杆路上架挂光缆时,还要注意保证光缆与地面的隔距要求。最好将光缆及吊线架挂在第二层的位置。这样,一方面可以确保光缆的架设具有一定的高度,另一方面,还可以减小钢吊线和光缆对明线回路造成的第三回路串音影响。

③ 为了保证架空光缆的施工以及日常维护人员高空作业的安全,一般架空光缆采用不小于 7/2.2 的钢绞线作为悬挂光缆的吊线,另外,还考虑到杆路中明线、吊线、光缆以及电杆本身有风压和冰凌条件下所引起的最大负载(或负荷),取 3~3.5 的安全系数即可。

④ 在中等负荷区或重负荷区布放架空光缆时,除了考虑上述因素之外,还应在每杆作

预留处理(即在架挂处多留一段光缆以备急需之用)。即使在轻负荷区,也要每隔 3~5 杆作一处预留。

(2) 管道光缆敷设方式

管道敷设是将光缆放入管道内,使得管道与光缆之间有一定的空间,对外力冲击具有抵御和缓解的作用,因而在敷设时,应注意下列事项。

① 在进行管道设计时,应考虑到远期扩容的需要,预先留有适当的孔道,因而光缆敷设前应按设计要求核对光缆占用管孔的位置。通常在同路由上选用一致的孔位。

② 一段光缆旋转在塑料子管内,这样通过布放塑料子管,可以避免光缆布放时与管道的直接摩擦,而且对光缆而言,也可以起到保护作用。

③ 在光缆的布放过程中,通常要求在布放的塑料子管的管孔,采取一定的措施来固定子管。有时,还要求在同一管孔内,布放两根以上的塑料子管,此时应先将它们捆绑在一起,同时加以标志,以便连接时加以区分。当布放完毕之后,还应将管口封闭好。

④ 通常一段子管道的长度,不宜超过 300m,而光缆一次牵引长度一般不大于 1000m。当超长时,可以采取相应的措施,如盘 S 字分段牵引或中间加辅助牵引,决不允许切断光缆。

⑤ 光缆布放完毕后,要全面检查光缆并且采用蛇形软管(或塑料管)加以保护,并一同固定在电缆托板上,对于严寒地区,则要求采取防冻措施,防止光缆损伤。

(3) 直埋光缆敷设方式

所谓直埋光缆方式就是指通过挖沟开槽,将光缆直接埋入地下,因而,在施工时,应注意:

① 光缆的深度与其他建筑物以及地下管线之间的距离应满足表 7-18 和表 7-19 中的规定,当光缆埋深小于表 7-18 相应情况下标准埋深的 2/3 时,应将光缆下落加深或采取必要的加固措施,同样,当在光缆路由的上面,新填入超过原光缆标准 1m 以上永久性土方时,必须将光缆上移,并给予加固。

② 光缆应尽量布放成直线,以减小弯曲损耗,因此光缆沟以及两转弯点间的光缆沟都要使其保持直接状况。一般要求与中心的偏差不得大于 ±50cm。如果遇到障碍物,可以绕开,但最终应回到原直线位置,否则将按转弯处理。

③ 对不同地质,光缆沟有所差异,但一般要求其上宽为 60cm,下底为 30cm,在布放光缆的沟底处,要求平稳无碎石,因此对于石质或半石质沟底要求加铺 10cm 厚的土或沙土。

表 7-18　直埋光缆埋深表

敷设地段及土质	埋深/m	备　　注
普通土(硬土)	≥1.2	
半石质(沙砾土、风化石)	≥1.0	
全石质	≥0.8	从沟底加垫 10 cm 细土或砂土的上面起算
泥沙	≥0.8	距道碴或路面
市郊、村镇	≥1.2	
市区人行道	≥1.0	
穿越铁路、公路	≥1.2	
沟渠、水塘	≥1.2	
农田的排水沟(沟宽 1m 以内)	≥0.8	

表 7-19　直埋光缆与其他建筑物的最小净距表

名　　称		最小净距（平行时）/m	最小净距（交越时）/m
市话管道边线（不包括人孔）		0.75	0.25
非同沟直埋通信电缆		0.5	0.5
埋式电力电缆	35kV 以下	0.5	0.5
	35kV 以上	2.0	0.5
给水管	管径小于 30cm	0.5	0.5
	管径为 30～50cm	1.0	0.5
	管径大于 50cm	1.5	0.5
高压石油天然气管		10.0	0.5
热力下水管		1.0	0.5
煤气管	压力小于 3×10^5 Pa	1.0	0.5
	压力为 $3 \times 10^5 \sim 8 \times 10^5$ Pa	2.0	0.5
排水管		0.8	0.5
房屋建筑物红线（或基础）		1.0	
树木	市内、村镇大树、果树、路旁树木	0.75	
	市外大树	2.0	
水井、坟墓		3.0	
粪坑、积肥池、沼气池、氨水池等		3.0	

注：采用钢管保护时与水管、煤气管、石油管交叉跨越的净距可降为0.15m。

④ 如光缆敷设处存在坡度大于 20°的斜坡，长度在 30m 或 30m 以上时，应按设计要求采取必要的保护措施，如采取"S"形敷设方式。如果同沟敷设的光缆不止一条，则可以采用同时布放方式，将光缆平放于沟底。但它们不得交叉、重叠，不得腾空和拱起，因此布放过程中和结束后，应及时检查光缆外皮以及光缆护层对地的绝缘电阻。

⑤ 当光缆敷设完成需要回填土时，先要回填 15cm 厚的碎土或细土，绝对禁止出现将石块、砖瓦等一并倒入沟中的现象，最终的回填土要求达到高出地面的 10cm。

（4）水底光缆的敷设

因为是将光缆布放于河底或海底，因而受其环境所难，必须根据河底土质、河宽、水深、流速以及现场条件，采用适当的施工方法来达到设计要求。

① 按照设计文件要求，依据具体环境条件确定水底光缆的埋深。一般对于水深不足 8m 的河段，如果其河床土质松软，不稳定，则要求埋深不小于 1.5m；如果河床土质坚硬、牢固，则要求埋深不小于 1.2m。而对于水深超过 8m 的河段，通常可将光缆直接布放于河底不加掩埋。

② 当敷设水底光缆的区域，水深不足 8m 时，需要根据其地质条件开沟。对于石质、半石质区域，首先要在沟底填 10～20cm 的细土或沙土。当布放光缆结束之后，再回填碎土或沙土，而对于那些地质条件不稳定地段，如受洪水冲刷的河岸以及船只靠岸地带，除去光缆

上加填碎土和沙土外,应加盖水泥板或水泥沙袋以做保护。特别对于坡度大于 30°的岸滩,应按设计要求进行加固处理,因此水底光缆最好伸出堤外或岸边 50m。

　　③ 由于河流、水域,都有船只通行,而船只所抛的锚,如果碰到水底光缆时,便会对光缆造成严重的损伤,甚至中断通信,因此必须严格地把水底光缆敷设区划定为禁抛锚区。因而在水线未敷设前,就应该首先将水线标志牌安装在确定的位置上。

2. 光缆的接续

　　光缆的接续有固定接续和活动接续两种。固定接续多用于光缆线路上。活动连接是一种可以拆卸的接续,一般用于机与线或机与机之间的连接,以便于机线调测。

　　一般光缆接续包括:光纤接续、铜导线、铝护层和加强芯的连接,接头套管的封装以及接头保护的安装等项内容,因而接续时应注意:

　　(1) 因为在光缆接头处,任何灰尘、杂质均会影响接头质量,因此必须严格规定进行光缆连接的工作条件。一般接续工作要求都在工程车内或有遮盖物的环境中进行,严禁露天作业。同时,进行光缆连接的工具以及连接部位必须保持清洁。对填充型光缆,接续时要求采用清洁剂除去填充物,严禁使用汽油作为代用品。

　　(2) 在进行连接时,首先应按照接头盒的工艺尺寸要求,剥去光缆外层,对于填充型光缆而言,采用清洁剂清除其填充物,然后使用特定工具去除一次涂层和处理端面,此后再进行连接。

　　(3) 在光纤连接全过程中,全面实行质量监测,即随时测量接头损耗状况。当采用熔接时,光纤熔接完成后仍要检查接头损耗,如果过大,则必须断开,重新进行连接。

　　(4) 当光缆中全部光纤连接完成后,应按接头盒的结构和工艺要求,将余纤盘在骨架上,使接头部分平直不受力,并要求盘绕方向一致,盘绕的曲率半径满足要求。当盘绕结束之后,应用海绵等缓冲材料压住光纤形成保护套,并放入接头盒中,最后将整个接头盒封装,防止光纤受潮。

3. 端机设备的安装

(1) 端机设备安装的规则

安装端机设备的规则有以下四项内容:

- 必须遵守相关施工规范和施工技术规定的要求。
- 必须按图纸施工,在施工前要认真查阅施工图设计文件,充分了解和理解施工图纸及设计说明后方能施工。
- 对须安装调测的设备,在施工前应充分了解其技术性能及调测方法,做到心中有数。
- 严格遵照施工程序施工,注意设备、器材、特别是人身的安全,避免造成不必要的损失。

(2) 端机与机架设备的安装

机房机架安装要求与其他通信工程一样,除了安装位置必须符合平面设计图要求外,还应注意下列问题:

- 机架的立柱应垂直,上梁应水平,对墙壁的支持要牢固。
- 采用槽道方式的列架,槽道的安装要注意平衡,不能出现向一面倾斜的现象。

- 如果在原有列架上安装设备,要注意核对安装机架的机位,保证正确无误。
- 在机架安装时,除注意不要放错机位外,安装时须注意机架一定要与地面垂直,机面要与列架面摆平,机架间的距离要按图纸调整好,每架间的缝隙要一致、均匀。

(3) 机房内的缆线布放

在一个机房里,缆和线的布放是必不可少的,在布放中,应注意如下内容:

- 缆和线的布放要分类依次一次完成,以免出现差错,特别是在布放电源线时,要先将各机架的电源线布放完毕后,再布放其他缆或线。在布放音频电缆时,首先要将所有音频电缆一次布完,再进行高频电缆的布放。电缆布放要整齐、顺直,不得互相缠绕,溢出槽道。应该指出,电源线与信号电缆应分离。
- 焊接、绕接缆或线时,要看清图纸,不能接错端子,焊点要光滑、可靠,不得有虚焊、冷焊、漏焊。所有插头、插座的制作要符合工艺要求,牢固耐用,以免造成电缆与插头脱落成短路的现象。
- 注意核对所有布放电缆的阻抗,看其是否符合设计要求。

(4) 设备维护

设备维护内容是指在保证设备的正常工作的同时,利用监控系统和设备自身的告警指示等维护手段,判断故障性质、故障的位置,并进行正确的处理,在尽可能短的时间内使系统恢复到正常工作状态。

小结

1. 数字光纤通信系统

了解 IM-DD 数字光纤通信系统的构成。

还需要解决语音、视频等模拟信号的转换问题,这通过 PCM 端机实现。

低速数字信号如何复用成高速数字信号,这就需要分析光纤系统的数字体系。

还需要考虑光纤通信的线路码性问题。

还需要解决光信号传输问题,这就要分析对光纤通信系统的限制因素。

除此之外还要考虑的下面介绍光中继器、监视控制系统和辅助与备用系统等等问题。

2. 同步数字体系

同步数字体系(SDH)具有非常大的优越性,它是模块化同步传输,SDH 的帧结构分为三个主要区域:段开销、信息净负荷、管理单元指针。

了解 SDH 复用映射结构。

3. 光纤通信的线路码型

选择线路码型应满的主要要求,光纤通信的线路码型主要有分组码、伪双极性码、插入比特码,SDH 系统还广泛使用加扰二进码。

分组码(mBnB 码)是把输入信码流每 m 比特码分为一组然后变换为 n 比特($n > m$)

输出。

伪双极性码是使用的伪双极性码是用"11"和"00"来代表双极性码中的 +1 和 -1。

插入比特码是将信码流中每 m 比特划为一组,然后在一组的末尾一位之后插入一个比特码输出。

加扰二进码改变了原来的码序列并改善了码流的一些特性。

4. 损耗和色散对系统的限制

光纤通信系统受光纤损耗的限制,中继距离的估算一般采用 ITU-T G.956 所建议的极限值设计法。

$$L = \frac{P_T - P_R - A_{CT} - A_{CR} - P_d - M_E}{A_f + A_s/L_f + M_C}$$

式中

$$A_f = \sum_{i=1}^{n} \alpha_{fi}/n$$

$$A_s = \sum_{i=1}^{n-1} \alpha_{Si}/(n-1)$$

色散会使系统性能参数恶化,有光纤色度色散、模分配噪声、频率啁啾等。光纤色度色散的距离积累影响最为严重。色散受限距离的简明估计公式为

$$L = \frac{0.3154 \times 10^6}{D_{max} \Delta\lambda_{3dB} f_b}$$

5. 光纤通信系统的性能指标

系统最主要的两大性能参数,误码性能和抖动性能。

系统的误码性能是衡量系统优劣的一个非常重要的指标,它反映数字信息在传输过程中受到损伤的程度。长期平均误码率是在实际测量中,长时间测量的误码数目与传送的总码元数之比。反映系统是否有突发性、成群的误码存在。还需引入有严重误码秒(SES)和误码秒(ES)两个指标。

在 SDH 系统用误块秒比(ESR)、严重误块秒(SES)、背景误块比(BBER)等指标来评价。

了解误码性能规范。

抖动是数字传输中的一种不稳定现象,为保证整个系统正常工作,根据 ITU-T 建议和我国国标,抖动的性能参数主要有输入抖动、输出抖动容限、抖动转移特性。

6. 光纤通信系统的设计

了解光纤通信系统的任务和设计时应考虑的主要问题。

了解光纤通信系统设计的一般方法和光接口规范。

7. 光纤通信工程

光纤通信工程主要包括光缆线路工程和设备安装两个部分。

一般大中型光纤通信工程要先期进行工程规划,然后进行工程设计、工程施工、工程验收投产。

了解光纤通信工程的各种问题。

习题

7-1 填空题

(1) 利用光纤传输监控信号有两种方式:_____和_____。

(2) mBnB 码又称_____,它是把_____。

(3) 光纤通信系统的长期平均误码率应小于_____,突发性误码用_____、_____和_____三个性能指标来评价。

(4) 在数字光纤通信系统中,抖动将引起_____的增加。

(5) SDH 网有一套标准化的信息等级结构称为_____。

(6) 根据 ITU-T 的建议,码速率分别为:STM-1 _____ Mb/s,STM-16 _____ Mb/s。

(7) SDH 帧结构中的管理单元指针的位置在_____。

(8) 二次群的码速率为 8.448Mb/s,1UT 的时间为_____。

7-2 试画出 IM-DD 光纤通信系统结构框图。

7-3 选择线路码型应满足的主要要求是什么?

7-4 什么是插入比特码,插入码的类型有几种?

7-5 产生抖动的主要原因有哪些?

7-6 什么是分组码? 经过这种编码线路上的速率提高了多少?

7-7 一个光纤通信系统,它的码速率为 622.080Mb/s,光纤损耗为 0.1dB/km,有五个接头,平均每个接头损耗为 0.2dB,光源的入纤功率为 -3dBm,接收机灵敏度为 -56dBm(BER=10^{-10}),试估算最大中继距离。

7-8 光纤色散对系统性能参数有什么影响,比较重要的有哪三类?

7-9 试画出 SDH 帧结构图。

7-10 画图说明我国的 SDH 复用结构。

第8章 系统性能的提高

通信容量的大小通常用 BL 积表示，B 为比特率，L 为通信距离。BL 积越大，通信容量越大。采用光放大技术将会增加通信距离。SDH 技术是利用电信号的时分复用技术使通信容量极大提高了，但是对于高速光纤系统，随着通信距离增加和传输速率的加大，色散将急剧加大，采用色散补偿技术对光信号进行处理，通信容量将会更上一个新台阶。

电信号的时分复用技术已经接近极限，但是在光纤中可以传输多个信道，这就是光多信道复用技术，其中最成功的应用是光波分复用技术。

所以本章重点介绍光放大技术、色散补偿技术和光多信道复用技术，在光多信道复用技术中重点介绍光波分复用技术。此外还将介绍一些其他新技术。

8.1 光放大器及其工作性能

1. 光放大器的发展与应用

光放大器的发展最早可追溯到 1923 年 A·斯梅卡尔预示的自发喇曼散射。而后科学家在半个世纪的时间做了大量研究，1986 年南安普敦大学同时制成掺铒光纤放大器（EDFA），1989 年现安捷伦科技有限公司制成首件半导体光放大器（Semi-conductor Optical Amplifier，SOA）产品。1989 年分子光电子公司和蒂姆光子学公司制成首件掺铒波导放大器（Erbium Doped Waveguide Amplifier，EDWA）产品。在 1999 年 10 月举办的日内瓦电信展览会上，朗讯公司展示了一种喇曼放大系统。2001 年光纤喇曼放大器（Fiber Raman Amplifier，FRA）得以更广泛的应用。

光纤的传输距离受限于光纤的损耗和色散影响，延长通信距离的方法是采用中继器，目前大量应用的是光-电-光中继方式。这种方式前面已经介绍，它是将光信号转换为电信号，在电信号上进行放大、再生、再定时等信息处理后，再将信号转换为光信号经光纤传送出去。光-电-光中继器需要光接收机和光发送机来分别完成光电变换和电光变换，设备复杂，维护运转不便，而且随着光纤通信的速率越来越高，这种光电光中继器在整个光纤通信系统的成本越来越高，使得光纤通信的成本增加，性价比下降。利用 EDFA 可以解决这个问题，它使光信号在光域内直接进行放大而无须转换为电信号进行信息处理。

目前，光放大器在光纤通信系统最重要的应用就是促使了波分复用技术（Wavelength Division Multiplexing，WDM）走向实用化。波分复用技术就是在一根光纤上同时传输多个不同波长的光载波的通信技术。

光放大器促进了光接入网技术的蓬勃发展。随着社会和技术的发展，通信业务不仅仅限于电话，包括高清晰电视、多媒体通信、互联网、电子商务等业务开始走进千家万户，人们对信息的需求要求进入用户家庭的带宽越来越宽。只有光纤才能满足用户将来对带宽的潜在需求,这就是光接入网的产生背景,而光放大器可以补偿光信号由于分路而带来的损耗,以扩大本地网的网径以增加用户,最终实现光纤到桌面。

光放大器还将促进光孤子通信技术的实用化。光孤子通信是利用光纤的非线性来补偿光纤的色散作用的一种新型通信方式,当光纤的非线性和色散两者达到平衡时,光脉冲形状在传输的过程保持不变。需要在光纤传输线路中每隔一定的距离加上一个光放大器来补充线路功率损耗。此外,光放大器是未来全光通信网中不可缺少的重要器件,光放大器从线路上解决了光纤通信的无电再生中继问题,它还必将与层出不穷的新器件、新技术组合在一起,逐步实现光纤通信系统的全光化。

2. 光放大器的分类

光放大器按照工作原理可分为半导体光放大器和光纤放大器。

(1) 半导体光放大器(SOA)　它是由半导体材料制成的,如果在两端面根本不镀反射介质膜或者镀增透膜则形成行波型光放大,即变成没有反馈的半导体行波光放大器,它能适合不同波长的光放大。半导体激光器存在的主要问题是与光纤的耦合损耗比较大,放大器的增益受偏振影响较大,噪声及串扰较大。以上缺点使得它作为在线放大器使用受到了限制。

(2) 光纤放大器　光纤放大器主要包括非线性光纤放大器和掺杂光纤放大器两种。

非线性光纤放大器,是利用强的光源对光纤进行激发,使光纤产生非线性效应,在这种受激发的一段光纤的传输过程中得到放大。其中有受激喇曼散射(Stimulated Raman Scattering,SRS)光纤放大器、受激布里渊散射(Stimulated Brilliouin Scattering,SBS)光纤放大器和利用四波混频效应(FWM)的光放大器等。它的主要缺点是需要大功率的半导体激光器作泵浦源(约 $0.5 \sim 1W$),因而实用化受到了一定的限制。

掺杂光纤放大器是利用稀土金属离子作为激光工作物质的一种放大器。将激光工作物质掺与光纤芯子即成为掺杂光纤,在泵浦光的作用下可直接对某一波长的光信号进行放大。目前最成功的典型是掺铒光纤放大器,由于它具有一系列优点,因此近年来得到迅速发展,被广泛采用。

3. 光放大器的工作性能

大部分光放大器是通过受激辐射或受激散射原理实现对入射光信号的放大的,其机理与激光器完全相同,实际上光放大器在结构上是一个没有反馈或反馈较小的激光器。任何放大器的激活介质,当采用(电学或光学的)泵浦方法时,达到粒子数反转时就产生了光增益,即可实现光放大。光增益不仅与入射光频率(或波长)有关,也与放大器内部光束强度有关。

光增益与频率和强度的具体关系取决于放大器增益介质的特性。由激光原理可知,对于均匀展宽二能级系统模型,其增益系数为

$$g(\omega) = \frac{g_0}{1 + (\omega - \omega_0)^2 \tau_R^2 + P/P_s} \tag{8-1}$$

式(8-1)中: g_0 为增益峰值,与泵浦强度有关; ω 为入射光信号频率; ω_0 为原子跃迁频率; τ_R 为增益介质的偶极弛豫时间,一般为 $100ps \sim 1ns$; P 为被放大光信号的功率; P_s 为增益

介质的饱和功率。

光放大器的工作性能主要有放大器的增益与带宽、饱和输出功率、放大器噪声等。

（1）放大器的增益与带宽

功率增益系数定义为

$$G = \frac{P_o}{P_i} \tag{8-2}$$

式（8-2）中，P_i 为放大器的输入光功率；P_o 为放大器的输出光功率。

则长度为 L 的放大器的功率增益系数为

$$G(\omega) = \exp\left[g(\omega)L\right] \tag{8-3}$$

在小信号放大时，式（8-1）中的 $P/P_s \ll 1$，即忽略 P/P_s 项，此时的放大器的归一化功率增益系数 G/G_0 和增益介质的归一化增益系数 g/g_0 随归一化失谐 $(\omega-\omega_0)\tau_R$ 变化曲线如图8-1所示。

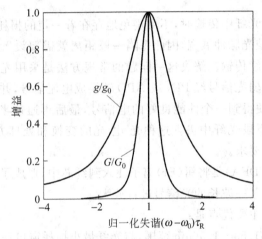

图 8-1　放大器的归一化功率增益系数和增益介质的归一化增益系数

增益系数为放大器带宽通常可以用增益带宽来替代，放大器带宽定义为 $G(\omega)$ 降至最大放大倍数一半（3dB）处的全宽度。

（2）饱和输出功率

由式（8-1），当 P 增大至可与 P_s 相比拟时，$g(\omega)$ 降低，放大系数 $G(\omega)$ 当然也降低，这种现象叫增益饱和。通常定义放大器增益降至最大信号增益的一半时的输出功率为放大器的饱和输出功率，用 P_{sout} 表示。可以推出放大器的饱和输出功率 P_{sout} 与增益介质的饱和功率 P_s 关系为

$$P_{sout} = \frac{G_0 \ln 2}{G_0 - 2} P_s \tag{8-4}$$

（3）放大器噪声

光信号经光放大器放大后信噪比下降，信噪比的劣化用噪声系数来表示，定义为输入信噪比 $(SNR)_i$ 与输出信噪比 $(SNR)_o$ 之比。即

$$F_n = \frac{(SNR)_i}{(SNR)_o} \tag{8-5}$$

光纤放大器的噪声主要来自它的放大自发辐射,它与放大的信号在光纤中一起传输、放大,降低了信号光的信噪比。

8.2　掺铒光纤放大器

1. 掺铒光纤放大器(EDFA)概述

扩大通信线路容量,而又要使其成本降至最低,WDM 是优先选择的方案之一。近年来,WDM 技术已经有很大突破,新的高水平的商用系统不断涌现。波分复用商用系统的最高速率已达 $40 \times 10\text{Gb/s}$。WDM 技术之所以发展十分迅速,得益于掺铒光纤放大器的研制成功和应用。迄今为止,几乎所有的 WDM 系统,不管是试验系统还是商用系统都使用了光纤放大器。

波分复用光信号在光纤中传输时,不可避免地存在着一定的损耗和色散,损耗导致光信号能量的降低,色散致使光脉冲展宽,因此每隔一段距离就需要设置一个中继器,以便对信号进行放大和再生后继续传输。解决这一问题的常规方法是采用光-电-光中继器。其工作原理是先将接收到的微弱光信号经 PIN 或 APD 转换成电流信号,并对此电信号实现放大、均衡、判决、再生等,以便得到一个性能良好的电信号,最后再通过半导体激光器(LD)完成电光转换,重新发送到下段光纤中去。这种光-电-光的变换和处理方式在一定程度上已满足不了现代电信传输的要求。

掺铒光纤放大器(EDFA)是将铒(Er)离子注入到纤芯中,形成了一种特殊光纤,它在泵浦光的作用下可直接对某一波长的光信号进行放大。

掺铒光纤放大器的主要优点是:

(1) 工作波长处在 $1.53 \sim 1.56 \mu\text{m}$ 范围,与光纤最小损耗窗口一致。

(2) 对掺铒光纤进行激励的泵浦功率低,仅需几十毫瓦,而喇曼放大器需 $0.5 \sim 1\text{W}$ 的泵浦源进行激励。

(3) 增益高、噪声低、输出功率大,它的增益可达 40dB,噪声系数可低至 $3 \sim 4\text{dB}$,输出功率可达 $14 \sim 20\text{dBm}$。

(4) 连接损耗低,因为它是光纤型放大器,因此与光纤连接比较容易,连接损耗可低至 0.1dB。

随着光纤放大器的实用化,越来越多地用在数字光纤传输系统中,它给原来的数字光纤传输系统带来了新的发展。主要表现在以下几个方面:

(1) 代替现有传输系统中的电再生中继器。目前的电再生中继器传输距离受光纤衰耗的限制,传输距离在几十公里范围内。采用光纤放大器后,可取消电中继器。

(2) 在海缆传输系统中,由于建设成本高,因而增大传输距离和减少中继器一直是海底光缆所要解决的难题。采用光纤放大器后,可使传输距离得以延伸,建设成本下降。

(3) 由于波分复用是多波长在一根纤芯上传输,要进行电再生中继,必须每个波长逐一进行,使电中继设备变得复杂,传输距离又受衰耗限制,造价较高。采用光纤放大器,可以把该波段内的所有波长的信号同时放大,即用同一个放大器对多个信道提供增益,并且增益不受信号偏振的影响,在高速率多信道的传输系统中不会产生串扰,在高速传输系统中也不会产生脉冲失真。因此光纤放大器是波分复用系统的关键部件,随着日益实用化,它的造价也将愈来愈低。

(4) 在波分复用系统中,波分复用器和解复用器有其不可克服的固有插入损耗,而且这种插入损耗会随着波分复用信道数的增加而急剧增加。在 WDM 系统的发送端用光纤放大器作功率放大器,可以补偿波分复用器的插入损耗,提高进入光纤线路的功率。在 WDM 系统的接收端,为补偿解复用器的插入损耗,提高接收机灵敏度等,也必须在解复用器之前配置光纤放大器作为前置放大。光纤放大器作为线路放大器时,可以补偿线路的损耗,使 WDM 的实现成为可能。

(5) 在光纤接入网中出现了 FTTH(光纤到家)、FTTO(光纤到办公室)、FTTB(光纤到楼)、FTTC(光纤到路边)等方式,其中应用范围最大的是 FTTH,其难度是光纤终端分支太多,对于无源网络而言,几次分支后,用户接收到的光功率就非常之低(分支每增加一倍,光功率下降 3dB),使得终端无法工作。采用光纤放大器后,发出的功率增大,经过多分支后,用户端仍能正常接收,这样 FTTH 的实现将成为可能。因此在接入网中实施 FTTH 是不能离开光纤放大器的。

2. 掺铒光纤为什么具有放大功能

铒(Er)是一种稀土元素,在制造光纤过程中,设法向其掺入一定量的三价铒离子(Er^{3+}),便形成了掺铒光纤,其能级图如图 8-2 所示。

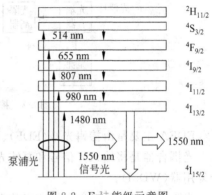

图 8-2　Er^{3+} 能级示意图

Er^{3+} 在未受任何光激励的情况下,处在最低能级(基态)$^4I_{15/2}$ 上,当泵浦光射入,铒粒子吸收泵浦光的能量,向高能级跃迁。泵浦光的波长不同,粒子所跃迁到的高能级也不同(见表 8-1)。

表 8-1　跃迁表

泵浦光波长/nm	跃迁能级	泵浦光波长/nm	跃迁能级
1480	$^4I_{15/2} \rightarrow ^4I_{13/2}$	807	$^4I_{15/2} \rightarrow ^4I_{9/2}$
980	$^4I_{15/2} \rightarrow ^4I_{11/2}$	655	$^4I_{15/2} \rightarrow ^4F_{9/2}$

例如 $^4I_{13/2}$ 能级分离成一个能带,铒粒子先跃迁到该能带的顶部,并迅速以非辐射跃迁的形式由泵浦态变至亚稳态(即 $^4I_{13/2}$ 能级),在该能级上,粒子有较长的存活时间,由于源源不断地进行泵浦,粒子数不断增加,从而实现了粒子数反转。当具有 1550nm 波长的光信号通过这段掺铒光纤时,亚稳态的粒子以受激辐射的形式跃迁到基态,并产生出和入射光信号中的光子一模一样的光子,从而大大增加了信号光中的光子数量,即实现了信号光在掺铒光纤的传输过程中不断被放大的功能,掺铒光纤放大器也由此得名。

在铒粒子受激辐射的过程中,有少部分粒子以自发辐射形式自己跃迁到基态,产生带宽极宽且杂乱无章的光子,并在传播中不断地得到放大,从而形成了自发辐射(Amplified

Spontaneous Emission, ASE)噪声,并消耗了部分泵浦功率。因此,需增设光滤波器,以降低 ASE 噪声对系统的影响。

目前,由于 980nm 和 1480nm 的泵浦效率高于其他波长的泵浦效率,因此得到了广泛的应用,并已完全商用化。

3. EDFA 的基本结构

EDFA 按照它的泵浦方式不同,有三种基本结构形式:同向泵浦结构、反向泵浦结构和双向泵浦结构。

(1)同向泵浦结构

输入光信号与泵浦光源输出光波,以同一方向注入掺铒光纤,如图 8-3 所示。

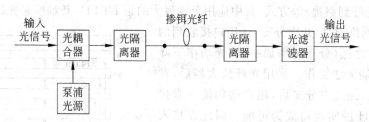

图 8-3　掺铒光纤放大器结构示意图

EDFA 主要是由掺铒光纤(EDF)、泵浦光源、光耦合器、光隔离器以及光滤波器等组成。

光耦合器是将输入光信号和泵浦光源输出的光波混合起来的无源光器件,一般采用波分复用器(WDM)。

光隔离器是防止反射光影响光放大器的工作稳定性,保证光信号只能正向传输的器件。

掺铒光纤是一段长度大约为 10～100m 的石英光纤,将稀土元素铒离子 Er^{3+} 注入到纤芯中,浓度约为 25mg/kg。

泵浦光源为半导体激光器,输出光功率约为 10～100mW,工作波长约为 0.98μm。

光滤波器的作用是滤除光放大器的噪声,降低噪声对系统的影响,提高系统的信噪比。

(2)反向泵浦结构

输入光信号与泵浦光源输出的光波,从相反方向注入掺铒光纤,如图 8-4 所示。

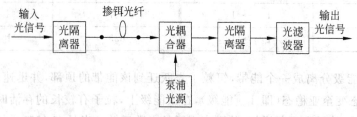

图 8-4　反向泵浦式掺铒光纤放大器结构

(3)双向泵浦结构

它有两个泵浦光源,其中一个泵浦光源输出的光波和输入光信号以同一方向注入掺铒光纤,另一个泵浦光源输出的光波从相反方向注入掺铒光纤,如图 8-5 所示。

从输出功率上来看,单泵浦的输出功率可达 14dBm,而双泵浦的输出功率可达 17dBm。

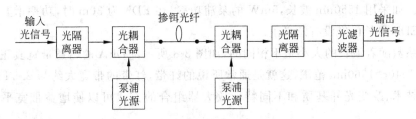

图 8-5　双向泵浦式掺铒光纤放大器结构

4. EDFA 的性能参数

EDFA 的性能当然也用放大器的增益与带宽、饱和输出功率、放大器噪声等参数来描述。

（1）放大器的增益与带宽

EDFA 的功率增益系数常用 dB 为单位来表示，定义为

$$G = 10\lg \frac{P_\text{o}}{P_\text{i}} \tag{8-6}$$

它表示了放大器的放大能力。功率增益系数的大小与泵浦功率以及光纤长度等诸因素有关。功率增益系数与掺铒光纤的长度和泵浦功率的关系曲线如图 8-6 和图 8-7 所示，它们是从速率方程推导得出的。

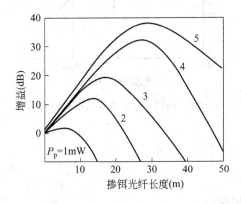

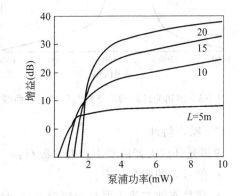

图 8-6　功率增益系数与掺铒光纤的　　　　图 8-7　功率增益系数与泵浦功率
　　　　长度关系曲线　　　　　　　　　　　　　关系曲线

从图 8-6 可以看出，对于给定泵浦功率，当光纤长度较短时，增益增加很快。而超过某一长度后，增益系数反而下降，这是因为随着长度的增加，光纤中的泵浦光功率下降，而且掺铒光纤的损耗远大于普通光纤的损耗从而导致增益系数下降，所以对不同的泵浦功率存在一个最佳光纤长度。

从图 8-7 可以看出，对于给定的掺铒光纤的长度，放大器增益系数先随泵浦功率按指数增长，当泵浦功率超过某一值时，增长变慢了，这是由于 EDF 中的铒离子数目是有限的，只要泵浦功率达到某一值，就可将大部分的铒离子泵浦到高能级上。

因此，在给定的掺铒光纤（EDF）的情况下，应选择合适的泵浦功率和光纤长度，以达到

最大增益。如采用 1550nm 波长，5mW 的泵浦功率，在 EDF 为 30m 时，功率增益系数可达到 30dB，EDF 再长已经没有意义了。

增益系数随着波长的大小是不相同的，如图 8-8 所示，EDFA 的增益带宽真正平坦的区间大致在 1540～1560nm 范围，这就是通常所说的红带，红带的带宽大约为 2.5THz。通过增益均衡技术、改变光纤基质和不同特性放大器组合的方式可以使增益带宽平坦的区间加大。

（2）输出功率特性

当输入功率增加到一定程度时，导致功率增益饱和，输出功率趋于平稳。

掺铒光纤放大器的最大输出功率常用 3dB 饱和输出功率来表示。如图 8-9 所示，当饱和增益下降 3dB 时所对应的输出功率值为 3dB 饱和输出功率。它代表了掺铒光纤放大器的最大输出能力。

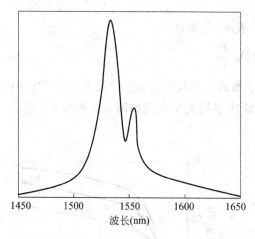

图 8-8 掺铒光纤的增益系数与波长关系曲线

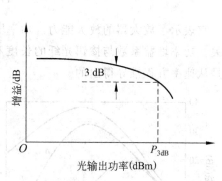

图 8-9 掺铒光纤放大器的增益饱和特性

（3）噪声特性

掺铒光纤放大器的噪声主要来源有：
- 信号光的散弹噪声。
- 信号光波与放大器自发辐射光波间的差拍噪声。
- 被放大的自发辐射光的散弹噪声。
- 光放大器自发辐射的不同频率光波间差拍噪声。

衡量掺铒光纤放大器噪声特性可用噪声系数 F 来表示，它定义为

$$F = \frac{\text{放大器的输入信噪比}}{\text{放大器的输出信噪比}}$$

据分析，掺铒光纤放大器噪声系数的极限约为 3dB，对于 $0.98\mu m$ 泵浦源的 EDFA，掺铒光纤长度为 30m 时，测得的噪声系数为 3.2dB；而采用 $1.48\mu m$ 泵浦源时，在掺铒光纤长度为 60m 时，测得的噪声系数为 4.1dB。显而易见，$0.98\mu m$ 泵浦的放大器的噪声系数要优于 $1.48\mu m$ 泵浦的放大器的噪声系数。

5. EDFA 的基本应用形式

EDFA 工作在 1550nm 窗口,该窗口光纤损耗系数较 1310nm 窗口低,已商用的 EDFA 噪声低,增益曲线好,放大器带宽大,与波分复用(WDM)系统兼容,泵浦效率高,工作性能稳定,技术成熟,在现代长途高速光通信系统中备受青睐。目前,"掺铒光纤放大器(EDFA) ＋密集波分复用(DWDM)＋非零色散光纤(NZ-DSF)＋光电集成(OEIC)"正成为国际上长途高速光纤通信线路的主要技术方向。

具体的应用形式有以下四种,如图 8-10 所示。

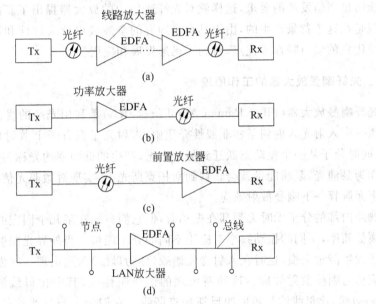

图 8-10　EDFA 的应用形式

(1) 线路放大

线路放大(line amplifier)是指将 EDFA 直接插入到光纤传输链路中对信号进行中继放大的应用形式,见图 8-10(a),可广泛用于长途通信、越洋通信等领域,一般工作于近饱和区。

(2) 功率放大

功率放大(booster amplifier)是指将 EDFA 放在发射光源之后对信号进行放大的应用形式,见图 8-10(b),主要目的是补偿无源光器件的损耗和提高发送光功率,应工作于深饱和区,必要时可使用双泵源,以便提高发送功率,延长传输距离。

(3) 前置放大

前置放大(preamplifier)是指将 EDFA 放在光接收机的前面,见图 8-10(c),目的是提高光接收机的接收灵敏度,一般工作于小信号状态。

(4) LAN 放大

LAN 放大是将 EDFA 放在光纤局域网络中用作分配补偿放大器,以便增加光节点的数目,见图 8-10(d),为更多的用户服务。

8.3　光纤喇曼放大器

　　什么光纤喇曼放大器,它是在什么背景下被提出的?

　　随着计算机网络及其他新的数据业务的飞速发展,各种通信业务如宽带业务综合数据网、ATM 传输、压缩编码高清晰度电视、远程互动教学医疗等技术发展迅速,使得实际通信业务成倍增长,要求现有的光纤通信网继续增加通信容量,EDFA 仅 40nm 的放大带宽显然是不能满足通信发展的要求,这样就对光纤通信中的放大器提出了新的要求。光纤喇曼放大器就是在这个背景产生的,由于其自身固有的全波段可放大特性和利用传输光纤在线放大以及优良的噪声特性等优点,得到了迅速发展和应用。

1. 光纤喇曼放大器的工作原理

　　光纤喇曼放大器(Fiber Raman Amplifier,FRA)是利用光纤的受激喇曼散射效应制成的。当一束入射光入射到某些非线性介质中,入射光子在分子上散射后变成一个低频率的光子,同时分子从一个振动态跃迁到另一个态,产生的低频率的光称为斯托克斯光。这样入射光作为泵浦光,泵浦能量就会转移到斯托克斯光上,实现对微弱光信号的放大。

　　下面解释一下喇曼散射效应。

　　物质内部的分子无时无刻都在振动着,但它们只能在某几个固定的频率上振动,这些频率叫喇曼频率,不同的振动频率对应于不同的分子能量。当外界光照射时,外来光子能与振动分子发生能量交换,这时在入射光光谱线(称为母线)两边出现一些强度很弱的新谱线,这种效应称为喇曼散射效应。这些新出现的谱线叫伴线,其中比母线波长长的叫斯托克斯(Strokes)线,比母线波长短的叫反斯托克斯线。它们两个与母线波长的间隔相等,其值等于相应的分子振动频率,约十几太赫兹。

　　自发喇曼散射的效应很弱,散射光的强度一般只有入射光强度的百万分之一或亿分之一。

　　当激光功率增加到一定值时,光纤呈现非线性。波长较短的泵浦光散射,将一部分入射功率转移到另一较低的频率,如果这个低频与高频相比的偏移量由介质的振动模式所决定,那么这个过程称为受激喇曼散射(SRS),SRS 是一种非常重要的非线性过程。

　　在连续或准连续条件下,斯托克斯光的初始增长可由下式描述

$$\frac{\mathrm{d}I_s}{\mathrm{d}z} = g_R I_p I_s \tag{8-7}$$

式(8-7)中:I_s 是斯托克斯光强,I_p 是泵浦光强;g_R 是喇曼增益系数。

　　喇曼增益系数与泵浦光波和斯托克斯光波的频率差 Ω 有关,表示为 $g_R(\Omega)$,其中 $\Omega = \omega_p - \omega_s$。对于光纤来说,$g_R$ 一般与纤芯的组分有关,随掺杂物质的变化而变化。

　　图 8-11 给出了泵浦光波长 $\lambda p = 1\mu m$ 时的熔石英中的 g_R 与频移的变化关系。

　　从图 8-11 可以看出,石英光纤的喇曼增益系数的重要特点是有一个很宽的频率范围约 40THz,它覆盖的频率范围很宽,而且在 13.2THz 处有一个主峰。这些性质和光纤的非晶性有关。在熔石英等非晶材料中,分子的振动频率展宽成频带,这些频带交叠并产生连续

态。因此和大多数介质中在特定频率上产生喇曼增益的情况不同,光纤中的喇曼增益频谱是一个连续的宽带谱,这就是光纤可以用作宽带放大器的原因。

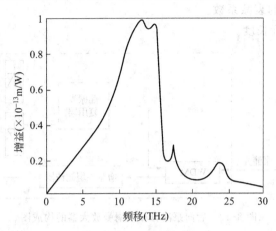

图 8-11　熔融石英的喇曼增益谱

2. FRA 的种类和性能

光纤喇曼放大器可分为分立式喇曼放大器和分布式喇曼放大器(DRA)两类。

分立式喇曼放大器所用的光纤增益介质比较短,一般在 10km 以内泵浦功率要求很高,一般在几瓦到几十瓦,可产生 40dB 以上的高增益,像 EDFA 一样用来对信号光进行集中放大,因此主要用于 EDFA 无法放大的波段。

分布式喇曼放大器要求的光纤比较长,可达 100km 左右,泵浦源功率可降低至几百毫瓦,主要辅助 EDFA 用于 WDM 通信系统的中继放大。因为在 WDM 系统中,随着传输容量的提高,要求复用的波长数目越来越多,这使得光纤中传输的光功率越来越大,引起非线性效应也越来越强,容易产生信道串扰,使信号失真。采用分布式光纤喇曼技术可大大降低信号的入射功率,同时保持适当的光信号信噪比(OSNR)。这种分布式喇曼放大器由于系统传输容量的提升而得到快速发展。

分布式喇曼放大器由两个正向偏振的后向泵浦激光二极管、偏振复用器、增益平坦滤波器和波分复用器组成。泵浦方式可采用前向泵浦,也可采用后向泵浦,因后向泵浦可减少泵浦光和信号光相互作用的长度,从而减少泵浦噪声对信号的影响,所以通常采用后向泵浦。图 8-12 为后向泵浦分布式喇曼放大器的构成图。

光纤喇曼放大器的性能参数主要有:FRA 的增益与带宽、放大器噪声等参数来描述。

(1) FRA 的增益与带宽

在连续波的小信号放大工作条件下,并忽略泵浦光消耗,光纤喇曼放大器的增益可以从耦合方程得出 FRA 的增益为

$$G_A = \exp\left(\frac{g_R P_0 L_{eff}}{A_{eff}}\right) \tag{8-8}$$

式中:g_R 为喇曼增益系数;A_{eff} 为光纤在泵浦波长处的有效面积;P_0 为泵浦光功率;L_{eff} 为有效长度,其定义为

$$L_{\text{eff}} = \frac{1 - \exp\left(-\alpha_{\text{p}}L\right)}{\alpha_{\text{p}}} \left(\frac{g_{\text{R}} P_0 L_{\text{eff}}}{A_{\text{eff}}}\right) \tag{8-9}$$

α_{p} 为泵浦光在光纤中的衰减系数。

L 表示放大器实际长度。

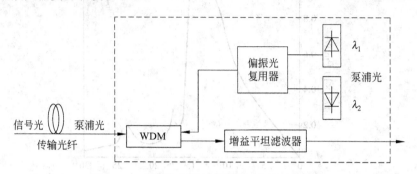

图 8-12　后向泵浦分布式喇曼放大器的构成图

　　光信号的喇曼增益与信号光和泵浦光的频率差有密切的关系,当信号光与泵浦光频率差为 13.2THz 时,喇曼增益达到最大,该频率差对应的信号光比泵浦光波长大 60~100nm;光信号的喇曼增益还与泵浦光的功率有关,如图 8-13 所示。

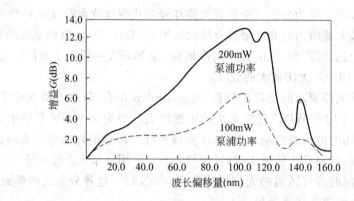

图 8-13　小信号光在长光纤内的喇曼增益

　　喇曼放大器的增益带宽由泵浦波长决定,选择适当的泵浦光波长,就可得到任意波长的信号放大,分布式喇曼放大器的增益频谱是每个波长的泵浦光单独产生的增益频谱叠加的结果,所以它由泵浦波长的数量和种类决定。

　　与 EDFA 不同,EDFA 由于能级跃迁机制所限,增益带宽真正平坦的区间大致在 1540~1560nm 范围,增益带宽的最大值只有 80nm。喇曼放大器使用多个泵浦源,可以得到比 EDFA 宽得多的增益带宽,目前增益带宽已达 132nm,这样通过选择泵浦光波长,就可实现任意波长的光放大。喇曼放大器是目前能唯一实现 1290~1660nm 光谱放大的器件,FRA 可以放大 EDFA 不能放大的波段。

　　(2) 噪声指数

　　光纤喇曼放大器可以用等效噪声指数来描述,它与增益成反比。喇曼放大是分布式获得增益的过程,其等效噪声比分立式放大器要小。

　　分布式喇曼放大器经常与 EDFA 混合使用,当作为前置放大器的 DRA 与作为功率放

大器的常规 EDFA 混合使用时，其等效噪声指数为

$$F = F_R + F_E/G_R \qquad (8\text{-}10)$$

式(8-10)中：G_R 和 F_R 分别是 DRA 的增益和噪声指数；F_E 是 EDFA 的噪声指数。

因为 F_R 通常要比作为功率放大器的 EDFA 的噪声指数 F_E 小，所以由上式可知，只要增加喇曼增益 G_R 就可以减少总的噪声指数。所以 DRA 与常规 EDFA 混合使用，在一定增益范围内，能有效地降低系统的噪声指数，增加传输距离。

3. FRA 的特点及应用

从以上分析不难看出 FRA 具有以下优点。

① 增益波长由泵浦光波长决定，只要泵浦源的波长适当，理论上可以得到任意波长的信号放大，这样的 FRA 就可扩展到 EDFA 不能使用的波段，为波分复用进一步增加容量拓宽了空间。

② 分布式喇曼放大器(DRA)能够在线放大，不需要引入其他器件。因为增益介质就是传输光纤本身，DRA 是分布式放大，光纤中各处的信号光功率都比较小，从而可降低各种光纤非线性效应的影响，此外即使泵浦源失效，也不会增加额外的损耗，而 EDFA 不具备这个优点。EDFA 对不能放大的波段，由于光纤掺杂的作用会大大增加信号光的损耗，给全波段的光放大造成障碍。

③ 噪声指数低，可提升原系统的信噪比。它配合 EDFA 使用可大大提升传输系统的性能，如降低输入信号光功率或增加中继距离。

④ 喇曼增益谱比较宽，如果采用多个泵浦源，则可容易地实现宽带放大。FRA 的饱和功率也比较高，增益谱调节方式可通过优化配置泵浦光波长和强度来实现。另外喇曼放大的作用时间为飞秒(10^{-15} s)级，可实现超短脉冲的放大。

FRA 主要有以下缺点，影响它的应用：

① 喇曼光纤放大器所需要的泵浦光功率高，分立式要用几瓦到几十瓦，实现起来非常困难。而分布式则降低到几百毫瓦。

② 不适合短距离的光放大。因为它作用距离太长，增益系数偏低。分立式 FRA 作用距离为几公里，放大可达 40dB；而分布式作用距离为几十到上百公里，增益只有几分贝到十几分贝，这就决定了它只能适合于长途干线网的低噪声放大。

③ 对偏振敏感。泵浦光与信号光方向的振动方向平行时增益最大，垂直时增益最小为 0。

通过以上比较，我们可以扬长避短，把 FRA 应用于光纤通信系统，下面介绍光纤喇曼放大器的典型系统应用。

分立式喇曼放大器全波段放大系统

采用分立式喇曼放大器(DRA)所用的光纤增益介质比较短，泵浦功率要求很高，一般在几瓦到几十瓦，可产生 40dB 以上的高增益，DRA 不但能工作在 EDFA 常使用的 C 波段，而且也能工作在与 C 波段相比较短的 S 波段(1350～1450nm)和较长的 L 波段(1564～1620nm)，完全满足全波光纤对工作窗口的要求。分立式喇曼放大器全波段放大系统如图 8-14 所示。实验发现，色散补偿型光纤是高质量分立式喇曼放大器的最佳选择，DCF 与普通光纤 1∶7 的配置，可实现在进行系统色散补偿的同时对信号进行高增益、低噪声的放

大,而互不影响。

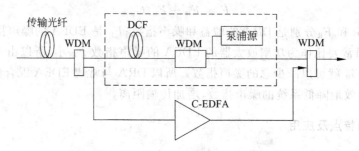

图 8-14　分立式喇曼放大器全波段放大系统

采用 DRA＋EDFA 的 WDM 传输系统

采用 DRA＋EDFA 的 WDM 传输系统典型结构如图 8-15 所示,在 WDM 系统的每个传输单元内,EDFA 的输入端注入反向的喇曼泵浦光,信号将会沿光纤实现分布式喇曼放大,由于 DRA 具有噪声低、增益带宽与泵浦波长和功率相关的特点,EDFA 又具有高增益、低成本的特点,所以这种混合放大结构可以同时发挥两种光纤放大器的优势。使用反向泵浦光,可以降低噪声,还有利于避免喇曼放大引起的光纤非线性效应。从目前的技术看来只有喇曼放大技术才能实现光传输过程中的分布式放大,DRA 在系统中的使用便越来越重要了。

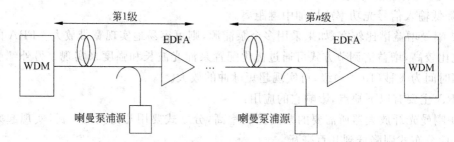

图 8-15　采用 DRA＋EDFA 的 WDM 传输系统

4. 光纤布里渊放大器简介

光纤布里渊放大器(Fiber Brillouin Amplifier,FBA)是另一种非线性光纤放大器,它不同于光纤喇曼放大器(Fiber Raman Amplifier,FRA),是利用光纤的另一种非线性效应称为受激布里渊散射(Stimulated Brilliouin Scattering,SBS)原理制成的。

受激布里渊散射也起源于光主纤的三阶电极化率。经典理论认为,泵浦光束散射产生的斯托克斯光是由介质中产生的以声速传播的声波引起的。泵浦光通位电致伸缩产生声波,引起折射率周期性调制,形成一种折射率光栅。泵浦光又通过光栅散射产生斯托克斯光和声波,泵浦光、斯托克斯光和声子之间的参量相互作用,产生光增益。从量子物理观点看,受激布里渊散射过程可看作一个泵浦光子的涅灭,同时产生了一个斯托克斯光子和一个声学支声子。SBS 的频移量由声学支声子频率决定,这一点与 SRB 不同。两者在频移量上的差别,造成这两种散射过程在实际意义上的不同。光纤布里渊放大器与光纤喇曼放大器差别表现在三个方面:

（1）只有当信号光束与泵浦光束传输方向相反时（后向泵浦），才产生光放大作用。

（2）斯托克斯频移量（SBS）要比 SRS 小三个数量级，约为 10GHz，且与泵浦光频率有关。

（3）布里渊增益频谱相当窄，其带宽小于 100MHz。

对受激喇曼散射和受激布里渊散射频谱图进行比较，如图 8-16 所示，就会发现虽然光纤布里渊放大器的工作原理基本上与光纤拉曼放大器的相同，但是斯托克斯频移量却相差很远。

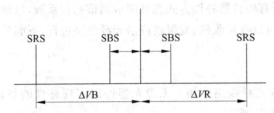

图 8-16　受激喇曼散射和受激布里渊散射频谱图

光纤布里渊放大器的带宽如此窄，它们不适宜作光波系统中的功率增强器、前置放大器以及在线应用放大器。然而，这种特性在多信道通信系统中可作为信道选择器。

窄带宽布里渊放大器可作为多信道通信系统的信道选择器。信道选择是这样实现的：泵浦光束的传播方向与传送来的多信道光信号相反，调整泵浦光频率正好比待选择的信道高布里渊频移。借助泵浦激光器的调谐，就可以选择性地放大不同的信道。这种信道选择方式的主要缺点是，比特速率被限制到约 100Mb/s，因为信道频谱应该落在布里渊增益频谱带宽内。展宽泵浦频谱可以增加传输的比特率，因为此时增益带宽增加了。

8.4　色散补偿技术

由于光放大技术的发展，光纤放大器的实用化，光纤损耗已不再是光纤通信系统的主要限制因素。在某种意义上说，光放大器解决了损耗问题，但同时加重了色散，因为与光电中继相比，光放大器不能把它的输出信号恢复成原来的形状。其结果是输入信号经多个放大器放大后，它引入的色散累积使输出信号展宽，对系统传输速率和距离产生了严重的限制。因此就需要色散补偿使输出的光信号恢复成原来的形状。

色散补偿光纤早在 20 世纪 80 年代就提出来了，但直到 20 世纪 90 年代中期，当光通信系统从 2.5Gb/s 发展到 10Gb/s 时才获得广泛的应用。随着比特率的增加，色散已成为光纤传输距离的主要限制因素。那么下面将讨论如何进行色散补偿。

1. 色散补偿原理

光脉冲在光纤传输过程中，不考虑光纤的非线性效应，时域慢变包络方程为

$$\frac{\partial A}{\partial z} + \beta_1 \frac{\partial A}{\partial t} + \frac{j}{2}\beta_2 \frac{\partial^2 A}{\partial t^2} - \frac{1}{6}\beta_3 \frac{\partial^3 A}{\partial t^3} = 0 \qquad (8\text{-}11)$$

式中：$A(z,t)$ 为脉冲包络的慢变化幅度。

$\beta_1 = 1/v_g$，v_g 是群速度。

β_2 为群速度色散(GVD)系数，与色散系数 D 有关。

β_3 为高阶色散系数，与色散斜率 S 有关。

当 $\beta_2 > 1\text{ps}^2/\text{km}$ 时，β_3 可以忽略不计，此时输出脉冲包络的幅度为

$$A(z,t) = \frac{1}{2\pi} \int_{-\infty}^{\infty} \widetilde{A}(0,\omega) \exp\left(\frac{\mathrm{j}}{2}\beta_2 z\omega^2 - \mathrm{j}\omega t\right) \mathrm{d}\omega \tag{8-12}$$

色散导致光信号展宽是由相位系数 $\exp(\mathrm{j}\beta_2 z\omega^2 - \mathrm{j}\omega t)$ 引起的，它使光脉冲经光纤传输时产生了新的频谱成分。所有的色散补偿方式都试图取消该相位系数，以便恢复原来的输入信号。色散补偿的方法很多，可以在接收机、发射机或沿光纤线路进行，下面分别加以介绍。

2. 无源色散补偿

无源色散补偿是在光纤线路中加上无源光器件以实现补偿的目的，分为色散补偿光纤(DCF)和光纤光栅两种方法。

(1) 色散补偿光纤(DCF)方法

DCF 是专门为色散补偿制作的具有大的负色散系数的单模光纤。以 WRI 的产品为例，DCF 的色散系数为 $-65\text{ps}/(\text{nm} \cdot \text{km})$，使用 12.3km 即可补偿 G.652 光纤 40km 的正色散。因而可以将色散受限距离提高 40km。DCF 通常不成缆，盘在一个终端盒中作为一个单独的无源器件。当然如果将其成缆作为传输光缆的一部分，还可以再增加色散受限距离 12.3km。这取决于 DCF 生产水平的提高和其他色散补偿技术的进展。因为 DFC 作为一个无源器件时是放在机房内，调整和更换都很方便。

DCF 补偿方式有两个缺点。一是它的衰耗系数大，12.3km 将引入约 5.6dB 的衰耗，需要 EDFA 的增益来补偿，从这个角度看，这种补偿方法的成本代价也存在疑问。第二个缺点是它的色散斜率的绝对值与 G.652 光纤的色散斜率并不吻合，因此 DCF 的实际长度需要现场调整，横向兼容性不好。这也是目前还不急于制作 DCF 光缆的原因之一。

DCF 补偿方式由于技术上简单易行，尤其在 WDM 系统中应用时其成本是由多个波长系统分担的，因此是目前最实用的色散补偿方法。

DCF 在系统中的配置位置应如图 8-17 所示。

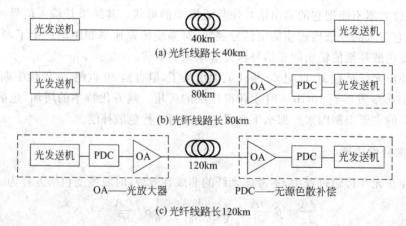

图 8-17　高速长距离系统 PDC 的配置

这样配置有三个好处：一是便于对 DCF 调整和更换；二是 DCF 先衰耗有利于减轻 OA 的功率饱和限制，使 MPI-S 点的发送平均功率容易达到光纤的 SFM 门限功率(10dBm) 以上；三是避免 DCF 中出现非线性效应。在接收机侧 DCF 放在 EDFA 与接收终端之间，这是因为信号的微弱已成为主要矛盾，按 MPI-S 的发送平均功率为 13dBm，120km 的最大衰耗为 33dB 估算，MPI-S 处的光功率已降为 10mW，需要 EDFA 将信号光功率提升。这时与发送侧不同，放大后的信号光也仍然较弱，不会在 DCF 中引起明显的非线性效应。

(2) 光纤光栅方法

另一种无源色散补偿方法是使用光纤光栅进行群时延的补偿，它是在接收端的后补偿技术。光波导光栅作 DFB 激光器、光波分复用器和光滤波器已先期研究成功并投入使用。接着人们又想到直接在光纤波导中制作光栅以色散补偿的功能。

光纤光栅制作的基本原理是用紫外光束在光纤中形成微缺陷，有无微缺陷的部分呈现折射率的差异，光纤中折射率的周期变化就构成了光纤布拉格光栅。一定的光栅周期对应一定的光反射波长。通常的正色散光纤中光信号的长波长成分的群速大于短波长成分的群速，因而光信号在光纤中传播时不同波长成分之间时延差的积累就造成了光脉冲的逐渐展宽。

如果在一段光纤的前端刻上周期与短波长对应的布拉格光栅，并通过光环行器与传输光纤如图 8-18 所示连接。光信号的短波长成分在光栅光纤的前端便反射进下面的传输光纤。而光信号的长波长成分将透过光栅直到光栅光纤的末端才反射回来。这样长波长成分比光信号的短波长成分在光栅光纤中多

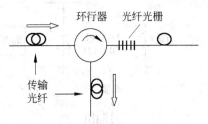

图 8-18　光纤光栅的色散补偿

走了一个来回，这一时延差就可以补偿传输光纤中的时延差。

光栅光纤的优点是热稳定性好，但光栅光纤的色散补偿效果是否一定比 DCF 优越目前尚不能断定，需要进一步研究。

3. 前补偿技术

所谓色散前补偿，就是在光信号发射进光纤线路前，在发射端对输入脉冲的特性进行修正。由式(8-12)可知，$\tilde{A}(0,\omega)$ 为输入脉冲的频谱幅度，由于群速度色散(GVD)，使其发生了恶化。前补偿技术就是使输入脉冲的频谱幅度发生如下变化来减少这种恶化

$$\tilde{A}(0,\omega) \to \tilde{A}(0,\omega)\exp\left(-\mathrm{j}\omega^2\beta_2 L/2\right) \tag{8-13}$$

式(8-13)中 L 是光纤长度。

如果 GVD 将被精确地进行了补偿，在光纤输出端的光信号仍将保持它输入端的形状。然而实际上实现起来并不是那么容易。

(1) 预啁啾补偿技术

我们知道，光在介质中传输时，高频(短波)分量要比低频(长波)分量传输得快，从而产生较小的延迟，所以高频分量将逐渐向调制脉冲的前沿发展，而低频分量将向其后沿延伸，光纤越长两者时延差越大，脉冲展宽也越大。预啁啾补偿技术的基本想法是通过在光源上加一个正弦调制，使脉冲前沿的频率降低，后沿的频率升高，这样就在一定程度上补偿了传输过程中由于色散造成的脉冲展宽。对于没有啁啾的高斯脉冲，采用预啁啾补偿技术传输

距离可以增大$\sqrt{6}$倍,尽管实际上输入脉冲很少是高斯形状,使用预啁啾技术也可以扩大一倍的传输距离。

但是在直接调制 LD 的系统中,啁啾系数 $C<0$,对于普通单模光纤,在 1550nm 波长区,$\beta_2<0$。因此输入脉冲开始被光纤色散压缩的条件 $\beta_2 C<0$ 不满足,不能采用前补偿,只能在外调制时采用。

在外调制的情况下,光脉冲几乎没有啁啾。预啁啾技术产生的频率啁啾参数 $C>0$,所以条件 $\beta_2 C<0$ 得到满足。

预啁啾色散补偿系统原理如图 8-19 所示。

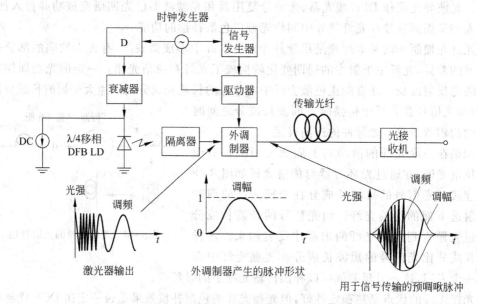

图 8-19　预啁啾色散补偿系统原理图

首先对 DFB 激光器的输出光进行调频(FM),然后送入外调制器再进行调幅(AM),所以进入光纤的信号是一种调幅调频信号。实际上,光载波的调频可通过调制 DFB 激光器的注入电流实现,这只要很小的电流(约 1mA)即可。虽然这种直接调制也正弦调制了光功率,但是其调制幅度很小,不会影响检测的过程。

预啁啾技术产生的频率啁啾参数 $C>0$ 也可以通过光载波的相位调制产生,相位调制技术的优点是外调制器本身可以调制载波相位。外调制器的折射率可用施加的电信号来改变,这样就产生了 $C>0$ 的频率啁啾。$LiNbO_3$ 调制器的 C 为 $0.6\sim0.8$,电吸收调制器和 MZ 调制器也可以产生 $C>0$ 的啁啾光脉冲。由于包含电吸收调制器的单片集成 DFB 激光器的商品化,预啁啾技术已经实用化。使用这样的发射机,已经实现了 10Gb/s 的 NRZ 信号在 10km 标准单模光纤上的传输。

(2) 色散支持传输技术

色散支持传输(DST)技术是从光载波的调制方式上着眼的。光纤通信中传统的调制方式是直接强度调制。采用 DST 作色散补偿时使用了移频键控(FSK)或者同时运用 FBK 和数字电信号的光强调制(FSK/ASK)。单纯 FSK 调制下的 DST 工作原理如图 8-20 所示。

图 8-20(a)表示发送端的信号波形。其中:I 为电的数字信号,即 LD 的驱动电流;ν 为

光波频率,传号对应的频率高,空号对应的频率低,两者的频差仅几个吉赫兹;P_{opt} 为发送光功率信号。

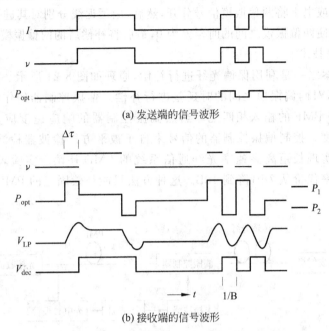

(a) 发送端的信号波形

(b) 接收端的信号波形

图 8-20　单纯 FSK 调制下的 DST 工作原理

图 8-20(b)为接收端的信号随时间的变化图形。发送信号经过色散光纤传输时,高频(对应于短波长)信号的群速低,低频信号的群速高,两者的时延差为 $\Delta\tau = D \cdot L \cdot \Delta\lambda$,式中 $\Delta\lambda$ 与传号和空号的频差对应,所以

$$\Delta\tau = DL\,\Delta\nu\lambda^2/c \tag{8-14}$$

式中: c 为光速, λ 取系统的标称波长值。

这一时延差造成了电数字信号前沿处光传号与空号相重叠,而与电数字信号后沿对应处,光传号与空号分离。传号与空号相干的结果就形成了图 8-20(b)所示的光功率的三元分布,即光传号与空号重迭处形成正脉冲,光传号与空号分离处形成负脉冲,既非重迭又非分离处则为第三种功率电平。这样的光信号在接收端由光检测器转换成相应的电信号,然后再经一个积分器(实际是一个低通滤波器)处理后的电信号波形为 V_{LP},而 V_{dec} 为判决的结果。只要能控制 $\Delta\tau = 1/B$,允许误差可高达 30%,V_{dec} 便可以恢复原来的 NRZ 调制信号。

采用 FSK/ASK 发送时,其原理与 FSK 调制下的 DST 工作原理相似,但接收端得到的是四电平光功率。

4. 偏振模色散及其补偿技术

在高速率光纤通信系统中,偏振模色散(PMD)成为限制传输速率的主要因素。PMD 在传输过程中不断累积,它将引起光脉冲展宽失真变形,使误码率增高,限制传输带宽,所以必须对高速光纤通信系统中的 PMD 进行补偿。

由于 PMD 是随时间、温度、环境变化的统计量,因此,对它的补偿一般要求自动跟踪补偿。目前,已提出多种 PMD 的补偿方法。这些补偿方法主要以两种方式对 PMD 进行补偿,即在传输的光路上直接对光信号进行补偿或在光接收机内对电信号进行补偿。两者的本质都是利用光的或电的延迟线对 PMD 造成的两偏振模之间的时延差进行补偿。其基本原理是,首先在光或电上将两偏振模信号分开,然后,用延迟线分别对其进行延时补偿,在反馈回路的控制下,使两偏振模之间的时延差为 0,最后将补偿后的两偏振模信号混合输出。

(1) 光学补偿技术

光学补偿方案之一是利用保偏光纤进行补偿,原理如图 8-21 所示。图中光延迟线为保偏光纤(PMF),对两偏振模之间的时延差进行补偿。偏振控制器的作用是调整输入光的偏振态,使之与 PMF 的输入相匹配。当然偏振控制器的响应速度应大于光纤中偏振模的随机变化速度。控制偏振控制器的信号来自于被平方律检波器检波的 PMF 输出光信号。该方案能实现长距离高速率光纤通信系统的 PMD 补偿。实验表明,它能将由偏振色散造成的功率代价从 7dB 降到 1dB。这种方法只能补偿固定的 PMD 值,是一个固定补偿器。

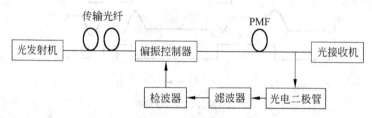

图 8-21 保偏光纤光学补偿 PMD 原理图

另一种光学补偿方案是使用高双折射非线性啁啾光纤光栅作为偏振模色散补偿器件。在高双折射非线性啁啾光纤光栅的反射带宽内,对于相同波长、不同偏振态的偏振模,它们在光栅中的反射位置是不同的,这样不同的偏振态将产生不同的时延,进而达到补偿目的。同时非线性啁啾还确保在光栅带宽范围内可补偿的时延差随输入光信号的波长的不同而变化。利用压力变化可以做成具有可调时延差的色散补偿器。这种补偿器具有补偿范围可调、结构简单、插入损耗低以及与光纤的天然兼容性等优点,是一种比较有前途的补偿方法。其结构与用于群速度色散补偿的啁啾光纤光栅相同。

(2) 电子补偿技术

在电域内对 PMD 进行补偿的一种方案是采用由抽头延迟线构成的电子均衡补偿器实现的,如图 8-22 所示。传输后的信号经过高保偏光纤,被线性光接收机接收的信号功率分配器分成三路,各路信号引入不同的时间延迟以对信号进行补偿,改变时延差可以调节补偿的范围,然后三路信号通过不同的权重(第二路为负值)叠加在一起输出。通过调节衰减器可以改变各路信号幅度。

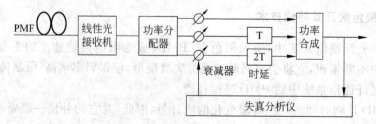

图 8-22 电子均衡补偿器原理图

（3）光电结合的补偿技术

光电结合的补偿方案如图 8-23 所示，色散信号首先经过偏振控制器和偏振分束器 PBS 被分解成两个正交偏振模，分别被光接收机接收。转换为电信号后，在电域进行时延补偿，最后两路电信号叠加在一起输出。这种方法的补偿量为 $1.6 \sim 42 \mathrm{ps}$。

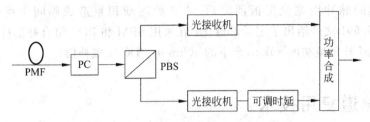

图 8-23　光电结合 PMD 补偿原理图

5. SPM 及其补偿技术

自相位调制效应（SPM）的基本原理是当光强足够大（门限光功率约为 $10 \mathrm{mW}$），此时光纤的非线性表现为克尔效应，折射率为

$$n(E) = n_0 + c_1 E + c_2 E^2 \tag{8-15}$$

式中：c_1 为泡克尔斯系数；c_2 为克尔系数。

则光信号中某一个波长成分在光纤中传播的相位常数为

$$\varphi(E, t) = \omega_i t - \frac{2\pi}{\lambda_i}(n_0 + c_1 E + c_2 E^2)z \tag{8-16}$$

式中：λ_i 为入射光的波长；z 为沿单模光纤轴线的距离坐标。

可以推出在光纤的输出端

$$\omega' = \frac{1}{2}\alpha L(c_1 E_0 + 2c_2 E_0^2)\omega_i \tag{8-17}$$

式中：E_0 为 $z=0$ 处光纤的电场强度；ω_i 为入射光的角频率。

式(8-17)中不同频率成分的衰减系数 α 的差异又小到可以忽略，此时较高频率成分的绝对频移比较低频率成分的要大，ω_i 前的因子大于 1 时，信号频谱将整体蓝移，而且由于高频成分移动得多，低频成分移动得少，信号频谱势必出现展宽；反之，信号频谱将整体红移，而且信号的频谱将出现压缩，此时光信号在光纤中传输的群时延差异缩小，因而可以用来作为光纤色度色散的补偿。这就从另外一个角度提供了色散补偿机制，等效于光源线宽的降低。

SPM 的色散补偿作用是以一定的光强范围为前提的，这个范围大致为光功率 $10 \sim 18 \mathrm{dBm}$。作为一个例子，我们设定：主通道发送功率为 $15 \mathrm{dBm}$，DCF 按 $40 \mathrm{km}$ 的补偿距离配置，工作波长在 $1550 \mathrm{nm}$ 的 B 区。在信号传播的前 $25 \mathrm{km}$ 之内存在 SPM 的色散补偿作用，光信号的频谱向长波长方向漂移，其中长波长成分移动得少，短波长成分移动得多，光信号的频谱得以聚拢。在这 $25 \mathrm{km}$ 之内，总色散一直为负。所谓负色散是指信号的短波长成分的群速大于长波长成分的群速。由于 SPM 的作用是信号的谱线向长波长方向移动，而且光功率越大时这一移动也越显著。因此 SPM 效应有效地削弱了负色散引起的脉冲展宽，避免了由于总色散过大造成脉冲间发生显著重叠。$25 \mathrm{km}$ 之后，SPM 效应消失，此时频谱聚拢程度达到最大,而光纤的负色散也已大为减小。到 40km 处总色散变为零,由负色散引起的脉冲波形的展宽过程结束。此后光纤的总色散变为正,注意到正色散情况下是短波长成分的群速小于长波长成分的群速,这是对总色散引起的脉冲展宽的修正过程,是使不同波长成分的时延差减小,因此 40km 以后的一段距离内,光脉冲不是在展宽,而是在缩拢。只有把负色散引起的脉冲展宽全部抵消完后,才开始逐渐积累造成码间干扰的脉冲展宽。ITU-T 建议 G.691 文件给出了定量的概念:在采用 SPM 和 PDC 组合补偿技术的 L-64.2b 系统中,用 SPM 补偿最初的 80km,余下的 40km 由 PDC 完成补偿。

8.5 多信道复用技术

光放大与色散补偿技术解决了传输距离问题,但还需要解决光波承载信息容量问题,这就要求我们研究多信道复用技术。

光波具有很高的频率,利用光载波作为信息载体进行通信,具有巨大的可用带宽。对石英光纤传输媒质,其低损耗窗口总宽度约 200nm,因此如何充分利用光纤的频带资源,提高光波系统的通信容量,就成了光波通信理论和设计上的重要问题。

解决这个问题有许多方案,可以从光信号和光波两个方面来考虑,主要有光时分复用(OTDM)技术、光码分复用(OCDM)技术、副载波复用(SCM)技术、波分复用(WDM)技术等。下面分别加以介绍。

1. 光时分复用技术

时分复用是一种广泛采用的技术,它是将通信时间分成相等的间隔,某一固定的信道占据某一固定的间隔这样各信道是按照一定的时间顺序进行传输。电信号的时分复用在前面已经介绍过了,通过电信号的时分复用技术可以获得电信系统 PDH 群路信号和 SDH 同步传输模块信号,速率为 10Gb/s 的 SDH 系统已经投入商用,实验系统已经成功实现 40Gb/s 的超高速系统。但是这样的超高速系统要遇到电子器件造成的瓶颈,实现起来较为困难。光时分复用(OTDM)是以光领域的超高速信号处理技术为基础,避免了高速电子器件和半导体激光器直接调制能力的限制,可实现数十吉比特每秒乃至数百吉比特每秒的高速传输,所以国外正努力研究这一技术,而且进展很快。

光时分复用是指将多个通道的低速率数字信息以时间分割的方式插入到同一个物理信道(光纤)中,复用之后的数字信息成为高速率的数字流。光时分复用与电时分复用不同,光时分复用的电数字信号还是低速率的数字流,但是复用的光信号是高速率的数字流,这样就绕开了高速电子器件和半导体激光器直接调制能力的限制;而电时分复用是低速率的电数字信号直接复用成高速率的电数字信号。

光时分复用可分为比特间插 OTDM 和分组间插 OTDM 两种方法。

(1) 比特间插 OTDM

比特间插 OTDM 的原理见图 8-24。在比特间插 OTDM 帧中,每个时隙对应一个待复用的支路信息(一个比特),同时有一个帧脉冲信息,形成高速的 OTDM 信号,主要用于电路交换业务。

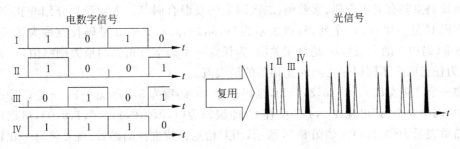

图 8-24　比特间插 OTDM 原理示意图

(2) 分组间插 OTDM

分组间插 OTDM 的原理见图 8-25。分组间插 OTDM 帧中每个时隙对应一个待复用支路的分组信息(若干个比特区),帧脉冲作为不同分组的界限,主要用于分组交换业务。

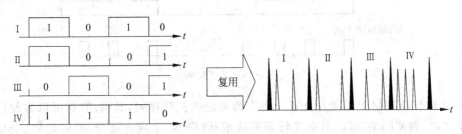

图 8-25　分组间插 OTDM 原理示意图

超短光脉冲源是光时分复用系统中关键器件之一,光时分复用要求光源产生高重复频率(5～20GHz)、占空比非常小的超短光脉冲。脉宽越窄,可以复用的路数越多。现在已经研制出锁模环型光纤激光器(ML-FRL)和 DFB 激光器加电吸收调制器(EAM)获得超短光脉冲源。

由于 OTDM 是在一根光纤中只传输单一波长的光信号,通过提高信号传输速率来提高传输容量,具有如下优点:它对 EDFA 的增益平坦度要求较低,不存在各路功率叠加而产生的 FWM 串扰和喇曼散射问题,便于光交叉连接技术进行上/下话路。缺点是:设备较复杂,色散影响比其他复用方式严重,所以限制了它的使用。

2. 光码分复用技术

光码分复用(OCDM)通信是将码分多址通信技术与大容量光纤通信技术相结合的一种通信方式,它是在 OCDM 通信系统中,每个用户都拥有一个唯一的地址码。在进行数据信息的传输时,首先用该地址码数据信息进行光调制,同样,在接收端用与发射端相同的址码进行光解码,从而实现用户间的通信。

光码分复用技术能充分发挥光纤信道频带宽的特点,具有动态地分配带宽、网络扩容方便、多址连接方便、控制灵活、网管简单、保密性强等优点,适用于实时要求高、业务突发性强、速率高的宽带通信环境之中,具有非常好的应用前景。因而受到世界各国的关注,相信随着其技术的不断完善,将显现其巨大的开发价值。

在 OCDM 中,一般只能用光强度作为调制信息,即相当于(0,1)单极性码。OCDM 系统的地址码主要有光正交码、素数码、二次同余码及混合码等。下面简单介绍光正交码,一个正交码 C 是一串 $\{0,1\}$ 序列码,可表示为 $(n,\omega,\lambda a,\lambda c)$,其中 n 是码长也称为扩频系数,ω 是码重(码中 1 的个数),λa 是自相关限,为任意一个码字自相关的最大侧峰值,λc 是互相关限,为任意两个不同码字之间的互相关的最大值。

如一个光正交码 C 为 $(10,3,1,1)$,则码长为 10,码重为 3,$\lambda a = \lambda c = 1$。$x$ 是 C 中的一个码字,其码中三个“1”出现在 $0,4,7$ 位置上,即编码为 $(1,0,0,0,1,0,0,1,0,0)$,可以用码字区组简单表示为 $(0,4,7)$。如图 8-26 所示,当对信息比特进行编码时,就要将每一比特转换为该码字。

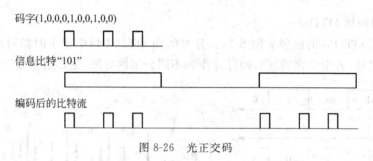

码字(1,0,0,0,1,0,0,1,0,0)

信息比特“101”

编码后的比特流

图 8-26　光正交码

非相干光 OCDM 通信使用光正交码作为系统的扩频序列,其编/解码可以方便地在光领域里实现,典型的编/解码器有光纤延迟线编/解码器、集成光波导编/解码器、全息光学编/解码器等。并行结构光纤延迟线编/解码器如图 8-27 所示。它由并行的 ω 根光纤和两个 $1 \times \omega$ 星型耦合器构成。将输入的一个短光脉冲分成几份,通过光纤进行不同的延时,在输出端得到由这些不同延时的短光脉冲合成的脉冲序列,所需光纤延迟线的数量与正交码的码重相同。当系统采用开关控制时,在“0”比特期间不发光,在“1”比特期间发出一个足够短的光脉冲。如前面所举的例子,光正交码 $C(10,3,1,1)$ 中的一个码字 x,码字区组为 $(0,4,7)$,这个字分配给了某用户作为地址码。当用户信息的“1”出现时,编码器将输入的短脉冲一分为三,分别延时 $0,4,7$ 个单位时间 τ,与所设计的光正交码相对应,从而得到用户的标志序列。在接收端,解码器结构与编码器完全一样,其功能是把输入信号与解码器包含的标志序列进行相关运算,进行相关识别,直接探测,通过阈值判断,从而在混有众多用户信号的接收信号中识别并提取出该用户的数据,实现了光正交码的产生与解码。

光的延迟一般可通过集成光波导或光纤两种方法实现。在码速不高,如小于 10Gb/s,脉冲宽度为 50ps,延迟线长度大于 1cm 时,可使用光纤作为延迟器。在高码速时,使用集成光波导更佳。光延迟线的长度由 OCDM 系统的传输速率、地址码的码长、具体的码字共同决定。

OCDM 的具有很多优点:在解码过程中,不需要获得各 chip 的同步信息,只要解码器是编码器的时域反演即可将编码信号正确解码,这相对于 OTDM 方式大大简化;保密性很好,数据只能由一个特有的解码序列来恢复,该密匙可以始终保密,如果没有解码器,有信道的频谱是重叠的,无法解复用;抗干扰信号的频谱非常宽,以至窄带噪声和干扰信号对数据的传输和恢复没有明显的影响。

OCDM 技术也存在一些缺点,主要有用户数的限制,因为当解码器和编码器匹配时,在 ω 个 chip 时隙中只有一定数目的 chip 时隙可以产生自相关高而互相关低的信号;系统速度的限制,因为位于每个比特时间内的 chip 需要很短的脉冲,从而在发射机脉冲宽度有限时限制了比特率。

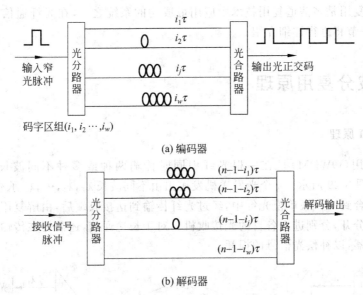

(a) 编码器

(b) 解码器

图 8-27　并行结构光纤延迟线编/解码器

3. 副载波复用

副载波复用(SCM)的概念源于微波频分复用通信技术,它利用光纤在光载波上传输多信道微波信号。如图 8-28 所示,在副载波复用技术中,包含两次调制,第一次是电调制,即将多个基带信号分别调制到具有不同的微波频率的电载波上;然后再进行光调制,即将这些经频分复用的群信号调制到光载波,从而形成光信号,使之进入光纤。同样在接收端先进行光解调,再进行电解调,恢复为原各路基带信号。由于通常称电载波为副载波,因此该复用方式简称为副载波复用方式。

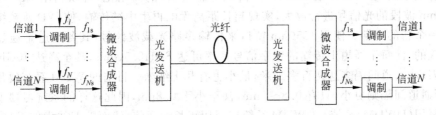

图 8-28　副载波复用光纤通信系统的结构

在这种通信方式中,因为各副载波所传输的信号之间相互无关,彼此独立,故可实现模拟和数字以及图像信号的兼容,加之微波技术的成熟以及其产品的实用化,使之更适用于用户接入网的 CATV 多频道的传输系统之中。

4. 光波分复用

光波分复用(WDM)是指将两种或多种各自携带有大量信息的不同波长的光载波信

号,在发射端经波分复用器汇合,并将其耦合到同一根光纤中进行传输,在接收端通过波分解复用器对各种波长的光载波信号进行分离,然后由光接收机接收做进一步的处理,使信号复原。光波分复用是多信道复用技术中应用最成功的系统之一,在光纤通信系统中占很重要的地位,下一节将进行详细介绍。

8.6　光波分复用原理

1. OWDM 原理

光波分复用(OWDM)是在一根光纤中同时传输两种或多种不同波长的光波信号,WDM 原理如图 8-29 所示。n 个光发送机发送出由不同波长 $\lambda_1,\lambda_2,\cdots,\lambda_n$ 承载的光信号,通过光复用器耦合到同一根单模光纤中,经过光纤传输到达接收端后,由解复用器将不同波长信号在空间上分开,分别进入各自的光接收机。对于长途通信,还需要在传输光纤中加入中继器或光放大器,以补偿光信号的损耗。

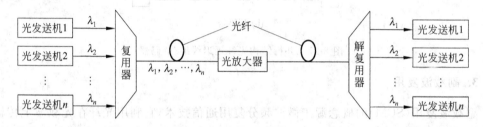

图 8-29　WDM 原理图

最初的 WDM 系统为 1310/1550nm 两波长系统,它是利用光纤的两个低损耗窗口1310nm 和 1550nm 各传送一路光波信号的系统,主要用于对原来 1310nm 系统进行扩容,两个波长之间的间隔达两百多纳米,通常称为粗波分复用(CWDM)系统。

随着技术的发展,特别是 EDFA(掺饵光纤放大器)的商用化,可以利用 EDFA 对传送的 1550nm 波段的光信号进行放大,实现超长距离无电再生中继传输,使 WDM 系统的应用进入了一个新的时期。使用 1550nm 窗口来传输多路光载波信号,其各信道是通过频率分割来实现的,而每个通道上传输的数字信号速率可达 SDH2.5Gb/s,甚至高达 10Gb/s。

CWDM 通道间隔多达两百多纳米,最小也有几十纳米。目前的 WDM 系统复用的波数很多,而通道间隔则更小,只有 0.8~2nm,甚至小于 0.8nm,因此这样的系统习惯上称为密集波分复用(DWDM)系统。DWDM 系统广泛用于长途通信,然而随着技术的发展,用户需求的提高,现在也越来越多地将其应用到城域网和接入网之中。

波分复用从本质上也是在一根光纤中同时传输两种或多种不同频率的光波信号,习惯上一般把频率信道间隔 5GHz 以下的系统,即间隔 $\Delta\lambda = 0.04$nm,称为光频分复用(OFDM)。但是目前实用化的系统还达不到这样的水平,DWDM 的实用窄信道间隔为50GHz,所以习惯上称为光波分复用(OWDM)。ITU-T 建议一直只提 WDM 和Multichannel system(多信道系统),避免 WDM 和 DWDM 的区分和界定,建议文件规范的信道间隔也只窄到 50GHz。目前真正实用化的光波分复用系统是 16×2.5Gb/s、32×2.5Gb/s、32×10Gb/s、40×10Gb/s 等。我国目前也已达到了这一实用化水平。至于 8 波和 4 波的波分复用,G.692 文件也作了规范,它们是为中间站光插分复用(OADM)所采用的。

2. WDM 系统的特点

WDM 系统具有以下的主要特点。

(1) 充分利用光纤的巨大带宽资源

WDM 技术充分利用了光纤的巨大带宽资源(低损耗波段),使一根光纤的传输容量比单波长传输增加几倍至几十倍,从而增加光纤的传输容量,降低成本,具有很大的应用价值和经济价值。目前光纤通信系统只在一根光纤中传输一个波长信道,而光纤本身在长波长区域有很宽的低损耗区,有很多的波长可以利用,现在人们所利用的只是光纤低损耗频谱中极少的一部分,即使全部利用掺铒光纤放大器(EDFA)的放大区域带宽(1530~1565nm),也只是占用它带宽 1/6 左右。所以 WDM 技术可以充分利用单模光纤的巨大带宽,从而在很大的程度上解决了传输的带宽问题。目前的 EDFA 带宽平坦范围在 1540~1560nm 内,故现在使用的复用光波长均在 1550nm 附近。实际 EDFA 的增益带宽为 35nm,增益起伏小于 1dB 的带宽在 1539~1565nm 内,若信道间隔为 0.8nm,则实现 16 个波长甚至 32 个波长的 DWDM 系统是富余的。而且随着复用器/解复用器、EDFA 增益平坦技术以及全波光纤技术的发展,信道间隔可进一步减小,可实际利用的带宽进一步增大,复用波长数还可显著增加。到目前为止,几乎所有的商用化 WDM 系统都是用于国家骨干网的超大容量传输。

(2) 同时传输多种不同类型的信号

由于 WDM 技术中使用的各波长相互独立,因而可以传输特性完全不同的信号,完成各种电信业务信号的综合和分离,包括数字信号和模拟信号,以及 PDH 信号和 SDH 信号,实现多媒体信号(如音频、视频、数据、文字、图像等)混合传输。

WDM 系统对数据格式是透明的,即与信号速率及调制方式无关。一个 WDM 系统可以承载多种格式的业务信号,以及 ATM、IP 或者将来可能出现的信号。WDM 系统完成的是透明的传输,对于业务层信号来说,WDM 的每个波长就像"虚拟"的光纤一样。在网络扩充和发展中,是理想的扩容手段,也是引入宽带新业务(例如 IP 等)的方便手段。通过增加一个附加波长即可引入任意想要的新业务或新容量,如目前或将要实现的 IP over WDM 技术。

(3) 节约线路投资

由于许多通信(如打电话)都采用全双工方式,对于早期敷设的芯数不多的光缆,利用 DWDM 技术可以不必对原有系统进行较大改动,可以采用单纤双向传输,进行扩容比较方便有效,对已建成的光纤通信系统扩容方便,只要原系统的功率富余度较大,就可进一步增容而不必对原系统进行大的改动。新建系统,采用 WDM 技术可使 N 个波长复用起来在单模光纤中传输,在大容量长途传输时可以节约大量光纤。另外,采用 WDM 技术可节省大量的线路投资。

(4) 多种应用形式

根据需要,WDM 技术可有很多应用形式,如长途干线网、广播式分配网络、多路多址局域网络等,因此对网络应用十分重要。

(5) 降低器件的超高速要求

随着传输速率的不断提高,许多光电器件的响应速度已明显不足。使用 WDM 技术可降低一些器件在性能上的极高要求,同时又可实现大容量传输。

（6）高度的组网灵活性、经济性和可靠性

利用 WDM 技术选路，实现网络交换和恢复，从而实现未来透明、灵活、经济且具有高度生存性的光网络。

3. WDM 技术的应用形式

WDM 技术从传输方向分：有双向结构和单向结构两种基本应用形式，如图 8-30 所示。图 8-30(a)为双向结构，它是采用两根光纤，每根光纤中所有波长的信号都在同一方向上传播。图 8-30(b)为双向结构，系统则只用一根光纤，多个波长的信号可以在两个方向上同时传播。

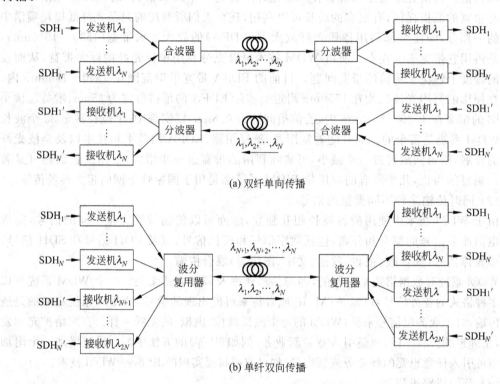

(a) 双纤单向传播

(b) 单纤双向传播

图 8-30　WDM 的两种应用形式

WDM 传输方式显然具有节省光纤和光放大器的优点，因而成本会有所降低。例如 N 路光载波信号，如果采用单通道方式传输，需要 $2N$ 根光纤，相应地光放大器也需要 $2N$ 组。采用双纤单向 WDM 传输方式，便只需要两根光纤和两组光放大器，通信成本明显下降，而且能够复用的路数越多，成本优势越大。如果将双纤 WDM 再改成单纤 WDM，光纤和光放大器数目又减少一半，通常认为成本会进一步降低。不过 EDFA 要由单向泵浦激励式改为双向泵浦激励式，EDFA 的数目是减少了一半，但单个 EDFA 的价格增高了。两对合路分路器虽然变成了一对波分复用器，但复用的路数增多了一倍，成本上也没有本质的变化。单纤双向 WDM 传输方式相对于双纤单向 WDM 传输方式的真正成本优势是光纤的数目减少一半。

单纤双向 WDM 传输方式的实施，在技术上还带来了一些新的问题。首先要处理好光反射问题，包括光接头的离散反射和反向瑞利散射。为抑制多种干扰，可能需要在光检测器之前加隔离器。单纤双向 WDM 传输方式下需要设保护带分离波长,因而要求较宽的 EDFA 可利用带宽,EDFA 增益斜率控制也需要重新研究。监控通路(OSC)的功能要增加, OSC 的控制复杂化,等等。所以人们对单纤双向 WDM 传输方式节省一根光纤的好处实际上并没有太大的兴趣。

ITU-T 建议 G.692 文件对于单纤双向 WDM 和双纤单向 WDM 传输方式优劣并未给出明确的看法。实用的 WDM 系统大都采用双纤单向传输方式。实际上只有两种情况下,才考虑采用单纤双向 WDM 传输方式。一种情况是路由的光纤数量不足时,使用单纤双向 WDM 传输方式。另一种情况是原来已敷设的是 G.653 光纤,升级为 WDM 系统时,为了不至于因采用不等间隔的信道配备而使 EDFA 带宽利用率太低,而使用单纤双向 WDM 传输方式。这是因为两个方向传输的光信号不容易由光纤的非线性交互相干出四波混频功率,两个方向传输的信号波长都按不等间隔设计,但允许两组波长错开配置,这样便可以提高 WDM 的密集程度。

8.7 光波分复用技术

1. WDM 系统的结构

WDM 系统是由光发射机、光接收机、光中继器和光监控与管理系统构成,如图 8-31 所示为双向结构中其中一条单向传输的 WDM 系统总体结构示意图。

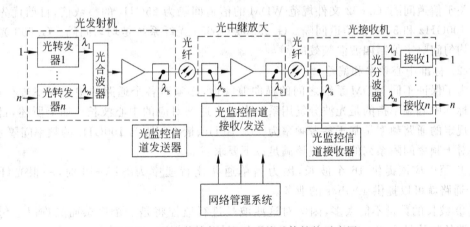

图 8-31 单向传输的 WDM 系统总体结构示意图

2. 光波长区的分配

WDM 系统的光发射机首先要解决光信号分割问题,如图 8-32 所示,光信号是按照频率分割的,各通道的波长是固定分配的。

光纤有两个长波长的低损耗窗口,即 1310nm 和 1550nm 窗口它们均可用于光信号的传输。但由于目前的 EDFA 的工作波长为 1530～1565nm,因此 WDM 系统应这个波长区域内在这个有限波长区内如何有效地进行通路分配,关系到提高带宽资源的利用率及减少相邻通路间的非线性影响等。WDM 系统的技术规范包括:

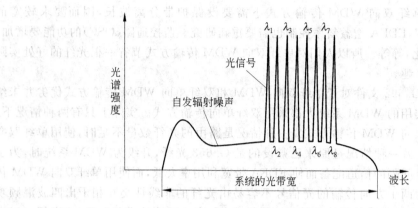

图 8-32 WDM 系统各信道关系示意图

(1) 绝对参考频率(AFR)和信道间隔

绝对参考频率是为维持光信号频率的精度和稳定度而规范的特定频率参考。AFR 的应用包括：WDM 测试设备的校准、为制作和校准 WDM 器件提供参考频率、直接为多信道系统提供基准频率、控制和维持光源的工作波长。

ITU-T 建议 G.692 文件,在考虑了各国的频率标准和国际度量衡委员会(CIPM)的相关建议的基础上,确定 WDM 系统的绝对参考频率规范为 193.10THz。AFR 本身的精度和稳定度应包含温度、湿度及其他环境因素改变引起的频率漂移,AFR 本身的精度和稳定度的值尚未明确规范。

关于信道间隔,G.692 文件规范 WDM 的信道间隔为 25GHz 的整数信,目前优先选用的是 100GHz 和 50GHz 信道间隔。G.652 或 G.655 光纤系统是均匀间隔。G.653 光纤采用非均匀间隔来抑制四波混频效应。

(2) 标准中心频率和偏差

为了保证不同 WDM 系统之间的横向兼容性,必须对各个通路的中心频率进行规范,所谓标称中心频率指的是光波分复用系统中每个通路对应的中心波长。如上所述,目前国际上规定的通路频率是基于参考频率为 193.1THz、最小间隔为 100GHz 的频率间隔系列。

对于频率间隔系列的选择应该满足以下要求：

① 至少应该提供 16 个波长,因为当单通路比特速率为 STM-16 时,一根光纤上的 16 个通路就可以提供 40Gb/s 的业务。

② 波长的数量不能太多,因为对这些波长进行监控将是一个庞杂而又难以应付的问题。波长数的最大值可以从经济和技术的角度予以限定。

③ 所有波长都应位于光放大器(OFA)增益曲线相对比较平坦的部分,使得 OFA 在整个波长范围内提供相对较均匀的增益,这将有助于系统设计。对于掺铒光纤放大器,它的增益曲线相对较平坦的部分是 1540~1560nm。

④ 这些波长应该与放大器的泵浦波长无关,在同一个系统中允许使用 980nm 泵浦的 OFA 和 1480nm 泵浦的 OFA。

⑤ 所有通路在这个范围内均应该保持均匀间隔,且更应该在频率而不是波长上保持均匀间隔,以便与现存的电磁频谱分配保持一致并允许使用按频率间隔规范的无源器件。

标称中心频率见表 8-2,表中列出了在 1528~1561nm 之间,以 50GHz 及 100GHz 或以上为通路间隔的。

表 8-2　标准中心频率

标准中心频率（50GHz 间隔）/ THz	标准中心频率（100GHz 间隔）/ THz	标准中心波长/nm	标准中心频率（50GHz 间隔）/ THz	标准中心频率（100GHz 间隔）/ THz	标准中心波长/nm
196.10	196.10	1528.77	194.05		1544.92
196.05		1529.16	194.00	194.00	1545.32
196.00	196.00	1529.55	193.95		1545.72
195.95		1529.94	193.90	193.90	1546.12
195.90	195.90	1530.33	193.85		1546.52
195.85		1530.72	193.80	193.80	1546.92
195.80	195.80	1531.12	193.75		1547.32
195.75		1531.51	193.70	193.70	1547.72
195.70	195.70	1531.90	193.65		1548.11
195.65		1532.29	193.60	193.60	1548.51
195.60	195.60	1532.68	193.55		1548.91
195.55		1533.07	193.50	193.50	1549.32
195.50	195.50	1533.47	193.45		1549.72
195.45		1533.86	193.40	193.40	1550.12
195.40	195.40	1534.25	193.35		1550.52
195.35		1534.64	193.30	193.30	1550.92
195.30	195.30	1535.04	193.25		1551.32
195.25		1535.43	193.20	193.20	1551.72
195.20	195.20	1534.82	193.15		1552.12
195.15		1536.22	193.10	193.10	1552.52
195.10	195.10	1536.61	193.05		1552.93
195.05		1537.00	193.00	193.00	1553.33
195.00	195.00	1537.40	192.95		1553.73
194.95		1537.79	192.90	192.90	1554.13
194.90	194.90	1538.19	192.85		1554.54
194.85		1538.58	192.80	192.80	1554.94
194.80	194.80	1538.98	192.75		1555.34
194.75		1539.37	192.70	192.70	1555.75
194.70	194.70	1539.77	192.65		1556.15
194.65		1540.16	192.60	192.60	1556.55
194.60	194.60	1540.56	192.55		1556.96
194.55		1540.95	192.50	192.50	1557.36
194.50	194.50	1541.35	192.45		1557.77
194.45		1541.75	192.40	192.40	1558.17
194.40	194.40	1542.14	192.35		1558.58
194.35		1542.54	192.30	192.30	1558.98
194.30	194.30	1542.94	192.25		1559.39
194.25		1543.33	192.20	192.20	1559.79
194.20	194.20	1543.73	192.15		1560.20
194.15		1544.13	192.10	192.10	1560.61
194.10	194.10	1544.53			

中心频率偏差定义为标称中心频率与实际中心频率之差。由于16通路WDM系统的通道间隔为100GHz,最大中心频率偏移为±20GHz(约为0.16nm)。对于8通路WDM系统,采用均匀间隔200GHz(约为1.6nm)作为通路间隔,而且为了未来向16通路系统升级,规定对应的最大中心频率偏差为±20GHz(约为0.16nm)。这些偏差值均为寿命终了值,即在系统设计寿命终了时,考虑到温度、湿度等各种因素仍能满足的数值。影响中心频率偏差的主要因素有光源啁啾、信号信息带宽、光纤的自相位调制(SPM)引起的脉冲展宽及温度和老化的影响等。

3. 光转发器技术

WDM光的发射是采用光转发器(OUT)技术,OUT是WDM的关键技术之一。光转发器不仅可以用在光发送部分也可以用在光中继和光接收部分。开放式WDM系统在发送端采用OTU将非标准的波长转换为标准波长,图8-33是一个OTU的示意图,该器件的主要作用在于把非标准的波长转换为ITU-T所规范的标准波长,以满足系统的波长兼容性。在现在已商用的产品中,目前使用的依然是光-电-光(O-E-O)的变换方式。即先用光电二极管PIN或APD把接收到的光信号转换为电信号,经定时再生(3R)后,产生再生的电信号和时钟信号,再用该电信号对标准波长的激光器重新进行调制,从而得到新的合乎要求的标准光波长信号(G.692要求的标准波长)。这种变换技术上较为成熟,易于实现。由于进行了再生处理,信号质量得以改善。目前也在研发采用光-光(O-O)变换方式的波长转换器,主要有基于半导体光放大器的交叉增益调制(XGM)、交叉相位调制(XPM)、四波混频效应(FWM)和基于半导体激光器的布拉格反射器、双稳型LD等方法构成的全光波长变换器等。

图8-33　光-电-光转换器OTU

图8-34为符合G.957的发射机与OTU合并使用的示意图,其中OTU的前端为符合G.957要求的SDH发送机接口S,OTU的输出端为符合G.692要求的WDM系统接口Sn。在S点,符合G.957的Tx发送功率有时会超过OTU的输入过载功率,这时可以在S点插入固定衰减器。

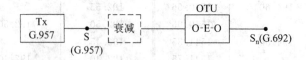

图8-34　符合G.957的发射机与OTU合并使用的示意图

4. 可调光滤波接收技术

WDM系统的光接收端均使用了波长可调的光滤波器,光滤波器也称为波长选择器。其作用是在接收端于接收器前从多信道复用的光信号中选择出一定波长的信号,以供接收机进行接收。为了使接收机能够接收所有信道送来的信号,因而要求光滤波器具有可调谐性,并且调谐范围应该能够覆盖整个系统的波长范围,而滤波器的带宽则应该大于信道带宽,同时小于信道的间隔,这样可以避免信息的丢失和信道间串扰。

波长选择器有 F-P 光腔型、介质膜干涉型、光栅型和波导型四大类。通常使用法布-珀罗(F-P)干涉仪作为光滤波器,其多谐振峰的传输特性如图 8-35 所示。

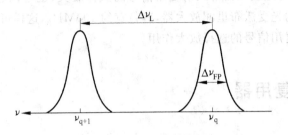

图 8-35　F-P 的光谱特性

其中 $\Delta\nu_L$ 为 F-P 的自由谱宽,$\Delta\nu_{FP}$ 为透过峰的宽度,ν_q 为透过峰的光频率,它们均由 F-P 的结构参数决定,即

$$\Delta\nu_L = \frac{c}{2nL} \tag{8-18}$$

$$\Delta\nu_{FP} = \frac{\Delta\nu_L}{F} = \frac{1-R}{\pi\sqrt{R}}\frac{c}{2nL} \tag{8-19}$$

$$\nu_q = q\frac{c}{2nL} \tag{8-20}$$

式中,c 为真空中的光速,n 为构成 F-P 的材料折射率,L 为 F-P 的腔长度,R 为 F-P 两个腔面的反射率。

由式(8-20)可知,改变腔长或填充介质的折射率就可以改变其共振频率,即可实现中心波长的可调。F-P 光腔型又分多种形式,电致伸缩型是将 F-P 的一个腔面固定在压电陶瓷上,通外加电压改变压电陶瓷的伸缩性,使 F-P 腔长发生变化,从而达到对 F-P 的透过峰进行调谐的目的。图 8-36 为电可调液晶光滤波器的结构图,其基本原理是用外加直流电场改变液晶分子的取向,从而改变腔中填充材料的折射率来实现谐振频率的微调。两侧的透光材料镜面涂覆夹着液晶腔构成光学谐振腔。该滤波器用于 1550nm 波段,可调范围为 30nm,转换速度为 10μs。图 8-37 是另一种光波长选择器,为角度可调 F-P 腔式滤波器。图 8-37 中的基本元件是装在一个可旋转支架上的 F-P 标准具(即 F-P 谐振腔),通过转动支架改变 FP 谐振腔的激光束的入射角来调整谐振波长。

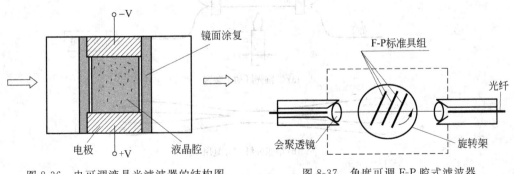

图 8-36　电可调液晶光滤波器的结构图　　　　图 8-37　角度可调 F-P 腔式滤波器

由上面的分析可知,为了保证 DWDM 系统中各信道信息的正常传输,同时避免各信道间的相互干扰,因而透过峰宽度 $\Delta\nu_{FP}$ 应该大于每一信道的信号带宽、小于信道间隔,另外自由谱宽 $\Delta\nu_L$ 应该大于系统复用信号的带宽,以避免 DWDM 系统中的信道丢失。

除此之外,窄带的光放大器对入射复用信号的选择放大,也可以起到光滤波器的作用。例如具有很窄带宽的光受激布里渊放大器,其带宽约 100MHz,这样可以通过对泵浦波长的调谐来实现对多路复用信号的选择放大作用。

8.8   光波分复用器

光波分复用器是实现不同的光信号合波和分波的器件。光波分复用器分为发端的合波器和收端的分波器。合波器又称复用器,其功能是将满足 G.692 规范的多个单通路光信号合成为一路合波信号,然后耦合进同一根光纤传输。分波器又称解复用器,它的作用是在收端将一根光纤传输的合波信号再还原成单路波长光信号,然后分别耦合进不同的光纤。光波分复用器是 WDM 系统的关键器件。

大多数波分复用器是可逆器件,从一个方向看它们是合波器,反方向使用就成了分波器;但是有一些是不可逆器件。

在实际工程应用中,构成的系统种类繁多,因此光波分复用器的种类很多。应用不同的领域,WDM 器件的技术要求和制造方法都不相同,大致可分为熔锥光纤型、介质膜干涉型、光栅型和波导型四大类,下面分别加以介绍。

1. 熔锥光纤型

这是最早使用的一种波分复用器。熔锥型波分复用器的原理有人用瞬逝波理论描述。理论上可以说明当两根单模光纤的纤芯充分靠近时,单模光纤中的两个基模(LP_{01}横电横磁混合模)会通过瞬逝波产生相互耦合,在一定的耦合系数和耦合长度下,便可以造成不同波长成分的波道分离,而实现分波效果。图 8-38(a)为熔锥型波分复用器制作装置的示意图,图中的夹具一方面是使两根光纤预先靠紧,同时又起控制光纤耦合距离的作用,合适的耦合

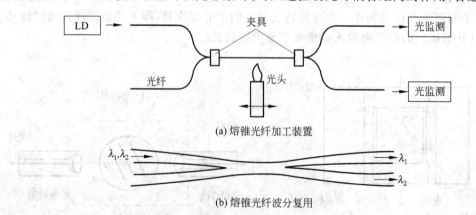

(a) 熔锥光纤加工装置

(b) 熔锥光纤波分复用

图 8-38   熔锥光纤波分复用器的结构与制作

系数则直接由通光监测来控制。图 8-38(b) 为成品的示意图。正是因为采用这种实验的方法制作,熔锥型波分复用器难以形成大批量生产。这种结构也具有可逆性,因此原则上可以由图 8-38 所示的基本单元组合成多路的合波器。例如用 7 个单元可以组成一个 8 波合路器。在其他类型的波分复用器逐渐商品化后,这种结构将不会再作为波分复用器使用,但熔锥光纤的耦合器在 WDM 系统中则被大量采用。

2. 介质膜干涉型

介质膜干涉型波分复用器的基本单元由在玻璃衬底上交替地镀上折射率不同的两种光学薄膜制成,它实际上就是光学仪器中广泛应用的增透膜。如图 8-39 所示,一束平行光中的两条光线投射在两层介质膜的分界面上,光线 1 的透射光在下层膜的界面 B 处反射,再从 C 点处透射出,与光线 2 在上表面的反射光相干。两列反射光的光程差为

$$\delta = 2e(n_2^2 - \sin^2 i)^{-1/2} + \frac{\lambda}{2} = (2k+1)\frac{\lambda}{2} \tag{8-21}$$

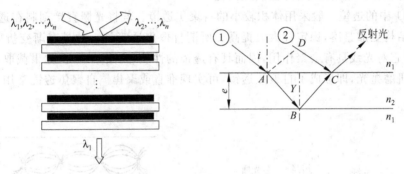

图 8-39　增透膜及其原理图

可得出单层透光膜最小厚度的设计公式

$$e = (n_2^2 - \sin^2 i)^{1/2}\frac{\lambda}{2} \tag{8-22}$$

选择折射率差异较大的两种光学材料,以式(8-22)表示的膜厚交替地镀敷几十层,便做成了介质膜干涉型波分复用器的基本单元。镀敷层数越多,干涉效应越强,透射光中波长为 λ 的成分相对其他波长成分的强度优势越大。将对应不同波长制作的滤光片以一定的结构(见图 8-40 配置),就构成了一个分波器。实际上此光学系统是可逆的,将图 8-40 中所有光线的方向反过来就成了合波器。这种波分复用器的优点是原理简单,有成熟的镀膜工艺,有两个可调整的因素(膜厚和入射角)便于调试。设计的关键在于结构合理性。其最大的缺点

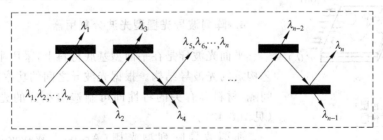

图 8-40　介质膜干涉型分波器的原理

是各波长成分的插损差异较大,要求相应调整各支路的发送功率。而且分光的线宽相对较宽,一般限于16波以下的波分复用系统使用。

3. 光栅型光波分复用器

所谓光栅是指在一块能够透射或反射的平面上刻画平行且等距的槽痕,形成许多具有相同间隔的狭缝。当含有多波长的光信号在通过光栅时产生衍射,不同波长成分的光信号将以不同的角度出射,因此,该器件与棱镜的作用一样,均属角色散型器件。

光栅种类较多,但用于WDM中的主要是闪耀光栅,它的刻槽具有一定的形状(如图8-41中所示的小阶梯),当光纤阵列中某根输入光纤中的光信号经透镜准直后,以平行光束射向闪耀光栅。由于光栅的衍射作用,不同波长的光信号以方向略有差异的各种平行光束返回透镜传输,再经透镜聚焦后,以一定规律分别注入输出光纤之中。由于闪耀光栅能使入射光方向矢量几乎垂直于光栅表面上执行反射的沟槽平面,形成所谓"利特罗(Littow)结构",因而可以提高衍射效率,降低插入损耗。

图8-41中的透镜一般采用体积较小的自聚焦透镜。若将光栅直接刻制在透镜端面,则可使器件结构更加紧凑,稳定性大大提高。所谓自聚焦透镜是一种具有渐变折射率分布的光纤,由于它对光线具有会聚作用,因而具有透镜的性质(见图8-42)。如果截取1/4的长度并将端面研磨抛光,即形成了自聚焦透镜,可实现准直或聚焦。自聚焦透镜常用S或GRIN表示。

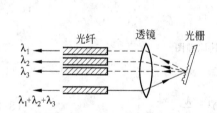

图 8-41　光栅型光波分复用器结构示意图

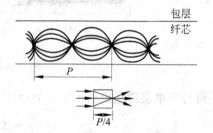

图 8-42　自聚焦透镜原理图

光纤光栅是使用紫外光干涉在光纤中形成周期性的折射率变化(光栅)制成的光器件。它具有理想的滤波特性(通带平坦、过渡带陡峭、阻带防卫度高、信道间隔非常小)、温度稳定性优良、便于设计制造、成本效率高等优点。因此可制成信道间隔非常小的带通、带阻滤波器。尽管光导纤维中布喇格光栅出现是近几年的事,但目前已经广泛用于密集型WDM系统中。

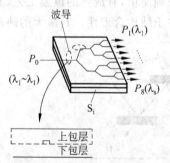

图 8-43　1×8 波分复用器

4. 阵列波导光栅型光波分复用器

平面光波导是在平面型基底材料上,采用半导体加工工艺构筑的光波导结构。根据光波导之间的功率耦合与波长、间隔、材料等有关的特性即可制造出相应的光波分复用器(见图8-43)。

所谓波导阵列型光栅(Arrayed Waveguide Grating, AWG)器件的结构如图8-44所示,由输入输出波导群、两个

盘形波导及 AWG 一起集成在衬底上而构成。各波导路径长度差所产生的效应与闪耀光栅
沟槽作用相当,从而起到"光栅"之用,输入和输出端通过扇形波导与 AWG 相连。当某根输
入光纤中含有多波长信号时,则在输出端的各光纤中分别具有相关波长的光信号。这种结
构可实现数十个乃至上百个波长的复用与解复用,其原因是利用了 $N \times N$ 矩阵形式,即在
N 个不同波长上可同时传输 N^2 路光信号。

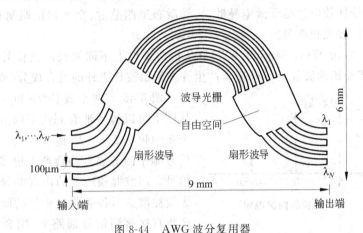

图 8-44　AWG 波分复用器

AWG 型光波分复用器具有波长间隔小、信道数多、通带平坦等优点,非常适合超高速、
大容量 WDM 系统使用,因此已成为目前研制、开发与应用的重点。

8.9　WDM 设计中考虑的重要问题

1. WDM 的信道串扰

所谓串扰是指一个信道的能量转移到另一个信道。因而当信道之间存在串扰时,会引
起接收信号误码率的升高,如果此时仍要求系统能够保持正常工作,那么系统必须在保证一
定误码率的前提下,增加接收机信道信号的光功率,这样串扰便引起接收灵敏度的下降。因
而对串扰产生机理的研究显得更加重要。

WDM 多信道光波系统设计中最重要的问题是信道串扰,当串扰导致功率从一个信道
转移到另一个信道时就将使系统性能下降。产生串扰的原因主要有两类,一类是选择信道
的解复用元件的非理想特性导致的线性串扰,另一类是由光纤线路的非线性性质引起的非
线性串扰。当 WDM 多信道系统在分配多信道信号或用户要选择自己所需的信号时,通常
用两种方法实现信道选择(一种在光域进行选择,另一种在电域进行选择)。电域选择适用
于相干检测技术,光域选择适用于直接检测和相干检测。光域选择要求在光接收机前接入
一光滤波器。

（1）线性串扰

线性串扰通常发生在解复用过程中,它与信道间隔、解复用方式以及器件的性能有关。
在强度调制-直接检波的多路复用光通信系统中,常采用光滤波器作为解复用器,因而串扰

的大小取决于用于选择信道的光滤波器的特性。

（2）非线性串扰

当光纤处于非线性工作状态时,光纤中的几种非线性效应均可能在信道间构成串扰。具体来讲,就是一个信道的光强和相位将受到其他相邻信道的影响,从而形成串扰。由于是光纤非线性效应引起的,所以这种串扰又被称为非线性串扰。

光纤的非线性效应包括受激喇曼散射、受激布里渊散射、交叉相位调制和四波混频等。下面介绍一下四波混频现象。

四波混频(Four Wave Mixing,FWM)是指两个以上不同波长的光信号在光纤的非线性影响下,除了原始的波长信号外还会产生许多原始波长之外的混合成分(或叫边带)。

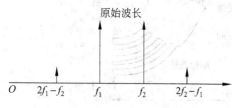

图 8-45　两个波长的四波混频

图 8-45 为两个波长 f_1 和 f_2 的四波混频,从图上可以清楚地看到由于四波混频产生了两个新的频率 $2f_1-f_2$ 和 $2f_2-f_1$,N 个原始波长信号频率四波混频将会产生更多个额外的波长信号。四波混频边带的出现会导致信号功率的大量耗散。当各通路按相等的间隔分开时混频产物直接落到信号通路上,则会引起信号脉冲幅度的衰减,致使接收器输出的眼图开启程度减小,于是误码性能降低。

在这些非线性串扰中,受激喇曼散射的串扰阈值功率大约为 27dBm,信道在同向传输时不会产生受激布里渊散射串扰,自相位调制和交叉相位调制的串扰阈值功率大约为 5dBm,而四波混频的门限功率最低,在 0dBm 左右,必须足够重视。但四波混频的机理及实验都说明光纤的色散越小,四波混频的效率越高,光纤的色散对四波混频有很好的抑制作用,因此克服四波混频最有效的方法是采用非零色散光纤或光纤的非零色散窗口。

除上述串扰外,还包括光放大器 ASE、噪声激光器的发射频率的漂移、网络阻塞等。

2. WDM 系统设计方案概述

（1）复用路数与波长范围的选择

从原则上讲,WDM 系统允许的复用路数越多,通信成本就越低。WDM 系统的最大复用路数取决于两个因素:信道最大可利用带宽和最小信道间隔。信道最大可利用带宽受制于光放大器的平坦增益带宽。我们这里讲的平坦增益带宽是指增益波动不超过 1dB 的波长范围。目前 WDM 系统中实用的光放大器是 EDFA。典型的 EDFA(高掺铒)增益谱线如图 8-46 所示。其增益平坦区域为 1540～1560nm,共计 20nm 范围。EDFA 的 3dB 带宽则包含了约 32nm 范围,这就是 G.691 文件规范的 1528.77～1560.61nm 标准波长范围。WDM 一般用作长途干线,例如 A 端站至 B 端站的距离达 1000km,中途可能串接十多个 EDFA,处于图 8-46 中 EDFA 增益下陷处的信道与增益上凸处的信道每经过一次光放大增益就相差 3dB,全程累积的结果,这两路信号的功率将呈现太大的差异。所以需要作 EDFA 通带的平坦化处理。处理技术的细节不是这里要讨论的问题,我们想强调的是 EDFA 的最大可利用带宽要分成两种情况:

① 20nm 带宽,即 1540～1560nm 范围,无须做通带平坦化处理。

② 32nm 带宽,即 1528.77～1560.61nm 范围,需要做通带平坦化处理。

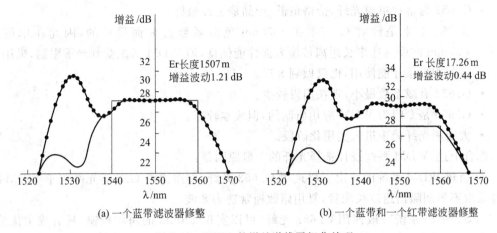

(a) 一个蓝带滤波器修整　　　　　　　(b) 一个蓝带和一个红带滤波器修整

图 8-46　EDFA 的增益谱线平坦化处理

第二种情况的成本将明显高于第一种情况,因此应优先采用前一种波段。

最小信道间隔与光源、波分复用器、光选择器的性能以及光纤非线性效应的损伤程度等因素有关。就光源的要求而言,目前光源对信道间隔的限制是不低于 50GHz(合 0.4nm)。如果使用通带平坦化处理 EDFA 的 32nm 带宽,将允许约 80 个复用信道。而目前实用的波分复用器都难以达到这一水平。如上所述,给出表 8-3,供设计时参考。

表 8-3　复用路数、波长范围、信道间隔及所用器件的选择

复用路数	8	(12)	16	(24)	32		(48)		64
波长范围/nm	1540~1560				1540~1560	1528.77~1560	1540~1560		1528.77~1560.61
信道间隔/GHz	200		100	50	100		50	100	50
EDFA 通带	不作平坦化修整				修整		不修整	平坦化修整	
波分复用器	其他类型波分复用器				64 路阵列波导式				
光选择器	介质膜,光栅式			电可调 P-F 式					
光转发器	已商品化产品容易满足要求								

(2) 速率等级的选择

单通道系统的传输速率取决于通信容量的需求和通信成本的合理化。对于 WDM 系统,同样的通信容量可以用不同的方案来实现。例如,长期预测的通信容量为 80Gb/s,近期的实际需求为 10Gb/s。采用 8×10Gb/s WDM 系统和 32×2.5Gb/s WDM 系统都可以满足长期预测通信容量 80Gb/s 的要求。前者近期只开通一个信道,后者近期开通 4 个信道。这两种方案就存在比较选择的问题。比较的主要标尺就是它们的通信成本。

等级选择的原则性意见是:站间距离长,总容量在 80Gb/s,优先选用 STM-16 等级;总容量在 80Gb/s 以上,或者多数站间距离短,则选用 STM-64 等级。

(3) 光纤类型的选择

原则上 G.652、G.653、G.654、G.655 和大面积光纤都可以用在 WDM 系统中。

- G.652 为常规单模光纤,价格最低、产品稳定性最好。
- G.653 本来是针对 G.652 在 1550nm 色散系数过大而设计的,因此在单信道 1550nm 波段高速率长距离传输方面性能优良,但 WDM 系统受到严重限制,采用不等间距配系才能使用,也只做到 8 道。
- G.654 衰减系数最小,现在用得较少。
- G.655 是专门为 WDM 应用研制的,但成本较高。
- 大面积光纤尚未进入实用化阶段。

综合上述,WDM 系统设计选择光纤的一般原则是:

① 新建 WDM 系统的路由不再选用 G.653 光纤,旧路由的 G.653 光纤用于 WDM 系统需采取不等间隔信道波长配置,复用路数通常选为 8 波。

② STM-16 系统一般使用 G.652 光纤,可以实现 120km 的跨距传输,具有成本优势。且未来有 1310 和 1550 两个波段同时使用的潜力。

③ 2.5Gb/s 速率以上,长跨距宜选用 G.655 光纤。

④ 允许同一个系统中 G.652 光纤和 G.655 光纤混用,但 G.653 光纤与其他光纤混用没有意义。G.652 光纤和 G.655 光纤混用时只能采用 1550nm 窗口,主通道不能 1550nm 和 1310nm 混用(1310nm 的光纤放大器实用化后另当别论)。

(4) 关于通路组织

关于通路的组织是十分复杂的,一般遵守下列原则:①WDM 的分站切忌满足小通信容量中间站的通信要求;②分站的站间距离尽可能接近目标距离,因为 40km 与 50km,甚至 120km 所需的传输成本差不多;③分配给同一站的信道尽量不用邻近信道,信道功率尽可能相同;④WDM 系统用于城域网时应选用环保护信道。

上述原则是通过大量的设计经验和计算得出来的,例如,某 32×2.5Gb/s 系统的两个大通信容量站间有一个仅需几百兆比特每秒容量的小站。按照过去低速率系统的传统做法是将此站也进入系统,建设单位常常希望如此。但是,这样做从成本来看,是得不偿失的。下面让我们算算这样的小站进入 WDM 系统的代价。首先必须用一个 OADM,OADM 引入的衰耗又要增加一个光功放。EDFA 的引入又带来 OSC 的上下光路问题,因此要加两个耦合器和一个 OSC 盘单元,而上下光路必须是 2.5Gb/s,为防止其他信道的串扰,又要加光波长选择器。如果只是上下一部分电路还需要增加电分复接单元,还需要 O-E-O 转发器,因为上光路之前 O-E-O 转发器也是不可少的。以上设备的成本可能不低于数万元。而这是为容纳一个小容量站而附加的系统成本,如果系统中多容纳几个这样的小容量站,就将使系统的总成本显著增加。而且沿路频繁上下光路还可能造成系统新的损伤。所以 WDM 系统通路组织的第一个原则就是拒绝容纳小容量站,即使两个大容量站的距离过长也只采取加在线放大器,而不主张在小容量站开口。

那么如果有小系统需要接入系统,应该如何处理? 通常的做法是,小容量站的通信需求应通过其他路由先进到大容量站后再进入 WDM 系统。若实在没有合适路由时,可以采用其他灵活的设计方式解决。

(5) 信道功率问题

在 WDM 系统中经常采用光放大器以提高其无电再生中继距离,而在一个信道中,功率最小值出现在光放大器的输入端。而其经功率放大后的输出功率则是系统中的最大光功率,功率值的大小由光纤非线性效应的阈值决定。

（1）最小光功率

信道信噪比的最坏值出现在光放大器的输出端。由于信号是与噪声一起进入光放大器的,因而它们同时被放大,并引入新的噪声——ASE 自发辐射噪声。

如果通道中从光发送机至光接收机之间共有 N 个光放大器,那么在最后一个光放大器的输出端输出光信噪比为

$$\text{OSNR} = \frac{P_{\text{Sin}}}{N_F N h \nu \Delta \nu} \tag{8-23}$$

式中: P_{Sin} 为最小接收光功率; N_F 为光放大器的噪声指数; N 为光放大器的个数。

若 MPI-R 最小接收光功率以 dBm 为单位,则

$$P_{\text{MPI-R}}(\text{dBm}) = \text{OSNR}(\text{dB}) + N_F(\text{dB}) + 10 \lg N + 10 \lg (h \nu \Delta \nu) \tag{8-24}$$

如果取下列数值,对上式进行估算:

$$\text{OSNR} = 7(\text{满足 BER} = 10^{-12}), \quad N_F = 5.5\text{dB}$$

光源谱宽为 0.1nm(设中心波长为 1552.52nm,则 $\Delta \nu$＝12.45GHz)。

MPI-R 最小接收光功率的估算值为

$$P_{\text{MPI-R}} \geqslant - 45.5 + 10 \lg N(\text{dBm}) \tag{8-25}$$

如果光放大器的个数 N＝10,则 MPI-R 最小接收光功率的估算值应大于－35.5(dBm)。

（2）最大光功率

单信道的最大光功率大小由 SRS 非线性效应决定。为避免光纤工作在非线性工作状态之下,因而要求通道中的最大光功率不得大于 SRS 的门限值(1W)。在一个采用 EDFA 级联技术的 WDM 系统中,光功率的最大值一般出现在光放大器的输出端,根据 G.692 的规定,可用下式进行估算

$$P_{\text{tot}} = \sum P_{\text{out}} + N(BW_{\text{eff}}) h \nu 10^{(N_F + L_a)/10} \tag{8-26}$$

式中: N_F 和 L_a(跨距损耗)是以 dB 为单位,其他各量采用 UI 的单位制。

N 为复用路数, BW_{eff} 表示 ASE 有效带宽。

对于采用 EDFA 进行多级级联的 WDM 系统来说, BW_{eff} 将会随之减少。例如在 WDM 系统中使用了 10 个 EDFA 级联的情况下,取 BW_{eff}＝2.5THz(约对应 20nm),假设 N_F＝6dB, L_a＝30dB,则仍以上面给出的典型波长参数计算,可以得出 SRS 门限对 16 波 WDM 系统的最大光功率限制为 17.87dBm。

8.10　相干光纤通信和光孤子通信

1. 相干光通信

前面各部分研究的光纤通信系统都是利用接收光信号的直接检测,即光子到基带信号的直接转换。无论是数字还是模拟方式,虽然极限灵敏度很高,例如数字系统中的量子极限灵敏度为 10 个光子每比特,但实际接收机的灵敏度受光检测器及前置放大器噪声的限制,达 400～4000 个光子每比特,比量子极限低 10～20dB。直接检测系统的性能类似于包络检

波的收音机,而外差收音机则可获得高得多的灵敏度和选择性。在卫星及微波通信中使用外差技术后也大大提高了性能。显然,在光纤通信中采用外差或零差检测方式预期也可显著提高接收灵敏度和选择性,这就是所谓的相干光纤通信。

（1）相干光通信技术的基本原理

在相干光通信系统传输的信号可以是模拟信号,也可以是数字信号,无论何种信号,其工作原理均可以用图 8-47 来加以说明。图中的

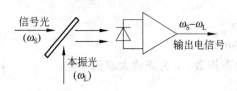

图 8-47 光相干检测原理图

光信号是以调幅、调频或调相的方式被调制(设调制频率为 ω_S)到光载波上的。当该信号传输到接收端时,首先与频率为 ω_L 本振光信号进行相干混合,然后由光电检测器进行检测,这样获得了中频频率为 $\omega_{IF}=\omega_S-\omega_L$ 的输出电信号。因为 $\omega_{IF}\neq0$,

故称该检测为外差检测,那么当输出信号的频率 $\omega_{IF}=0$(即 $\omega_S=\omega_L$)时,则称之为零差检测,此时在接收端可以直接产生基带信号。

根据平面波的传播理论,可以写出接收光信号 $E_S(t)$ 和本振光信号 $E_L(t)$ 的复数电场分布表达式为

$$E_S(t) = E_S\exp[-j(\omega_S t+\Phi_S)] \tag{8-27}$$

$$E_L(t) = E_L\exp[-j(\omega_L t+\Phi_L)] \tag{8-28}$$

式中:E_S 为接收光信号的电场幅度值,E_L 为本振光信号电场幅度值,Φ_L 为接收光信号的相位调制信息,Φ_S 为本振光信号的相位调制信息。

当 $E_S(t)$ 和 $E_L(t)$ 相互平行,均匀地入射到光电检测器表面上时,由于总入射光强 I 正比于 $[E_S(t)+E_L(t)]^2$,即

$$I = R(P_S+P_L)+2R\sqrt{P_S P_L}\cos(\omega_{IF}t+\Phi_S-\Phi_L) \tag{8-29}$$

式(8-29)中,R 为光电检测器的响应度;P_S 和 P_L 分别为接收光信号和本振光信号。

一般情况下,$P_L\gg P_S$,这样式(8-29)可以简化成

$$I \approx RP_L+2R\sqrt{P_S P_L}\cos(\omega_{IF}t+\Phi_S-\Phi_L) \tag{8-30}$$

从式(8-30)中可以看出,其中第一项为与传输信息无关的直流项,因而经外差检测后的输出信号电流为式(8-30)中的第二项,很明显其中含发射端传送信息

$$i_{out}(t) = 2R\sqrt{P_S P_L}\cos(\omega_{IF}t+\Phi_S-\Phi_L) \tag{8-31}$$

对零差检测,$\omega_{IF}=0$,输出信号电流为

$$i_{out}(t) = 2R\sqrt{P_S P_L}\cos(\Phi_S-\Phi_L) \tag{8-32}$$

从式(8-31)和式(8-32)可以清楚地看到:

① 即使接收光信号功率很小,但由于输出电流与 $\sqrt{P_L}$ 成正比,仍能够通过增大 P_L 而获得足够大的输出电流。这样,本振光在相干检测中还起到了光放大的作用,从而提高了信号的接收灵敏度。

② 由于在相干检测中,要求 $\omega_S-\omega_L$ 随时保持常数(ω_{IF} 或 0),因而要求系统中所使用的光源具备非常高的频率稳定性、非常窄的光谱宽度以及一定的频率调谐范围。

③ 无论外差检测还是零差检测,其检测根据都来源于接收光信号与本振光信号之间的

干涉,因而在系统中,必须保持它们之间的相位锁定,或者说具有一致的偏振方向。

(2) 相干光通信系统的组成

图 8-48 是外差接收的光纤通信系统的方框图,图中发射机由光载波激光器、调制器和光匹配器组成。光载波经调制器后,输出的已调光波进入光匹配器。光匹配器有两个作用:第一个作用是为了获得最大的发射效率,使已调光波的空间分布和光纤中 HE_{11} 模之间有最好的匹配;第二个作用是保证已调光波的偏振状态和单模光纤的本征偏振状态相匹配。

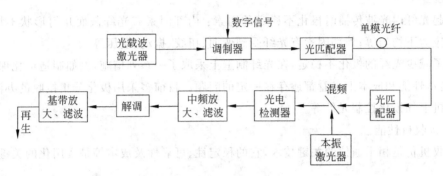

图 8-48　相干光通信系统框图

从光匹配器输出的已调光波进入单模光纤传输,光纤的损耗、色散和偏振状态的变化等因素都会影响已调信号光波。因此,在接收端光波首先进入光匹配器,它的主要作用是使信号光波的空间分布和偏振方向与本振光波匹配,以便得到最大的混频效率。

已调信号光波和本振光波混频后,由光电二极管进行检测,输出的中频信号在中频放大器中得到放大,然后再经过适当的处理,即根据发射端调制形式进行解调,就可以获得基带信号。

(3) 相干光纤通信的优点及关键技术

与直接检测相比,相干检测有如下优点:

① 接收灵敏度高。相干检测的极限灵敏度与直接检测相当,但它可通过提高本振功率来有效抑制热噪声,使接收灵敏度得到很大提高。

② 频率选择性好。外差接收时中频落在微波波段,可采用非常窄的带通滤波器,使光载波间隔窄至约 1GHz,从而实现非常密集的 FDM 传输。相比之下,光滤波器的带宽及选择性要差得多,因此 WDM 复用的信道要少得多。

③ 不但可利用信号的强度信息,还能充分利用信号的位相信息,并可采用多种调制解调方式,具有很大灵活性及选择余地。

④ 相干接收技术可以抑制级联光放大器中产生的严重噪声累积,故可采用多级光放大器级联来延长中继距离。

相干光通信系统还需要解决以下关键技术:

① 半导体激光器的频率稳定问题和谱宽压缩问题

由于外差接收机中混频过程是信号光波和本振光波差拍,正如前面所讲,本振光波频率为 10^{14} Hz,较中频频率高 $10^5 \sim 10^6$ 倍。因此,本振光波频率有一点微小的变化,对中频来说都是很大的变化。所以,外差光纤通信系统对光源的频率稳定度要求很高,可达 $10^{-5} \sim$

10^{-6} 倍以上,频率漂移在 10MHz 以下。

外差光纤系统对光源除要求频率稳定以外,还要求光源所发光的谱线很窄,即单色性非常好,否则将引起相位噪声的增大。解决的办法是注入锁模、外腔反馈等,以及采用分布反馈半导体激光器(OFB Laser)和量子阱半导体激光器。

② 光波的极化稳定问题

只有外差式光接收机内信号光波和本振光波的极化方向一致(即匹配)才能有高的接收机灵敏度。

引起光纤内光波传播时极化不稳定的因素:内部因素有光纤截面几何形状不均匀、光纤内部应力不均匀等;外部因素有光纤受到弯曲、扭绞、振动、受压等。

为了减少光纤的极化不稳定,在光纤制造上采取了一系列措施,例如制造极化保持光纤等,但是从性能和成本上来看都还存在一定的问题。目前多采用极化分集接收的办法,也可在接收机上加极化控制元件等。

③ 接收机性能

接收机仍是相干通信的关键技术,它的稳定性、可靠性及成本等是实用化的关键。

2. 光纤孤子通信

(1) 光纤的非线性效应

通常,在光场较弱的情况下,可以认为光纤的各种特征参数随光场的强弱作线性变化。这时,光纤对光场来讲,是一种线性媒质。但是,若光场很强,则光纤的特征参数将随光场呈非线性变化。

光纤出现非线性的原因:当一束单色光作用在介质上时,光的电场强度矢量将使介质中的原子或分子发生位移(或振动),从而出现了电偶极子。这些电偶极子将辐射电磁波。这种感生出来的电场与原来的入射光波电场叠加,形成一个总的电场。这个总电场强度与极化强度矢量 $\boldsymbol{P}$ 之间存在如下复杂关系

$$\boldsymbol{P} = \varepsilon_0 \, \boldsymbol{\chi}^{(1)} \boldsymbol{E} + \varepsilon_0 \, \boldsymbol{\chi}^{(2)} \boldsymbol{EE} + \varepsilon_0 \, \boldsymbol{\chi}^{(3)} \boldsymbol{EEE} + \cdots \tag{8-33}$$

式中:ε_0 为真空中的介电常数,$\boldsymbol{\chi}^{(1)}$ 为线性电极化率,$\boldsymbol{\chi}^{(2)}$ 为二阶非线性电极化率,$\boldsymbol{\chi}^{(3)}$ 为三阶非线性电极化率。

通常 $\boldsymbol{\chi}^{(1)} \gg \boldsymbol{\chi}^{(2)} \gg \boldsymbol{\chi}^{(3)}$,而且 $\boldsymbol{\chi}^{(1)}$、$\boldsymbol{\chi}^{(2)}$ 和 $\boldsymbol{\chi}^{(3)}$ 都是张量。由式(8-33)可见,在光波电场 $\boldsymbol{E}$ 较弱的情况下,式(8-33)中第二项、第三项的影响就弱,就可以忽略,$\boldsymbol{P}$ 与 $\boldsymbol{E}$ 之间呈线性关系。当光场很强时,例如,用激光射在介质上,由于激光光束是在时间、空间、频率上的高度集中,从而光场很强,式(8-33)中第二、三项的作用不能忽略,因此,式(8-33)中 $\boldsymbol{P}$ 与 $\boldsymbol{E}$ 之间呈非线性关系。

当然,从本质上说,一切介质都是非线性的,只是有些介质的非线性影响小而已。众所周知,光纤是一种以石英为材料的介质,上述这种非线性效应由于光纤的低损耗、芯径细和有长的作用距离等原因,非线性作用就更加明显。

① 非线性折射

在强光的作用下,光纤折射率为

$$n = n_0 + n_2 E^2 \tag{8-34}$$

光纤的折射率不再是常数,而作非线性变化。

② 四波混频

四波混频又称为参量过程,它们分别是由二阶极化率$\chi^{(2)}$与三阶极化率$\chi^{(3)}$所引起。

光纤在强光场的激发下出现非线性效应,正像电子学中非线性器件可以实现电磁波在频谱上的变换一样,在光波中,利用非线性效应也可实现光波的频率变换,产生受激喇曼散射和受激布里渊散射,材料的折射率随光场变化等情况。利用这些效应,可实现光波的倍频、和频、差频,光波的参量振荡、光放大,使光脉冲变窄,从而实现光孤子传输等。

(2) 光纤孤子通信

光孤子(soliton)是一种光脉冲序列,它在光纤中长距离传输时能保持形状不变。光纤孤子通信是新一代高速长距离(如海底通信)光纤通信系统的理想选择。下面简述它的基本原理及系统特点。

设波长为λ、强度为$|E(t)|^2$的光脉冲在长度为L的单模光纤中传输,则光强感应的纤芯折射率变化为$\Delta n(t) = n_2|E(t)|^2$,$n_2$为石英介质的非线性系数。$\Delta n(t)$引起的光相位变化为

$$\Delta\varphi(t) = \frac{\omega}{c}\Delta n(t)L = \frac{2\pi L}{\lambda}\Delta n(l) \tag{8-35}$$

它使光脉冲的不同部位产生不同的相移,称为自相位调制(SPM)。SPM引起的频移为

$$\Delta\omega(t) = -\frac{\partial\Delta\varphi(t)}{\partial t} = -\frac{2\pi L}{\lambda}\frac{\partial}{\partial t}[\Delta n(t)] \tag{8-36}$$

在脉冲前沿,$(\partial\Delta n/\partial t) > 0$,频率下移;在脉冲顶部,$(\partial\Delta n/\partial t) = 0$,频移为零;而在脉冲后沿,$(\partial\Delta n/\partial t) < 0$,频率上移。此频移沿脉冲形成一定的分布,其前部频率变低,后部频率则升高。

同时考虑到光纤色散的影响,这种非线性 SPM 对光脉冲在光纤中的传输特性产生非常奇妙的影响。在单模光纤的反常色散区(即波长大于零色散波长的区域),其$(\partial v_g/\partial\omega) > 0$,SPM引起的频移使脉冲前沿的速度变慢、后沿的速度加快,结果脉宽收缩变窄,刚好与单因群色散引起的脉冲展宽效应相反。在一定条件下,非线性压缩和色散展宽作用相平衡,光脉冲形状在传输过程中就能保持不变,这种脉冲叫做基本孤子(一阶孤子)。若非线性压缩作用大于色散展宽,使脉冲进一步窄化,就形成高阶孤子。由于 SPM 是光强的函数,对一定的光纤介质,存在某个阈值功率,只有当注入的光功率超过阈值时才能产生压缩形成孤子。

3. 光孤子通信系统

将光孤子物理现象运用于光纤通信中,即形成了光孤子通信系统,组成框图如图 8-49 所示,系统中的光源为光孤子源,光放大器代替光电光中继器,由于系统的速率极高,多采用外调制器。

(1) 光孤子源

光孤子激光器种类有多种,如增益开关法布里-珀罗腔(FP)激光器、分布反馈激光器、色心激光器、锁模激光器等。除作为光纤通信光源的一般要求外,由于产生光孤子需要较高

的功率,因此光孤子源要求输出功率大且为窄脉冲。对于标准光纤,实现孤子传输($N=1$)所需的实际功率大约是几百毫瓦或更大,然而一般激光二极管是难以达到这样高的输出功率的。对于色散位移光纤来说,7ps 脉冲的孤子传输所需功率大约是 $20\sim60$mW。若孤子脉冲宽度为 20ps 则需要的功率可降低到几毫瓦,这样低的峰值功率使实用化成为可能,并且也大大地降低了成本。

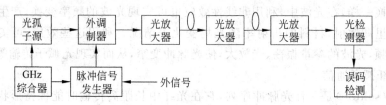

图 8-49　光孤子通信系统的组成框图

（2）外调制器

超高速大容量的光通信,一般情况下都采用外调制技术。这是因为外调制可以显著提高调制速率,可高达几十 Gb/s。另一个原因可避免光源直接调制时所产生的啁啾。目前使用较多的是 LiNbO$_3$ 光调制器。

（3）光放大器

目前使用较多的光放大器是 EDFA,泵浦光源采用 1.48μm InGaAsP 激光器,因为 EDFA 具有增益大、与光纤匹配好、技术成熟、成本较低等优点。近年来,随着光纤喇曼放大器的发展,在光孤子通信系统也逐渐获得应用。

（4）光孤子传输光纤

用于光孤子传输的光纤主要有两种：常规的 1.3μm 和 1.55μm 的单模光纤以及色散位移光纤。它们不仅处于低损耗窗口,而且对应的群色散均处于负值范围。具有正啁啾的光脉冲通过光纤时,脉冲可变窄。这样一来,光纤非线性引起光脉冲压缩与光纤色散引起的光脉冲展宽恰好相抵消,因而可保持光脉冲形状不变,使光脉冲不变形地无限远传输。

（5）光检测器

光孤子通信系统中的光检测器与一般光纤通信系统中使用的检测器相同,只不过是要求检测器的响应速度要快得多,即带宽大得多,因为传输的速率很高。

20 世纪 90 年代光孤子技术取得巨大进步,在实验室可利用环路模型来完成孤子的长距离传输,光纤孤子传输的实验研究结果是令人鼓舞的。1995 年后开始现场试验和实用化研究,已经引起工业界和电信运营商的高度重视,光孤子通信系统以其固有的优点,在超高速超长距离的通信中必将占一席之地。

小结

1. 光放大器及其工作性能

光放大器按照工作原理可分为半导体光放大器和光纤放大器。

光放大器的工作性能主要有放大器的增益与带宽、饱和输出功率、放大器噪声等。

2. 掺铒光纤放大器

掺铒光纤放大器(EDFA)是将铒离子注入到纤芯中,形成了一种特殊光纤,它在泵浦光的作用下可直接对某一波长的光信号进行放大。EDFA 具有许多优点,应用十分广泛。

按照掺铒光纤,EDFA 对 1520～1570nm 的光信号有放大作用。常用 980nm 的半导体激光器来泵浦,有时也采用 1480nm 的半导体激光器来泵浦。

EDFA 主要是由掺铒光纤(EDF)、泵浦光源、光耦合器、光隔离器以及光滤波器等组成。按照它的泵浦方式不同,主要有三种基本结构形式,即:用向泵浦结构、反向泵浦结构和双向泵浦结构。

EDFA 的具体的应用形式有四种:线路放大、功率放大、前置放大和 LAN 放大。

3. 光纤喇曼放大器

光纤喇曼放大器(Fiber Raman Amplifier,FRA)是利用光纤的受激喇曼散射效应制成的。

光纤喇曼放大器可分为分立式喇曼放大器和分布式喇曼放大器(DRA)两类。

FRA 具有其独特的优点,也广泛地应用于通信系统中。

4. 色散补偿技术

色散使输出信号展宽,对系统传输速率和距离产生严重的限制,因此色散补偿技术十分重要。

色散导致光信号展宽是由相位系数 $\exp(\mathrm{j}\beta_2 z\omega^2 - \mathrm{j}\omega t)$ 引起的,它使光脉冲经光纤传输时产生了新的频谱成分。所有的色散补偿方式都试图取消该相位系数,以便恢复原来的输入信号。

色散补偿的方法很多,可以在接收机、发射机或沿光纤线路进行。

5. 多信道复用技术

充分利用光纤的频带资源,提高光波系统的通信容量,是光波通信理论和设计上的重要问题。

解决这个问题有许多方案,可以从光信号和光波两个方面来考虑,主要有光时分复用(OTDM)技术、光码分复用(OCDM)技术、副载波复用(SCM)技术、波分复用(WDM)技术等。

6. 光波分复用原理

光波分复用(OWDM)是在一根光纤中同时传输两种或多种不同波长的光波信号。根据频率通道间隔又分为粗波分复用(CWDM)系统和密集波分复用(DWDM)系统。

WDM 系统以其巨大的优点而广泛地应用于通信系统中。

WDM 技术从传输方向分为:双向结构和单向结构两种基本应用形式。实用的 WDM 系统大多采用双纤单向传输方式。路由的光纤数量不足、原来已敷设的是 G.653 光纤升级为 WDM 系统时也可以采用单纤双向传输方式。

7. 光波分复用技术

WDM 系统是由光发射机、光接收机、光中继器和光监控与管理系统构成。构成一个 WDM 系统有许多技术需要解决,如光波长区的分配、光转发器(OUT)技术、可调光滤波接收技术等。

8. 光波分复用器

光波分复用器是实现不同的光信号合波和分波的器件。

光波分复用器的种类很多,大致可分为:熔锥光纤型、介质膜干涉型、光栅型和波导型四大类。

9. WDM 系统设计考虑的重要问题

WDM 系统的性能,除了插入损耗和分配损耗以及噪声等影响因素之外,最大的影响因素是信道串扰。

WDM 系统设计方案应考虑下面问题:

(1) 复用路数与波长范围的选择。

(2) 速率等级的选择。

(3) 光纤类型的选择。

(4) 通路组织。

(5) 信道功率问题。

习题

8-1　通信容量的大小通常用 BL 积表示,用什么方法可以增加 B 和 L?

8-2　试说明 EDFA 具有哪些主要优点。

8-3　画出 EDFA 的工作能级图,简述 EDFA 的工作原理。

8-4　画出双向泵浦掺铒光纤放大器结构示意图。

8-5　什么是喇曼散射效应?

8-6　色散会使光纤通信系统的光信号发生怎样的变化? 色散补偿的原理是什么?

8-7　填空题

(1) 多信道复用技术中,可以从光信号和光波两个方面来考虑,主要技术包括_____、_____、_____和_____。

(2) ITU-T 建议 G.692 文件确定 WDM 系统的绝对参考频率规范为_____。

(3) 在一根光纤中同时传输两种或多种不同波长的光波信号称为_____技术。

(4) WDM 技术从传输方向分有_____和_____两种基本应用形式。

(5) 光波分复用器的种类很多,应用于不同的领域,WDM 器件的技术要求和制造方法都不相同,大致可分为:_____、_____、光栅型和波导型四大类。

8-8　简述 OTDM 的原理。

8-9　试画出 WDM 的双纤单向和单纤双向传输方式的示意图。

8-10　试说明 WDM 光的发射为什么采用光转发器(OUT)技术。

8-11　可调光滤波器的作用是什么?

8-12　WDM 系统的信道串扰中,两个以上不同波长的光信号在光纤的非线性影响下有四波混频(Four Wave Mixing,FWM),说明如何减小 FWM 的影响。

第9章 光 网 络

以 IP 业务为标志的新型数据业务的迅速发展使得以传统的语音业务为基础的通信网的通信容量面临着巨大的压力。例如 Internet 浏览、视频广播、视频电话等许多多业务都需要巨大的带宽支持。这时也只有光纤才能满足这样巨大容量的传输。

尽管光纤在容量、速度、透明性等方面具有巨大的优势，但只有在有效的、科学的互联体系结构基础之上，才能成为真正意义上的高效网络。由此可见，光网络是以光纤为基础传输链路所组成的一种通信体系网络结构。目前的光网络不是一种纯光的光网络，它的控制、管理及处理仍由电层来完成。

9.1 SDH 光同步数字传送网

在 20 世纪 80 年代末，同步数字体系问世。但是 SDH 系统在光域只是起到了传输的作用，信息的处理都是在电域完成，这就需要庞大的光-电、电-光转换设备，而且处理的速度受电子瓶颈的限制。SDH 光同步数字传送网正是在这个背景下诞生的。

1. SDH 网的基本网络单元和网络节点接口

SDH 的基本网络单元有终端复用器(TM)、分插复用器(ADM)、再生中继器(REG)和同步数字交叉连接设备(SDXC)。

网络节点接口(NNI)是 SDH 网的关键。网络节点接口是网络节点之间的接口，在实际上可以看成是传输设备与其他网络单元之间的接口。它在网络中的位置如图 9-1 所示。

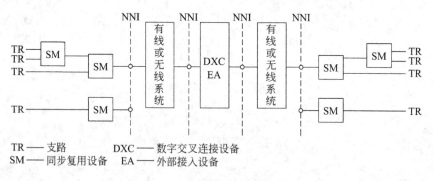

图 9-1 SDH 的网络节点接口

如果能够规范一个唯一的标准，它不受传输媒质的限制，也不局限于特定的网络节点，结合所有不同的传输设备和网络节点，构成一个统一的传输、复用、交叉连接和交换的接口，那么这个网络节点接口才具有很强的适应性和灵活性而成为通信网的基础设施。

要规范一个统一的网络节点接口，必须有一个统一接口速率等级和数据传送格式。而

SDH 的 NNI 处有标准化接口速率、信号帧结构和信号码型。

SDH 传输网是由一系列 SDH 网络单元组成,包括终端复用器(TM)、分插复用器(ADM)、再生中继器(REG)和同步数字交叉连接设备(SDXC)等。这些设备均由一系列逻辑功能块构成,SDH 逻辑功能块可分为基本功能块和辅助功能块。SDH 传输网中的设备有三类:交换、传输和接入设备。就其传输设备而言,又包括再生器、复用设备和数字交叉连接设备。由于它们的功能各不相同,因而构成其功能的逻辑功能块也不同,下面对传输设备进行介绍。

(1) 再生器

由于光纤固有损耗的影响,使得光信号在光纤中传输时,随着传输距离的增加,光信号逐渐减弱。如果接收端所接收的光功率过小时,便会造成误码,影响系统的性能,因而此时必须对变弱的光信号进行放大、整形处理。这种仅对光信号进行放大、整形的设备就是再生器。由此可见,再生器不具备复用功能,它是最简单的一种设备。

(2) 复用设备

SDH 传输网中共有两种复用设备,即终端复用器(TM)和分插复用器(ADM)。

终端复用器(TM)用作线路终端设备,有多种类型,它的主要任务是将准同步电信号(2Mb/s、34Mb/s 或 140Mb/s)复接成 STM-N 信号,并完成电-光转换;也可将准同步支路信号和同步支路信号(包括电信号或光信号)或将若干个同步支路信号(包括电信号或光信号)复接成 STM-N 信号,并完成电-光转换。在接收端则完成相反的功能。TM 的功能如图 9-2 所示,图中 D1~D4 为准同步支路信号。

(3) 分插复用器

分插复用器(ADM)是 SDH 网络中最具特色,也是应用最为广泛的设备。ADM 是一个三端口设备,它的功能如图 9-3 所示。ADM 有两个线路(也称群路)口,输出和输入均为 SIM-N 信号,和一个支路口,支路信号可以是各种准同步信号,也可以是同步信号。

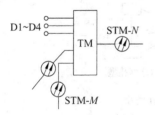

图 9-2 TM 功能示意图

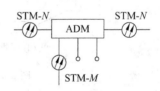

图 9-3 ADM 功能示意图

ADM 的特点是可从主流信号中分出一些信号并接入另外一些信号。与 TM 相同,ADM 既能连接不同的信号也能分支具有比主流信号更低容量的电或光信号。当需要分支出的信号容量低于主流信号容量时,例如,从 STM-4 中分出一个 2Mb/s 和接入另外一个 2Mb/s 时,该特点更为突出。由于 ADM 将同步复用和数字交叉连接功能综合为一体,具有灵活地分插任意支路信号的能力,因此称其为分插复用器。

由于 ADM 具有灵活的分插电路的功能,当它用于两终端之间的一个中继点上时,可作为提取和插入准同步信号或同步信号的复用设备,因此常用于线型网和环型网。

ADM 也可用作 TM,此时将它的两个 STM-N 接口用作主用和备用接口。

(4) 数字交叉连接设备

数字交叉连接设备(DXC)是一种具有一个或多个准同步数字体系(G.702)或同步数字

体系(G.707)信号的端口,可以在任何端口信号速率(及其子速率)间进行可控连接和再连接的设备。

适用于 SDH 的 DXC 称为 SDXC(见图 9-4),SDXC 能进一步在端口间提供可控的 VC 透明连接和再连接。这些端口信号可以是 SDH 速率,也可以是 PDH 速率。

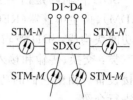

图 9-4　SDXC 功能示意图

DXC 的基本功能:分离本地交换业务和非本地交换业务;为非本地交换业务(如专用电路)迅速提供可用路由;为临时性重要事件(如政治事件、重要会议和运动会)迅速提供电路;网络出现故障时网络运营者可以自由地在网中使用不同的数字体系(PDH 或 SDH)。

DXC 与常规数字交换机不同,DXC 的交叉连接的对象是多个电路组成的电路群(2.048~155.520Mb/s),而常规数字交换机的交换对象是单个电路(64kb/s)。

2. SDH 网络的拓扑结构

网络的拓扑结构是指网络的形状,即网络节点设备与传输线路的几何排列,因而根据不同的用户需求,同时考虑到社会经济的发展状况,可以确定不同的网络拓扑结构。

在光网络中,通常采用点对点线型、星型、树型、环型或网孔型网络结构,如图 9-5 所示。

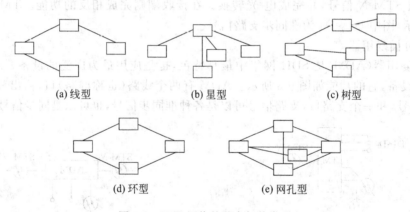

(a) 线型　　　　　　(b) 星型　　　　　　(c) 树型

(d) 环型　　　　　　(e) 网孔型

图 9-5　SDH 网络的基本拓扑类型

(1) 线型是将各网络节点串联起来,同时保持首尾两个网络节点呈开放状态的网络结构。一般两个端节点上配备终端复用器,而在中间节点上配备分插复用器。可见这种网络结构简单、一次性投资小、容量大,便于采用线路保护方式进行业务保护,但当光缆完全中断时,此种保护功能将失效。

(2) 星型是指其中一个特殊网络节点(即枢纽点)与其他互不相连的网络节点直接相连,这样除枢纽点之外的任意两个网络节点之间的通信,都必须通过此枢纽点才能完成连接。这种网络结构简单、建设成本低,但在枢纽节点上的业务过分集中,并且只允许采用线路保护方式,因此系统的可靠性也不高。

(3) 树型网络是由星型结构和线型结构组合而成的网络结构,即将点对点拓扑单元的末端连接到几个枢纽点时的网络结构。这种网络结构适合于广播式业务,而不利于提供双向通信业务,同时也存在枢纽点可靠性不高和光功率预算问题,但这种网络结构仍在长途网中使用。

(4) 环型网络是指那些将所有网络节点串联起来,并且使之首尾相连,而构成的一个封闭环路的网络结构。在此网络中,只有任意两网络节点之间的所有节点全部完成连接之后,任意两个非相邻网络节点才能进行通信。这种网络结构的一次性投资要比线型网络多,但其结构简单,而且在系统出现故障时,具有自愈功能,即在出现故障时系统可以在无人干涉的情况下自动地进行环回倒换处理,从而具有恢复业务的功能。

(5) 网孔型是指若干个网络节点直接相互连接时的网络结构,这时没有直接相连的两个节点之间仍需利用其他节点的连接功能,才能完成互通。如果网络中所有的网络节点都达到互通,则称之为理想的网孔型网络结构。

在进行 SDH 网络规划时,原邮电部在 1994 年制定的《光同步传输技术体制》的相关标准和有关规定,确定了我国 SDH 网络结构。我国 SDH 网络结构采用四级制,如图 9-6 所示。

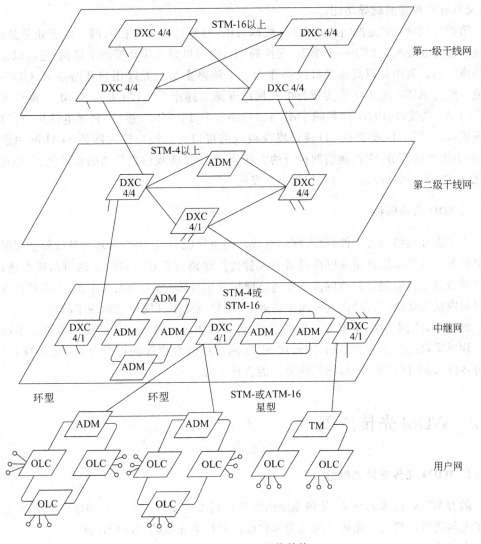

图 9-6　我国 SDH 网络结构

第一级干线：它是最上一层网络，主要用于省会城市间的长途通信。由于其间业务量较大，因而一般在各城市的汇接节点之间采用 STM-64、STM-16、STM-4 高速光链路。而在各汇接节点城市装备 DXC 设备，例如 DXC4/4，从而形成一个以网孔型结构为主，其他结构为辅的大容量、高可靠性的骨干网。

第二级干线：主要用于省内的长途通信。考虑其具体业务量的需求，通常采用网孔型或环型骨干网结构，有时也辅以少量线型网络。因而在主要城市装备 DXC 设备，其间用 STM-4 或 STM-16 高速光纤链路相连接，形成省内 SDH 网络结构。同样由于在其中的汇接点采用 DXC4/4 或 DXC4/1 设备，因而通过 DXC4/1 上的 2Mb/s、34Mb/s 和 140Mb/s 接口，从而使原有的 PDH 系统也能纳入第二级干线进行统一管理。

第三级干线：主要是由用于长途端局与市话之间以及市话局之间通信的中继网构成的。根据区域划分法，可分为若干个由 ADM 组成的 STM-4 或 STM-16 高速环路，也可以是用路由备用方式组成的两节点环，而这些环是通过 DXC4/1 设备来沟通，具有很高的可靠性，又具有业务量的疏导功能。

第四级网络：它是网络的最低层，被称为用户网，也被称为接入网。由于业务量较低，而且大部分业务量汇聚于一个节点（交换局）上，因而可以采用环型网络结构，也可以采用星型网络结构。其中是以高速光纤线路作为主干链路来实现光纤用户环路系统（OLC）的互通或者经由 ADM 或 TM 来实现与中继网的互通。速率为 STM-1 或 STM-4，接口可以为 STM-1 光、电接口、PDH 体系的 2Mb/s、34Mb/s 和 140Mb/s 接口、普通电话用户接口、小交换机接口、2B+D 或 30B+D 接口以及城域网接口等。用户接入网是 SDH 网中最为复杂、最为庞大的部分，它占通信网投资的大部分，但为了实现信息传递的宽带化、多样化和智能化，所以用户网已经逐步向光纤化方向发展。

3. SDH 自愈保护

为了提高网络的安全性，要求网络有较高的生存能力，在网络出现意外故障情况时自动恢复业务。其基本原理是使网络具备发现替代传输路由并在一定时限内重新建立通信，这样的网络就是自愈网。自愈网能够在通信网络发生故障时，无须人为干预，网络就能在极短的时间内从失效故障自动恢复所携带的业务，用户感觉不到网络已出现了故障。

而在 SDH 网络中，根据业务量的需求，可以采用各种各样拓扑结构的网络。不同的网络结构所采取的保护方式不同，因而在 SDH 网络中的自愈保护可以分为：线路保护倒换、自愈环路保护、网孔型 DXC 网络恢复及混合保护方式等。

9.2　WDM 光传送网

1. WDM 光传送网的概念

随着 WDM 技术的突破，传输系统的容量得到飞速发展。2000 年，IUT-T G805 建议提出了光传送网的概念。光传送网是为客户层信号提供光域处理的传送网。

在目前的通信网络中，由于技术条件有限（如光存储器、光处理器等功能仍无法在光层上完成),因此起控制功能的信号需要经过光-电转换成电信号,才能进行信号处理,所产生的控制指令也必须经过电-光转换成光信号,因此通信网分为不同的层次。

通信网与光传送网的关系如图 9-7 所示。

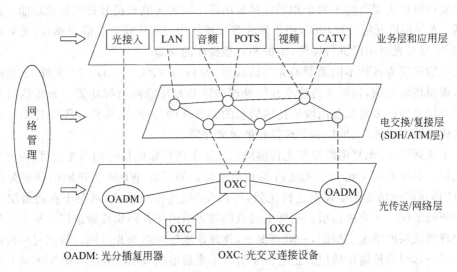

OADM: 光分插复用器　　　　　OXC: 光交叉连接设备

图 9-7　通信网为分层结构

通信网最上层是业务层,各种不同业务网络提供不同的业务信号,如视频、音频和数据信号。业务层直接为电交换/复用层提供服务内容,最下层就是光传送层,通过光传送/网络层在光域上进行信号传输。下层为上层提供支持手段,上层为下层提供服务内容。

2. WDM 光传送网分层结构

利用 SDH 传送网的网络分层和分割的概念,可以从垂直方向将任意一个网络分解成若干独立的网络层,上层网络为下层网络提供服务,下层网络为上层网络提供支持手段。每一层网络又可按水平方向划分为若干部分,每一部分完成其相应的功能。这可使同样功能的元件隶属于同一层网络,使每一层网络相对独立,从而简化网络设计,减少因维护等因素而引起的对其他层的影响。同时还简化了管理目标,便于网络的平稳升级,因而 WDM 也采用了分层结构。

由于在 WDM 系统中多波长业务信号可以同时在一根光纤中进行传输,每个波长上的业务信号可以是 STM-16 或 STM-64,因此 SDH 传送网的分层结构是针对单一波长的。而用 WDM 技术所构成的网络是光传送网。按照 G. 805 建议的规定,从垂直方向上光传送网分为光通道(OCH)层、光复用段(OMS)层和光传输段(OTS)层三个独立层网络,它们之间的关系如图 9-8 所示。

光通道层所接收的信号来自电通道层,在

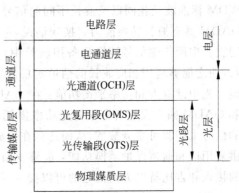

图 9-8　WDM 光传送网的功能分层模型图

此光通道层将为其进行路由选择和波长分配,从而可灵活地安排光通道连接、光通道开销处理以及监控功能等。当网络出现故障时,能够按照系统所提供的保护功能重新建立路由或完成保护倒换操作。

光复用段层主要负责为两个相邻波长复用器之间的多波长信号提供连接功能。具体功能包括:光复用段开销处理功能,用于保证多波长复用段所传输信息的完整性;光复用段监控功能,完成对光复用段进行操作、维护和管理操作的保障。

光传输段层为各种不同类型的光传输媒质(如 G.652、G.653、G.655 光纤)上所携带的光信号提供传输功能,包括光传输段开销处理功能和光传输段监控功能。光传输段开销处理功能是用来保证多波长复用段所传输信息的完整性的功能,而光传输段监控功能则是完成对光传输段进行操作、维护和管理操作的重要保障。

由于光通道层、光复用段层和光传输段层三层上所传输的信号均为光信号,因此也称它们为光层。其中光层又包含了光通道层和光段层。如果将 WDM 传送网的功能分层模型与 SDH 传送网的功能分层模型进行比较,可以发现它们之间的区别在于在通道层中增加了一个新的子层——光通道层。这样电通道层与光通道层共同构成通道层。整个光传输网是由物理媒质层网络来支持的,一般情况下,物理媒质层网络为光纤网。与光复用段层和光传输段层一起组成传输媒质层。正是由于引入了光通道层,OXC 可以直接在光域上实现高速数据流的选路功能,而 DXC 只能为低等级的数据流提供分接和选路由的功能,但光通道层的 OADM 也可以在光域上完成插入与分接功能。

3. WDM 光传送网的关键器件

WDM 光传送网已经成为通信网的重要部分,WDM 光传送网的网络设备和器件很多。其中光分插复用器(OADM)和光数字交叉连接器(OXC)已经成为光传送网中的关键器件,其性能直接对通信网络的性能构成影响。下面对 OADM 和 OXC 进行介绍。

(1) 光分插复用器(OADM)

OAMD 的主要功能包括:波长上、下话路的功能、波长转换功能、光中继放大和功率平衡功能、复用段和通道保护倒换功能、多业务接入功能等。

波长上、下话路的功能:要求给定波长的光信号从对应端口输出或插入,并且每次操作不应造成直通波长质量的劣化,而且要求直通波长接入的衰减要低。波长转换功能:与 WDM 标准波长相同以及波长不同的信号都能通过 WDM 环网进行信息的传输,因此要求 OADM 具有波长转换能力。换句话说,它既包括标准波长的转换(建立环路保护时,需将主用波长中所传输信号转换到备用波长中),还包括将外来的非标准波长信号转换成标准波长,使之能够利用相应波长的信道实现信息的传输,这要求依据网络的波长资源分配方案确定。光中继放大和功率平衡功能:在 OADM 节点可通过光功率放大器来补偿光线路衰减和 OADM 插入损耗所带来的光功率损耗,功率平衡是指用从探测器输出的电信号中提取的信号来控制可变衰减器,从而达到在合成多波信号前对各个信道进行功率上的调节。提供复用段和通道保护倒换功能:能够支持各种自愈环。多业务接入功能:例如 SDH 信号的接入和吉比特以太网信号的可以接入。

图 9-9 是一个双向 OADM 节点主光通道的体系结构框图,它是由光放大单元、分插复用单元、线路保护倒换单元、通道保护单元、上路波长指配单元和下路波长指配单元、功率均

衡单元等构成。

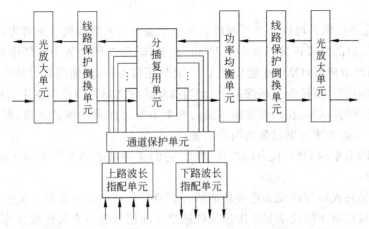

图 9-9　双向 OADM 节点主光通道的体系结构框图

分插复用单元是 OADM 的基本功能单元,其构成方案有很多,归纳起来主要有以下四种形式:分波器、空间交换单元和合波器组成的 OADM;耦合单元、滤波单元和合波器构成的 OADM;电声光可调滤波器耦合单元、滤波单元和合波器构成的 OADM;由波长光栅路由器(WGR)构成的 OADM。

下面简单介绍由分波器、空间交换单元和合波器组成的 OADM。图 9-10 为基于分波器、空间交换单元和合波器组成的 OADM 结构示意图。其中一般采用光开关或光开关阵列作为空间交换单元,分波器和合波器则是普通的复用/解复用。这种结构的 OADM 结构简单,对上、下话路操作很容易进行控制。例如当采用 1×8 解复用器时,则可以由 8×8 的光交叉矩阵来完成无阻塞的交叉功能。同时由于其中采用的是光转发器,因而可插入任意波长的光信号,使用非常灵活。由于使用了分波器和合波器以及光开关阵列,也给系统引入了插入损耗和时延。目前光开关多采用铌酸锂(LiNbO₃)开关,它的响应时间处于微秒量级,但所引入的插入损耗较大(大于机械开关的插损)。

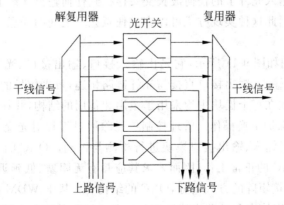

图 9-10　基于分波器、空间交换单元和合波器组成的 OADM 结构示意图

(2) 光数字交叉连接器(OXC)

OXC 是一种光网络节点设备,它可在光层上进行交叉连接和灵活的上下话路操作,同

时还提供网络监控和管理功能。它是实现可靠地网络保护与恢复以及自动配线和监控的重要手段。

OXC 的主要功能是可以在光纤和波长两个层面上为网络提供带宽管理,如动态重构光网络、提供光信道的交叉连接以及本地上下话路操作、动态调节各个光纤中的流量分布等。同时在出现断纤故障时,OXC 还能提供 1+1 光复用段保护,即使用其中的光开关将原主用信道中所传输的信号倒换到备用信道上,而当故障排除之后再倒换回主用信道,从而实现网络保护与恢复功能。如果在出现故障线路的两个节点之间启用波长转换,那么可通过波长路由重新选择功能来实现更复杂的网络恢复。

与 SDH 网络中的 DXC 设备的功能相比,它们在网络中的地位和作用相同,但功能上存在下列区别:

- OXC 是在光域完成交叉连接功能的,而 DXC 是在电层上进行交叉连接。
- OXC 可以对不同速率和采用任何传输格式的信号进行交叉连接操作,但 DXC 设备是针对不同传输格式和不同传输速率的信号的处理方式不同。因此 DXC 分为不同的型号,如 DXC4/4、DXC4/1 等。而且 DXC 的监控维护也相对复杂。
- 由于 DXC 设备中的信号处理是在电层上进行的,因而 DXC 受电子速率的限制,交叉连接速率较低,到目前为止,交叉连接和接入速率最高只能到 622Mb/s,交叉总容量只达 40Gb/s。而 OXC 无论在交叉连接速率、接入速率以及总容量等方面,都优于 DXC。OXC 的接入速率范围是 140Mb/s~10Gb/s,交叉总容量可达1~10Tb/s。
- OXC 中无须进行时钟信号同步与开销处理,便于网络升级(无须更换设备),而 DXC 必须进行时钟信号同步与开销处理,在网络升级时必须更换设备。

OXC 的实现方式有三种: 光纤交叉连接、波长交叉连接和波长转换交叉连接。光纤交叉连接方式是指,以一根光纤中所传输的总容量为基础进行交叉连接的方式,其交叉容量大,但缺乏灵活性。波长交叉连接方式是指,可以将任何光纤上的任何波长交叉连接到使用相同波长的任何光纤上的实现方式,与光纤交叉连接实现方式相比,其优越性在于具有更大的灵活性。但由于其中无波长转换,因此其灵活性受到一定的影响。波长转换交叉连接方式是指,可以将任何输入光纤上的任何波长交叉连接到任何输出光纤上的实现方式,由于采用了波长转换技术,因此这种实现方式可以完成任意光纤之间的任意波长间的转换,其灵活性更强。

OXC 的结构框图如图 9-11 所示,它是由输入接口、输出接口、光交叉连接矩阵和管理控制单元构成。其中输入、输出接口直接与光纤链路相连,负责信号的适配和放大功能。为了保证网络安全,因此在每个模块中均采用了主用和备用的结构,并在管理控制单元的控制下使 OXC 自动进行保护倒换操作。管理控制单元除通过编程对光交叉连接矩阵进行控制管理之外,还要负责对输入、输出接口模块进行检测与控制。OXC 的关键技术是光交叉连接矩阵,为了保证 OXC 的正常工作,因而要求其应具有无阻塞、低延迟、宽带和高可靠性的性能。根据光交叉连接矩阵的方式划分,OXC 的结构有: 基于 WDM 技术和空分复用技术的 OXC;基于空分复用技术和可调光滤波器技术的 OXC;基于分送耦合开关的第一类第二类 OXC;基于平行波长的开关的 OXC;完全基于波长交换的 OXC,等等。

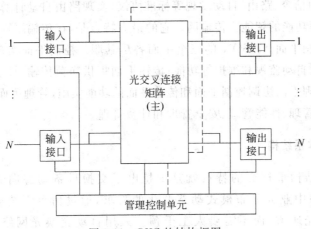

图 9-11 OXC 的结构框图

9.3 智能光网络

1. 产生及特点

智能光网络也称为自动交换光网络(Automatically Switched Optical Network, ASON),它是一种具有灵活性、高扩展性的,能够在光层上按照用户请求自动进行光路连接的光网络。它是在 Internet 迅猛发展的背景下产生的。

Internet 的迅猛发展带来了网络业务量的爆炸性增长,各种新型业务(如视频点播、带宽租用、虚拟专用网等)不断涌现。数据业务的宽带化发展使得网络中的大颗粒业务大量涌现,如 GE、10GE、40GE 以太网,2.5Gb/s、10Gb/s 和 40Gb/s SDH 分组传输接口等。而传统的 IP 网络技术更适合于小颗粒业务处理,迫切需要对这些大颗粒业务进行高效传输、灵活调度和完善管理。

众所周知,光传输网技术才能真正实现波长和电路业务的全网智能化。光传输网(Optical Transport Network, OTN)针对大颗粒业务多、长传输,集成了 SDH、ASON 和 DWDM 优点,可以在电层和光层对波长及子波长进行交叉调度、对业务进行异步映射和复用、实现保护与恢复。在光传输网中增加智能 ASON/通用多协议标记交换控制平面后,构成了 OTN 的 ASON 网络。它与 SDH 的 ASON 网络采用同一控制平面,可以实现端到端、多层次的智能光网络,能够提供不同等级的服务质量保证,可以有效地降低网状网中的保护成本。

为了解决在 OTN 上缺乏一个开放的、标准化的控制,实现光通道层的自动交换,ITU-T 的 SG15 提出了自动交换光网络的概念。即采取:"自上而下"的方式制订了 ITU-T G.8070(2001)《自动交换传输网总体要求》、ITU-T G.8080(2001)《自动交换光网络体系架构》等一系列标准,力求由 ASON 构成的光传输网络能够成为一个更为灵活、可靠、可扩展的智能化光传输网络。

ASON 是利用信令、路由、自动发现等标准协议,实现路由自动计算、连接自动建立、网络资源自动发现等功能的智能光传输网。它的最大特点是,在传输平面和管理平面的基础上,增加了一个控制平面。ASON 的三个平面各尽其职。控制平面实现路由自动计算、连接自动建立/释放、自动监视和维护等功能;传输平面提供净荷传输、性能监视、故障检测和保护倒换功能;管理平面协调控制平面和传输平面的功能实施,管理平面完成的具体功能包括故障管理、配置管理、性能管理、安全管理和计费管理。

2. ASON 的体系结构

ASON 网络结构最核心的特点就是支持电子交换设备动态向光网络申请带宽资源,可以根据网络中业务分布模式动态变化的需求,通过信令系统或者管理平面自主地建立或者拆除光通道,而不需要人工干预。采用自动交换光网络技术之后,可以使原来复杂的多层网络结构简单化和扁平化,光网络层可以直接承载业务,避免了传统网络中业务升级时受到的多重限制。ASON 的优势集中表现在其组网应用的动态、灵活、高效和智能方面。

ASON 网络由控制平面、管理平面、传送平面和数据通信网组成,如图 9-12 所示。

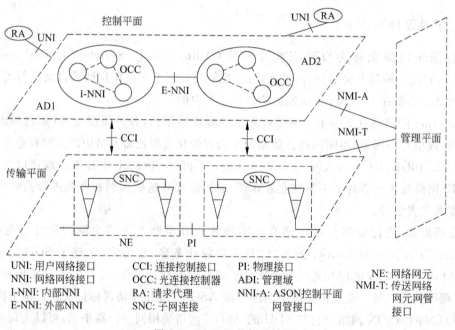

UNI: 用户网络接口	CCI: 连接控制接口	PI: 物理接口	NE: 网络网元
NNI: 网络网络接口	OCC: 光连接控制器	ADI: 管理域	NMI-T: 传送网络
I-NNI: 内部NNI	RA: 请求代理	NNI-A: ASON控制平面	网元网管
E-NNI: 外部NNI	SNC: 子网连接	网管接口	接口

图 9-12　ASON 的体系结构

传输平面是在两个地点之间提供单向或双向的端到端用户信息传输,也可以提供控制和网络管理信息的传输。传输平面是由一系列的传输实体组成。这些实体包含实施交换功能的传输网网元,如分插复用器、多业务传输平台、数字交叉连接设备和光数字交叉连接设备等。组网灵活性由封装在网元内的连接功能提供。

控制平面是 ASON 的技术核心,它包括了一系列实时的信令及协议系统,负责快速有效地对网络中的端到端连接进行动态控制,如连接的建立、删除及修改等。

管理平面主要面向网络管理者,履行传输平面、控制平面和整个系统的管理功能,包括性能管理、故障管理、配置管理和安全管理等。同时,管理平面要提供在这些平面之间的协调操作。

数据通信网络(Data Communications Network,DCN)为传输平面、控制平面和管理平面内部,以及三者之间的管理信息和控制信息通信提供传输通路。DCN 是一种支持网络七层协议栈中第一层(物理层)、第二层(数据链路层)和第三层(网络层)功能的网络,主要承载管理信息和分布式信令信息。

3. ASON 的连接方式

ASON 支持三种连接:永久连接、交换连接和软永久连接。

(1) 永久连接(PC)

永久连接是由网管系统指配的连接类型。沿袭了传统光网络的连接建立形式,连接路径由管理平面根据连接要求以及网络资源利用情况预先计算,然后沿着连接路径通过网络管理接口(NMI-T)向网元发送交叉连接命令,进行统一指配,最终完成通路的建立过程。

(2) 交换连接(SC)

交换连接是由控制平面发起的一种全新的动态连接方式,是由源端用户发起呼叫请求,通过控制平面的信令和实体间信令的交互而建立起来的连接类型,如图 9-13 所示。

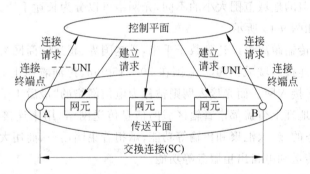

图 9-13　ASON 中的交换连接

交换连接实现了连接的自动化,满足快速、动态并符合流量工程的要求,这种类型的连接集中体现了 ASON 的本质要求,是 ASON 连接实现的最终目标。

(3) 软永久连接(SPC)

由管理平面和控制平面共同完成,是一种分段的混合连接方式。在软永久连接中,用户到 ASON 网络的部分由管理平面直接配置,而 ASON 网络中的连接由控制平面完成,如图 9-14 所示。可以说软永久连接是从永久连接到交换连接的一种过渡类型。

对三种连接类型的支持使 ASON 能与现存光网络无缝连接,也有利于现存网络向 ASON 的过渡和演变。可以说自动交换光网络代表了光通信网络技术新的发展阶段和未来的演进方向。

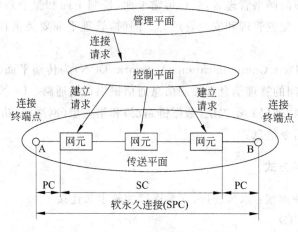

图 9-14　ASON 中的软永久连接

9.4　城域光网络

1. 城域光网络概述

按照光网络覆盖的地域范围大小的不同,光网络可以分为长途干线光网络(骨干网),城域网和光接入网,如图 9-15 所示。

长途干线网的传输距离可以达到数千千米,是越国界、越运营商网络边界的网络。长途干线网与城域网相连接。城域网覆盖范围在 $50\sim150\mathrm{km}$,扮演着承上启下的作用,其上接长途干线网,下连光接入网。而光接入网则被称为电信网络的"最后 1 千米"。

城域网泛指在地理上覆盖都市管辖区域的信息传送网络,用来连接长途干线网和光接入网,提供不同业务的接入、汇聚和传输等功能,承担着集团用户、商用大楼和智能小区的多种业务接入、信息传送和电路出租服务等功能。

城域网位于长途干线光网络(骨干网)与接入网的交汇处,是通信网中最复杂的应用环境,各种业务和各种协议都在此汇聚、分流和进出长途干线光网络(骨干网)。城域网具有以下主要特点:

(1) 城域网业务具有多样性,以数据业务为主,多种交换技术和业务网络并存。在单一平台上能够处理多种协议、支持多种业务是城域网具有竞争优势的主要因素。为了支持多种业务类型,城域网需要提供多种标准且容易使用的接口,也应透明地处理各种协议。

(2) 以数据为主的城域网业务的流量具有不确定性和突发性,流向容易改变,网络的灵活性十分重要,城域网更需要具有动态带宽分配能力,拥有良好的扩展性。

(3) 城域网的电路调度多,需要有较强的调度和电路配置能力、多样化的生存能力,具有高可靠性和高可管理性。

(4) 相对骨干网,承担城域网建设、运维费用的用户较少,因此,需要考虑成本和设备的性价比。

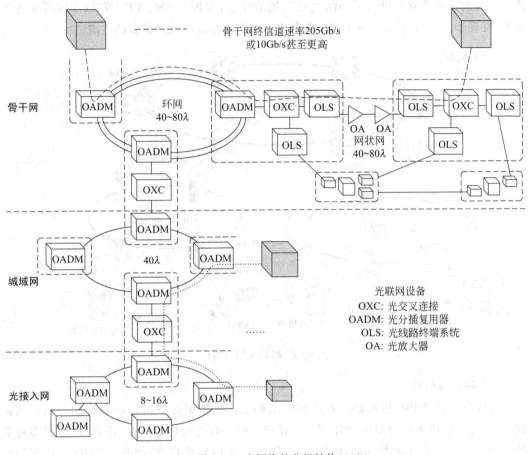

图 9-15　光网络的分级结构

2. 城域光网络的体系结构

城域光网络可分为核心层、汇聚层和接入层,其网络结构如图 9-16 所示。

核心层主要是为各业务汇聚层节点提供高速的承载和传输通道,同时实现与骨干网络的互联。汇聚层主要完成本地业务的区域汇接,进行业务汇聚、管理与分发处理。接入层则主要利用各种接入技术和线路资源实现对用户的覆盖。

3. 城域光网络的技术选择

城域网的技术具有多样性,形成多种技术融合的局面。目前,城域光网络应用的主要技术选择包括:基于 SDH 的多业务传送平台(MSTP)、基于数据的弹性分组环(RPR)、城域光网络波分复用技术。

(1) 多业务传送平台

多业务传送平台(MSTP)是在 SDH 的基础上发展演变而来的。传统的 SDH 是为语音信号而设计的,基于固定时隙提供带宽,不利于突发数据业务的传送,不能充分利用分组和信元技术的统计复用能力,带宽利用率低。MSTP 基于 SDH 平台,继承了 SDH 的健壮性,并在原有设备的基础上进行了功能优化和技术改造,实现 TDM、ATM 和以太网等业务的接入、处理和传送,提供统一的网管,成为当前电信运营商城域网设备的主流选择。

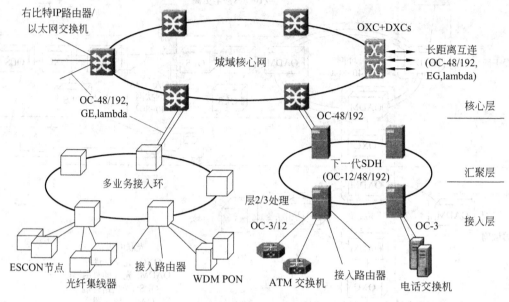

图 9-16　城域光网络结构

（2）弹性分组环

弹性分组环(RPR)技术是一种在环状结构上优化数据业务传输的新型的介质访问控制协议,能够适应多种物理层(如以太网、SDH),可以有效地传输数据、语音、图像等多种业务。RPR 融合了以太网技术的经济性、灵活性、可扩展性等特点,吸收了 SDH 环状网络的50ms 快速保护的优点。同时具有网络拓扑自动发现、环路带宽共享、公平分配、严格的业务分类、安全性等技术优势,极大地弥补了传统以太网应用于广域范围的不足。

RPR 技术的研究目标是在不降低网络性能和可靠性的前提下,为城域网提供更加经济和更加有效的解决方案。

（3）城域光网络波分复用技术

随着 Internet 业务的爆炸性发展,通信网络日益拥挤,要改善这种状况,城域光网络波分复用技术是最佳选择。波分复用(WDM)技术具有大容量、易扩展、技术成熟、组网灵活和可靠性高等优点,必然可以应用在城域网中。波分复用分为密集波分复用(DWDM)和粗波分复用(CWDM)。DWDM 技术在城域网中的应用成本偏高,主要应用在城域网的核心层,完成高速大容量的业务转接。而 CWDM 正在广泛地应用在城域光网络中。

为了节约成本,人们提出了粗波分复用(Coarse Wavelength Division Multiplexing,CWDM)技术的概念。CWDM 技术充分分析了城域传输网传输距离短的特点,从而不必受EDFA 放大波段的限制,而是可以在 $1270\sim1610\mathrm{nm}$ 的整个光纤传输窗口上,以比 DWDM系统宽得多的波长间隔进行波分复用。由于波长间隔宽、传输距离短,这至少可以从以下几个方面大幅度降低成本:

• 使用无致冷激光器,使激光器制造和封装成本降低。对波长误差的放宽也可使用更廉价的激光器。CWDM 还可以采用垂直腔表面发射激光器。现在已经可以采用单片工艺大批量生产。焊接和封装技术简单，从而能够制造出性价比很高的、适合于 CWDM 系统使用的垂直腔表面发射激光器。

- CWDM 无须选择成本昂贵的密集波分解复用器和复用器，只需选择廉价的粗波分复用器和解复用器。
- 无须采用比较复杂的控制技术以维护较高的系统要求。
- 无须采用 EDFA，只需采用价格便宜得多的多通道激光收/发器作为中继。

9.5　光纤接入网

1. 光纤接入网的概念

光纤接入网（OAN）是指以光纤作为传输媒体来取代传统的双绞线接入网，具体地说就是指本地交换机或远程模块与用户之间采用光纤或部分采用光纤来实现用户接入的系统。由于交换机与用户之间是采用光纤作为信息传输通道，因而在交换局必须将电信号转换成光信号（由 OLT 完成），而在用户端则需要将所接收的来自光纤的光信号转换成电信号（由 ONU 完成），再将其送往用户设备。可见，在 OAN 中采用了基带数字传输技术，它是为传输双向交互式业务而设计的接入传输系统。

2. OAN 的参考配置

由 OAN 的基本概念可知，OAN 是一个点对点的光传输系统。它是一个与业务和应用无关的光接入网。其参考配置应符合 ITU-T G.982 建议，如图 9-17 所示。从图 9-17 中可以看出，接入链路实际是指与业务网络侧的 V 接口与用户侧 T 接口之间的传输方法的总和。

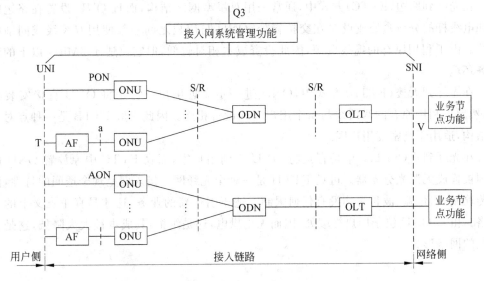

图 9-17　OAN 的参考配置

　　根据接入网的室外传输设施中是否含有有源设备,光网络分为无源光网络(PON)和有源光网络(AON)。图9-17上半部分为无源光网络,其中ODN是光分配网,它是由无源光器件构成的。在无源光网络中是使用无源光分支器来完成分路功能的,无源光网络的运营、维护成本较低,对业务透明,便于升级扩展。但由于受到衰减的影响,ONU(光网络单元)之间的链路长度和容量会受到一定的限制。

　　而在有源光网络中则是由电复用器来完成分路的(见图9-17的下半部分),在有源光网络中是用有源光器件组成的光远程终端ODT代替无源光网络中的ODN,从而克服了衰减的影响,大大增加了接入链路的传输距离和容量,但也同时增加了成本和维护的复杂程度。

3. 光接入网的应用类型

　　根据ONU在接入网中所处的位置不同,OAN可分为三种: 光纤到路边(FTTC)、光纤到大楼(FTTB)和光纤到户(FTTH),如图9-18所示。

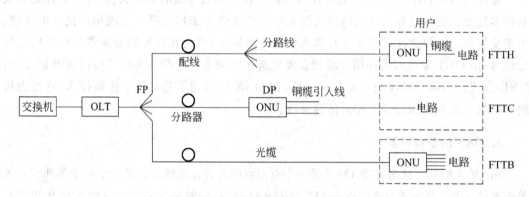

图9-18　光接入网的应用类型

　　在光纤到路边(FTTC)方式中,通常采用双星型网络结构,而且ONU设置在路边的人孔和电线杆的分线盒处或设置在交接箱处,ONU与用户之间一般使用双绞线或同轴电缆连接。由于利用原有的缆线资源,因此投资成本相对较低,但它仅适于2Mb/s以下的窄带业务环境。

　　在光纤到大楼(FTTB)方式中,ONU进一步靠近用户。它是将ONU直接安装在楼内,然后再利用原有的双绞线与每个用户终端设备相连。因此一般FTTB是一种点对多点的结构,适用于高密度用户区。

　　在光纤到户(FTTH)中是直接将ONU移到用户家,而在FTTC中原放置ONU的位置则被换成无源光分支器。可见FTTH是一种全光纤网。接入网呈现全透明的特性,因而对传输制式、带宽、波长等均没有任何限制。适于引进新的业务,这才是真正意义上的宽带网络。由于ONU位于用户终端处,因而无论供电,还是维护,其成本被大大降低,这是一种理想的网络形式。

小结

1. SDH 光同步数字传送网

SDH 系统在光域只是起到了传输的作用,信息的处理都是在电域完成,这就需要庞大的光-电、电-光转换设备,而且处理的速度受电子瓶颈的限制。SDH 光同步数字传送网正是在这个背景下诞生的,用于解决这个问题。

2. WDM 光传送网

WDM 光传送网是为客户层信号提供光域处理的传送网。

WDM 光传送网已经成为通信网的重要部分,WDM 光传送网的网络设备和器件很多。其中光分插复用器(OADM)和光数字交叉连接器(OXC)已经成为光传送网中的关键器件。

3. 智能光网络

智能光网络也称为自动交换光网络(Automatically Switched Optical Network,ASON),它是一种具有灵活性、高扩展性、能够在光层上按照用户请求自动进行光路连接的光网络。它是在因特网迅猛发展背景下产生的。

ASON 网络由控制平面、管理平面、传送平面和数据通信网组成。

ASON 支持三种连接:永久连接、交换连接和软永久连接。

4. 城域光网络

按照光网络覆盖的地域范围大小的不同,光网络可以分为长途干线光网络(骨干网)、城域网和光接入网。

城域网位于长途干线光网络(骨干网)与接入网的交汇处,是通信网中最复杂的应用环境,各种业务和各种协议都在此汇聚、分流和进出长途干线光网络(骨干网)。

城域光网络可分为核心层、汇聚层和接入层。

城域网的技术具有多样性,形成多种技术融合的局面。目前,城域光网络应用的主要技术选择包括:基于 SDH 的多业务传送平台(MSTP)、基于数据的弹性分组环(RPR)、城域光网络波分复用技术。

5. 光纤接入网

光纤接入网(OAN)是指以光纤作为传输媒体来取代传统的双绞线接入网。

根据 ONU 在接入网中所处的位置不同,OAN 可分为三种:光纤到路边(FTTC)、光纤到大楼(FTTB)和光纤到户(FTTH)。

习题

9-1 试说明 SDH 光同步数字传送网的产生背景。

9-2 终端复用器(TM)用作线路终端设备,有多种类型,它的主要任务是什么?

9-3 SDH 网络中为什么要有自愈保护? 自愈保护有哪些方式?

9-4 光分插复用器(OADM)的主要功能有哪些?

9-5 什么是智能光网络?

9-6 请叙述城域光网络的功能和它的主要特点。

9-7 什么是光纤接入网(OAN)?

第10章 光纤通信实验

光纤通信实验是光纤通信教学的重要环节,然而光纤实验种类繁多,所用的仪器设备也种类繁多,而且仪器设备型号也不统一,给光纤通信实验教学带来很大的难度。因此本书精选了一些实验内容,使读者通过实验进一步加深光纤通信的理论教学,对光纤实验方法有一个初步了解,可为进一步的学习、工作和研究打下坚实的基础。

10.1 光纤认识实验

实验目的

(1) 了解光纤光缆的型号。
(2) 了解光纤的熔接方法。

实验仪器与器材

- 光纤若干。
- 光纤熔接机、剥线钳、光纤切割刀、热塑管、酒精棉球。

实验内容和步骤

仔细观察光纤,并了解光纤光缆的型号。

1. 光纤光缆的型号

光纤光缆的型号,各个国家标志的方法不同。

我国光纤光缆的型号由光缆形式代号和光纤规格代号两部分组成,如图 10-1 所示。

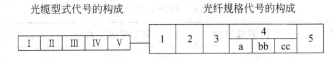

图 10-1 光缆和光纤的规格代号

(1) 光缆形式代号由五部分组成,各部分均用代号表示。

① Ⅰ部分为分类及代号。

例如:

- GY 表示通信用室(野)外光缆;
- GR 表示通信用软光缆;

- GJ 表示通信用室(局)内光缆;
- GS 表示通信设备内光缆;
- GH 表示通信用海底光缆;
- GT 表示通信用特殊光缆。

② Ⅱ部分为加强构件及代号。

例如:

- 无符号表示金属加强构件;
- F 表示非金属加强构件;
- C 表示金属重型加强构件;
- H 表示非金属加强构件。

③ Ⅲ部分为派生特征及代号。

例如:

- B 表示扁平形状;
- Z 表示自承式结构;
- T 表示填充式结构。

④ Ⅳ部分为护套及代号。

例如:

- Y 表示聚乙烯护套;
- V 表示聚氯乙烯护套;
- U 表示聚氨酯护套;
- A 表示铝-聚乙烯粘接护套;
- L 表示铝护套;
- G 表示钢护套;
- Q 表示铅护套;
- S 表示钢-铝-聚乙烯综合护套。

⑤ Ⅴ部分为外护层及代号。

外护层型号用数字代号表示材料的含义,并按铠装层和外被层结构顺序编列,如表 10-1 所示。

表 10-1　外护层及代号

第一位数字标记	铠装层材料	第二位数字标记	外被层材料
0	无	0	无
1		1	纤维层
2	双钢带	2	聚氯乙烯套
3	细圆钢丝	3	聚乙烯套
4	粗圆钢丝	4	-

例如:

- 03 表示聚乙烯外护层。
- 33 表示钢丝铠装聚乙烯外护层。

（2）光纤规格代号也由五部分组成，各部分均用代号表示。

① 1 部分为光纤数。

光纤数表示缆内同类型光纤的实际有效数。

② 2 部分为光纤类别及代号。

例如：

J 表示二氧化硅系多模渐变型光纤；

T 表示二氧化硅系多模阶跃型光纤；

Z 表示二氧化硅系多模准阶跃型光纤；

D 表示二氧化硅系单模光纤；

X 表示二氧化硅系塑料包层光纤；

S 表示塑料光纤。

③ 3 部分为光纤主要尺寸参数。

例如：

多模光纤表示芯径/包层直径（μm）；

单模光纤表示模场直径/包层直径（μm）。

④ 4 部分为光纤传输特性及代号。

a：使用波长的代号，是一位数。规定如下：

• 1 表示使用波长在 850nm 区域；

• 2 表示使用波长在 1300nm 区域；

• 3 表示使用波长在 1550nm 区域。

bb：衰减系数的代号，是两位数。其数字依次为光缆中光纤衰减常数分类数值
　　（dB/km）的个位和十分位数字。

cc：模式带宽的代号，是两位数。其数字依次为光缆中光纤模式带宽分类数值（MHz·km）
　　的千位和百位数字。单模光纤无此项。

例如：

• 传输特性代号 13002 表示使用波长在 850nm 区域；光缆中光纤衰减常数不大于
　3.0dB/km；模式带宽不小于 200MHz·km 的多模光纤。

• 传输特性代号 208 表示使用波长在 1300nm 区域；光缆中光纤衰减常数不大于 0.8dB/km
　的单模光纤。

⑤ 5 部分为温度允许适用范围及代号（见表 10-2）。

表 10-2　温度允许适用范围及代号

代号	适用温度范围（℃）	代号	适用温度范围（℃）
A	−40～+40	C	−20～+60
B	−30～+50	D	−5～+60

例如，金属加强构件、油膏填充、钢-铝-塑料综合护套、钢丝铠装、聚乙烯外护层的通信
用室外光缆，其中包括 12 根模场直径/包层直径为 10/125μm 的二氧化硅系单模光纤，在
1300nm 波长上衰减常数不大于 0.5dB/km，光缆的适用温度为 −20℃～+60℃ 的光缆型号

表示为

$$GYTS33—12D10/125(205)C$$

2. 光纤熔接

(1) 把光纤穿过热缩管,如图 10-2 所示。因为剥去涂覆层的光纤很脆弱,使用热缩管可以把光纤保护起来。

(2) 剥去光纤的涂覆层,制作光纤端面。

用剥线钳剥去涂覆层,用酒精棉球擦拭裸光纤,用力要适度以免弄断光纤。然后用精密光纤切割刀切割光纤,对于外涂覆层 0.25mm 的光纤,切割长度为 8~16mm,对于外涂覆层 0.9mm 的光纤,切割长度为 16mm,如图 10-3 所示。

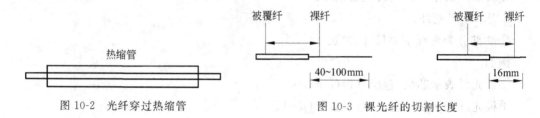

图 10-2 光纤穿过热缩管　　　　　　图 10-3 裸光纤的切割长度

(3) 打开熔接机电源,放置光纤。

如果没有特殊情况,一般都选用自动熔接程序。

将光纤放在熔接机的 V 形槽中,小心放下光纤压板和光纤夹具,要根据光纤切割长度设置光纤在压板中的位置。光纤正确放置位置如图 10-4 所示。

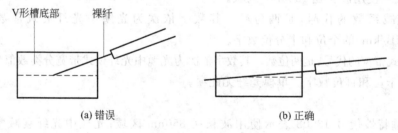

(a) 错误　　　　　　　　　　(b) 正确

图 10-4 光纤在压板中的位置

(4) 自动熔接。

关上防风罩,此时显示屏上应显示对接图像,除了要求光纤的位置放置正确之外,还要求光纤端面切割平整,如图 10-5 所示。

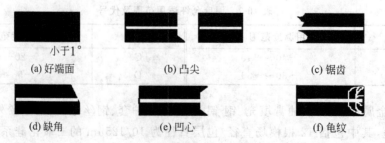

(a) 好端面　　　　　　(b) 凸尖　　　　　　(c) 锯齿

(d) 缺角　　　　　　(e) 凹心　　　　　　(f) 龟纹

图 10-5 切割的光纤端面的示意图

熔接机自动计算熔接损耗,该值一般有误差,比较精确的测量结果可以用 OTDR 测量。

(5) 热缩管加热。

移出光纤用加热炉加热热缩管。打开防风罩,把光纤从熔接机上取出,再将热缩管放在裸纤中心,放到加热炉中加热,加热需 30~60s。

实验报告要求

(1) 说明单模光纤和多模光纤传输原理。

(2) 说明光纤的规格代号中光纤类别及代号。

(3) 查阅 G.651 和 G.652 光纤的数据表单,写出主要参数。

(4) 观察并记录光纤熔接的整个过程。

实验注意事项

(1) 切断的光纤不要乱丢,应放置在光纤收集盒内或用不干胶带粘在一起。

(2) 注意爱护仪器,在仔细阅读说明书的基础上,按照步骤进行操作。

10.2　光纤通信基础实验

实验目的

(1) 了解光纤通信的基本原理。

(2) 了解光纤活动连接器和光纤适配器的类型,学会使用方法。

(3) 熟悉光功率计,学会测量光功率。

实验仪器与器材

- 光纤若干。
- 光纤熔接机、剥线钳、光纤切割刀、热塑管、酒精棉球。
- FC 型光纤跳线、FC/ST 型光纤跳线、FC/SC 型光纤跳线各 1 个。
- FC 型光纤适配器、FC/ST 型光纤适配器、FC/SC 型光纤适配器各 1 个。
- 光发送端机、光接收端机、或光纤通信实验箱 1 套。
- 光功率计 1 只。

实验内容和步骤

1. 光纤通信的基本原理

光纤通信的基本原理如图 10-6 所示,一般采用强度调制(IM)直接检测(DD)方式。

要实现光纤通信,首先要构成光纤通路,还要输入电信号,把它转化成光信号。构成一个实际的光纤通信系统要复杂得多,在前面原理部分我们已经介绍过了。

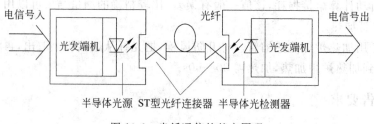

图 10-6　　光纤通信的基本原理

2. 学会使用活动连接器和光纤适配器

构成光纤通路就要使用光纤跳线和光纤尾纤,光纤跳线由两个高精度机械加工的活动连接器和单芯光缆组成,光纤尾纤则是一端带有活动连接器。

单芯光缆有单模光纤和多模光纤两种类型,活动连接器有许多类型,最常见的有 FC、SC、ST 接口类型。

FC 型活动连接器

FC 型活动连接器外部件为精密金属件,包括螺纹锁紧机构和定位锁紧环扣。

ST 型活动连接器

ST 型活动连接器外部件为精密金属件,包含推拉旋转式卡口卡紧机构。

SC 型活动连接器

SC 型活动连接器外部件为精密塑料件,包含推拉式插拔卡紧机构。

FC、SC、ST 型活动连接器的连接需要用光纤适配器。光纤适配器由陶瓷套筒或铍青铜套与金属或塑料外壳加工装配而成。有 FC 型光纤适配器、FC/ST 型光纤适配器、FC/SC 型光纤适配器等类型。

3. 学会光功率计的使用

把光源和光功率计正确地连接起来,测量光功率。

一般的光功率计能给出两种单位的测量值,光功率在国际单位制中的单位是瓦特(W),工程上常常用 dBm 来表示。

两者的换算关系为

$$P(\text{dBm}) = 10\lg \frac{P(\text{W})}{10^{-3}}$$

光功率计一般设有 850nm、980nm、1310nm、1550nm 等多个波长校准点,所以测量时要选择波长。否则会有很大的误差。

*4. 构成一个最简单的光纤通信系统

按照光纤通信的基本原理图 10-6,学会构建一个最简单的光纤通信系统。

实验报告要求

(1) 说明光纤通信的基本原理。

(2) 观察并记录活动连接器和光纤适配器的连接过程。

（3）测量不同波长的光信号的光功率，记录两种单位的测量值。

（4）记录构成一个最简单的光纤通信系统的过程。

实验注意事项

（1）光纤活动连接器和光纤适配器操作注意事项：

① 连接器应放置于清洁场地，不用时应盖好保护帽。

② 在插拔连接器时，严禁用力拉扯光缆、光纤，应手握端头操作。

③ 插针体和套筒要保持干净，如发现有污物，应用无水乙醇将其清洁干净。

（2）不要把光纤或光纤活动连接器对准眼睛，以免光信号造成眼睛的损伤。

10.3　光纤衰减系数测量

实验目的

（1）掌握光纤损耗定义。

（2）掌握截断法和插入法测量光纤的损耗的实验方法。

（3）测出光纤的衰减系数。

实验仪器与器材

- 单模光纤、多模光纤 1 盘。
- 光发送端机（光发送模块）或光纤通信实验系统 1 套。
- FC 型光纤跳线、FC/ST 型光纤跳线、FC/SC 型光纤跳线各 1 个。
- FC 型光纤适配器、FC/ST 型光纤适配器、FC/SC 型光纤适配器各 1 个。
- 光功率计 1 只、光纤切割刀 1 个。
- 光纤熔接机 1 台。
- 扰模器 1 台、滤模器和包层剥出器 1 台。

实验内容和步骤

光纤损耗用衰减系数 α 这个物理量来描述。如果输入光纤的光功率为 P_1，而经过光纤传输后输出的光功率为 P_2，P_1 和 P_2 的单位都是瓦特（W）

$$\alpha = \frac{10}{L}\lg\frac{P_1}{P_2}\ (\text{dB/km})$$

如果 P_1 和 P_2 的单位直接用 dBm 给出，则

$$\alpha = (P_1 - P_2)/L\ (\text{dB/km})$$

在讨论测量方法之前，首先讨论光纤测量的注入条件：

（1）当光耦合进入多模光纤时，会激起很多模式，这些模式所携带的能量各不相同，传输时的损耗也不相同。但传输很长一段距离时，各种模式携带的光功率形成一个稳定的分布，即形成稳态模分布，只有此时测量的光功率才有意义。所以多模光纤的注入条件有两

种：一种是在测量前要使光在光纤中传输很长一段距离；另一种是需要配置形成稳态模的设备——扰模器、滤模器和包层剥出器。

（2）当光耦合进入单模光纤时，只有一种模式。只需要能够激起单模就可以了，所以可以不需要扰模器，但光耦合进入光纤时会激起一些高阶模，还是需要滤模器和包层剥出器。所以单模光纤的注入条件有两种：一种是在测量前要是光在光纤中传输很长一段距离；另一种是需要配置滤掉高阶模的设备——滤模器和包层剥出器。

1. 截断法测量衰减系数

根据 ITU-T 规定光纤的衰减系数的测量方法以截断法为基准法，插入法和后向散射法为替代法。

利用截断法测量光纤的损耗的实验方法如图 10-7 所示，取一条长光纤接入测量系统在 R 点测出光功率 P_2，在离 S 点 2m 处将光纤截断，测出光功率 P_1。

截断法测量光纤的损耗的实验步骤如下：

（1）在 S 点利用光纤熔接机把两条光纤熔接好。在 R 点利用光纤熔接机把光纤和尾纤熔接好。熔接方法按照第 10.1 节进行操作。

（2）在 R 点连接的尾纤与光功率计连接，测出此时的光功率 P_2。

（3）然后在 S 点的右侧 2m 处剪断，将光纤和尾纤重新熔接好。

（4）在 S 点连接的尾纤与光功率计连接，测出此时的光功率 P_1。

（5）记录光纤的长度，计算出光纤在该长度的损耗和衰减常数。

图 10-7　截断法测量光纤的损耗

2. 插入法测量衰减系数

截断法是测量精度最高的测量方法，但是它的缺点是要截断光纤。所以普通实验往往采用插入法测量光纤的损耗，其实验方法如图 10-8 所示。

图 10-8　插入法测量光纤的损耗

首先将 S 和 R 用一条短光纤相连，测出 R 点的光功率，相当于入纤光功率 P_1，然后将被测光纤连到 S 和 R 之间，此时 R 点的光功率即是出纤光功率 P_2。插入法测量光纤的损耗的优点是不用截断光纤，但是测量过程中必须要考虑活动连接器的损耗，活动连接器的质量可能会影响测量精度。

3. 后向散射法测量衰减系数

后向散射法是由光时域反射计(OTDR)来完成的。

实验报告要求

(1) 掌握光纤损耗的描述方法并说明为什么光耦合进入光纤需要注入条件。

(2) 说明截断法和插入法测量光纤的损耗的实验方法。

(3) 记录插入法的实验结果并对实验结果进行分析,讨论插入法测量光纤损耗的误差有哪些。

(4) 用光时域反射计(OTDR)测量光纤的损耗和衰减系数。

实验注意事项

用光时域反射计(OTDR)测量光纤的损耗和衰减系数时,须仔细阅读仪器说明书。

10.4　多模光纤带宽的测量

实验目的

了解多模光纤带宽测量的实验方法。

实验仪器与器材

- 多模光纤 1 盘。
- 光发送端机、光发送端机或光纤通信实验系统 1 套。
- 扰模器 1 台、滤模器和包层剥出器 1 台。
- 窄脉冲信号源、取样示波器。
- 扫频信号发生器、频谱分析仪。

实验内容和步骤

光信号在多模光纤中传输,除了受到光纤损耗的影响外,还受到传输带宽的限制。也就是说,对于一定距离而言,光纤中传输交变信号的频率并不是可以任意增高的,当频率增高到一定程度时接收信号对于发射信号的衰减就会严重增大,从而不能顺利通信。在光纤传输中,传输的光信号频率越高,衰减越大。以传输直流光(光强连续不变)为基准,当频率增高使得传输功率下降一半时的频率值(f_c)被称为该光纤的带宽。

多模光纤带宽的测量可以采用脉冲时延法和频域法。

1. 脉冲时延法

采用脉冲时延法的测试框图如图 10-9 所示。

时域法是将一个极窄的光脉冲注入光纤,观察光纤输出端脉冲的波形。如果输入窄脉

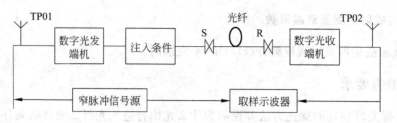

图 10-9 　多模光纤时域法带宽测试框图

冲波形为高斯型,光纤的脉冲响应为高斯型,则输出波形也是高斯型。

通过理论分析,光纤带宽 B 和输入输出窄脉冲的脉冲宽度之间的关系为

$$B = 0.44/\sqrt{\Delta\tau_2^2 - \Delta\tau_1^2}$$

其中 $\Delta\tau_1$ 为光纤输入窄脉冲的脉冲宽度,$\Delta\tau_2$ 为脉冲宽度展宽后的输出脉冲宽度。因此测量出输入/输出脉冲的脉宽值代入公式即可计算出光纤带宽。

2. 频域法

采用频域法的测试框图如图 10-10 所示。

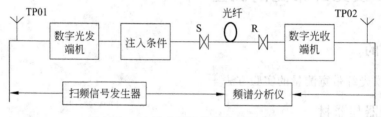

图 10-10 　多模光纤频域法带宽测试框图

实验报告要求

(1) 测量多模光纤带宽有几种,分别加以说明。

(2) 记录测量多模光纤带宽的数值。

10.5 　光纤无源器件特性

实验目的

(1) 认识光纤无源器件。

(2) 了解常见光纤无源器件的原理、结构特性和应用。

实验仪器与器材

- 光发送端机或光纤通信实验系统。
- 光分路器、光可变衰减器、光隔离器、光开关等。
- 光功率计。

实验内容和步骤

光纤无源器件特性可以按照图 10-11 连接测试。

图 10-11　光纤无源器件特性测试框图

1. 光衰减器性能测试

光衰减器是在光纤线路中按照要求衰减一部分光信号能量的器件。分为光固定衰减器和光可变衰减器。

按照图 10-11 连接，待测器件为光固定衰减器。测量出 S 点和 R 点的光功率，可以计算出固定光衰减器插入损耗。

将待测器件换为光可变衰减器，然后调节光可变衰减器逐渐增加衰减量，可以测出光可变衰减器的衰减范围。

2. 光分路器性能测试

光分路器主要功能是从光纤传输线路上取出一部分光信号做监测使用。分光比有1：1 和 1：9 等类型。

按照图 10-11 所示的方法可以进行连接测试，将待测器件换为光分路器，光分路器有一个输入端口、两个输出端口。分别测出两个输出端口的光功率，可测量出分光比。测量时注意光功率应选用瓦特为单位。

实验报告要求

（1）说明光分路器、光可变衰减器、光隔离器、光开关等光纤无源器件的原理、结构和应用。

（2）列出表格记录数据，并计算出固定光衰减器插入损耗、可变衰减器的衰减范围和光分路器的分光比。

10.6　光发送实验

实验目的

（1）了解光发送接口指标。

（2）了解半导体光源的 P-I 特性曲线。

实验仪器与器材

· 码型发生器、光发送端机，或光纤通信实验箱 1 套。

- FC 型光纤跳线、FC/ST 型光纤跳线、FC/SC 型光纤跳线各 1 个。
- FC 型光纤适配器、FC/ST 型光纤适配器、FC/SC 型光纤适配器各 1 个。
- 光功率计 1 只。

实验内容和步骤

1. 平均发送光功率测试

光发送接口指标之一是平均发送光功率,平均发送光功率测试框图如 10-12 所示。在图 10-12 中,如果采用光纤通信实验箱,码型发生器、数字驱动电路、光发送端机一般都能由光纤通信实验箱提供。码型发生器产生位随机码,光发送端机在正常工作的注入电流条件下,光功率测出的功率即是平均发送光功率。

图 10-12　平均发送光功率测试框图

2. 半导体光源的 P-I 特性曲线测试

半导体光源的 P-I 特性曲线测试框图如图 10-13 所示。若改变电位器的数值,注入光发送端机的电流会发生改变,光发送端机的发光功率也会随之发生变化。

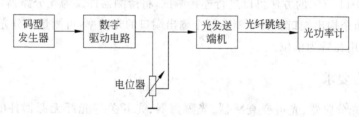

图 10-13　半导体光源的 P-I 特性曲线测试框图

在实验时,注入电流可以用数字万用表测得,发光功率可以用光功率计测得。改变电位器的数值,得到多组注入电流 I 和发光功率 P 的数值,绘出半导体光源的 P-I 特性曲线,测试时注意在 LD 的阈值电流附近应多测几组数据。

实验报告要求

(1) 掌握光发送端机的平均发送光功率的概念,说明平均发送光功率的测试方法,并测出数值。

(2) 半导体光源如果采用 LD,它的 P-I 特性曲线存在阈值电流,注意阈值特性。改变电位器的数值,记录注入电流 I 和发光功率 P 的数值,画出 P-I 特性曲线。

10.7　光接收实验

实验目的

(1) 了解数字光接收机的接收原理。

(2) 掌握光接收机灵敏度的实验方法。

实验仪器与器材

- 单模光纤、多模光纤 1 盘。
- 光发送端机、光接收端机或光纤通信实验系统 1 套。
- FC 型光纤跳线、FC/ST 型光纤跳线、FC/SC 型光纤跳线各 1 个。
- FC 型光纤适配器、FC/ST 型光纤适配器、FC/SC 型光纤适配器各 1 个。
- 光功率计 1 只。
- 光可变衰减器 1 个。
- 误码分析仪。

实验内容和步骤

光接收机的灵敏度测试框图如图 10-14 所示。

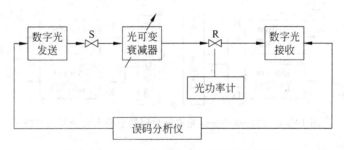

图 10-14　光接收机的动态范围测试框图

(1) 按图 10-14 的要求,将误码测试仪和可变光衰减器与光发送端机、光接收端机或光纤通信实验系统光纤数字通信系统连接起来。

(2) 误码测试仪向光端机送入测试信号:伪随机码。

(3) 调整光衰减器的衰减,逐步增大光衰减,使输入光接收机的光功率逐步减小,系统处于误码状态。然后逐步增加输入光接收机的平均光功率,使误码逐渐减小,在一定的观察时间内,达到光纤通信系统所要求的误码率指标。

(4) 系统处于稳定工作状态后,从 R 断开连接,接入光功率计,测得的光功率即为光接收机灵敏度。

实验报告要求

(1) 说明直接检测数字光接收机的组成和信号的再生过程。

（2）掌握光接收机灵敏度测试方法和步骤。

（3）记录光接收机灵敏度的数值。

10.8　光波分复用实验

实验目的

（1）了解光波分复用原理。

（2）掌握波分复用器的特性及其应用。

实验仪器与器材

- 光发送端机、光接收端机或光纤通信实验系统。
- 1310/1550nm 光波分复用器两个。
- 光功率计 1 台。
- 示波器 1 台。

实验内容和步骤

光波分复用系统分为粗波分复用系统和密集波分复用系统，粗波分复用系统实现较容易，图 10-15 为利用 1310/1550nm 光波分复用器组成光波分复用系统的实验框图。

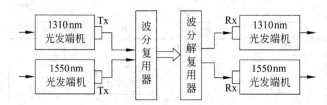

图 10-15　1310/1550nm 光波分复用器组成光波分复用系统

1. 光波分复用验证实验

一般情况下，光发送端机、光接收端机或光纤通信实验系统的光发送和光接收都采用收发一体模块，所以实际的光波分复用系统的实验连接图如图 10-16 所示。

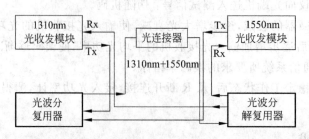

图 10-16　实际的光波分复用系统的实验连接图

　　按照图 10-16 连接好,用示波器观察 1310nm 光收发模块的发送的电信号波形和接收后转变为电信号的波形,然后用示波器观察 1550nm 光收发模块的发送的电信号波形和接收后转变为电信号的波形。验证 1310nm 和 1550nm 的光信号可以经过波分复用器进入同一根光纤中传输,传输结束后经过波分解复用器可以解复用为 1310nm 和 1550nm 的光信号。

2. 光波分解复用的必要性

　　在图 10-16 中,在连接器处断开,把 1310nm 和 1550nm 的光信号合波后直接送入 1310nm 光收发模块的 Rx 端,观察 1310nm 光收发模块接收后转变为电信号的波形。可以观察两路光信号之间的相互串扰,这是因为光接收端机把接收的光信号的功率直接变为电信号输出。

　　送入 1550nm 光收发模块的 Rx 端,与上面的结论相同。

实验报告要求

　　(1) 叙述光波分复用原理及其系统组成。

　　(2) 光波分复用器的类型及原理。

　　(3) 利用 1310/1550nm 光波分复用器组成光波分复用系统,记录光波分复用验证实验的实验过程,掌握 1310/1550nm 波分复用器的特性及其应用。

　　(4) 了解光波分解复用的必要性,记录实验过程。

10.9　光纤通信仿真实验

实验目的

　　(1) 了解光纤通信软件及相关知识。

　　(2) 熟悉 OptiSystem 3.0 工作界面、元器件库等。

　　(3) 实现简单的仿真实验。

实验仪器与器材

- 计算机 1 台。
- OptiSystem 3.0 软件。

实验内容和步骤

　　光纤通信的计算机仿真技术可以分为电路级仿真和系统级仿真。

　　电路级仿真是由电阻、电容、电感等组成等效电路模型来模拟器件的外部特性,这类仿真软件有 PSpice 等。

　　系统级仿真用传输函数或数学公式来来模拟器件的外部特性。这类仿真软件有 OptiSystem 等。

OptiSystem 是一款创新的光通信系统模拟软件包,它集设计、测试和优化各种类型宽带光网络物理层的虚拟光连接等功能于一身,从长距离通信系统到 LANS 和 MANS 都可使用。OptiSystem 是一个基于实际光纤通信系统模型的系统级模拟器,它具有强大的模拟环境和真实的器件和系统的分级定义。它的性能可以通过附加的用户器件库和完整的界面进行扩展,而成为一系列被广泛使用的工具。

全面的图形用户界面可控制光子器件设计、器件模型和演示。巨大的有源和无源元器件库包括实际的、与波长相关的参数。参数的扫描和优化允许用户研究特定的器件技术参数对系统性能的影响。因为是为了符合系统设计者、光通信工程师、研究人员和学术界的要求而设计的,OptiSystem 满足了急速发展的光子市场对一个强有力而易于使用的光系统设计工具的需求。

OptiSystem 允许对物理层任何类型的虚拟光连接和宽带光网络的分析,从远距离通信到 MANS 和 LANS 都适用。它的应用包括:

- 物理层的器件级到系统级的光通信系统设计。
- CATV 或者 TDM/WDM 网络设计。
- SONET/SDH 的环形设计。
- 传输器、信道、放大器和接收器的设计。
- 色散图设计。
- 不同接受模式下误码率(BER)和系统代价(penalty)的评估。
- 放大的系统 BER 和连接预算计算等。

1. 熟悉 OptiSystem 3.0 工作界面和元器件库

OptiSystem 3.0 工作界面如图 10-17 所示。

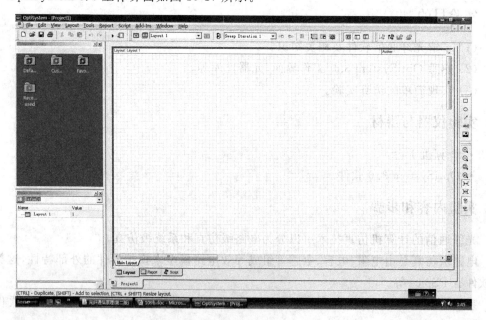

图 10-17　OptiSystem 3.0 工作界面

元件库(Component Library)包含了四种不同的文件夹。

（1）默认（Default）

OptiSystem 提供了两百种元件供用户使用，依照不同的功能放置在不同的元件库中。

（2）自定义（Custom）

用户可以自己建立新的元件库。

（3）常用（Favorites）

把自己常用的元件放在一起，以方便使用。

（4）最近使用过的（Recently Used）

OptiSystem 将用户最近使用过的元件储存在这个文件夹中。

2. 构成仿真系统

用户添加元件到 Main Layout，修改元件参数构成仿真系统。例如构建一个含有 EDFA 的单向点对点 8 波光纤通信仿真系统如图 10-18 所示。

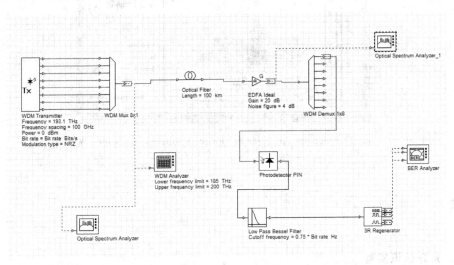

图 10-18　构建一个含有 EDFA 的单向点对点 8 波光纤通信仿真系统

3. 计算并输出结果

选择 File | Calculate 命令进行计算，并输出所要输出的结果。可以比较 Optical Spectrum Analyzer 和 Optical Spectrum Analyzer 1 的光谱，如图 10-19 所示。

实验内容和步骤

（1）叙述 OptiSystem 是一款什么样的软件。

（2）熟悉 OptiSystem 3.0 工作界面和元器件库。

（3）学会构成仿真系统、计算并输出结果的全过程。

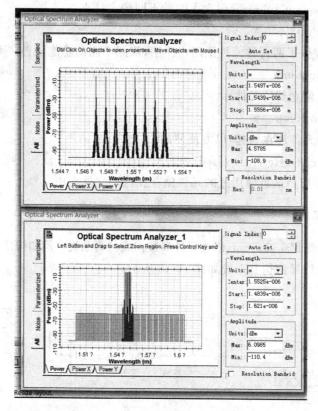

图 10-19   Optical Spectrum Analyzer 和 Optical Spectrum Analyzer 1 光谱的对比图

小结

1. 光纤认识实验

本实验可以帮助用户了解光纤光缆的型号和光纤的熔接方法。

2. 光纤通信基础实验

本实验可以帮助用户了解光纤通信的基本原理，了解光纤活动连接器和光纤适配器的
类型，学会使用它们的方法。熟悉光功率计，学会测量光功率。

3. 光纤衰减系数测量

本实验可以帮助用户掌握光纤损耗定义，帮助用户掌握截断法和插入法测量光纤的损
耗的实验方法，也可以测出光纤的衰减系数。

4. 多模光纤带宽的测量

本实验可以帮助用户了解多模光纤带宽测量的实验方法。

5. 光纤无源器件特性

本实验可以帮助用户认识光纤无源器件，了解常见光纤无源器件的原理、结构特性和应用。

6. 光发送实验

本实验可以帮助用户了解光发送接口指标，了解半导体光源的 P-I 特性曲线。

7. 光接收实验

本实验可以帮助用户了解数字光接收机的接收原理和光接收机灵敏度的实验方法。

8. 光波分复用实验

本实验可以帮助用户了解光波分复用原理，掌握波分复用器的特性及其应用。

9. 光纤通信仿真实验

本实验可以帮助用户了解光纤通信软件及相关知识，熟悉 OptiSystem 3.0 工作界面、元器件库等，实现简单的仿真实验。

关于实验的说明

(1) 本章精选的实验内容，是配合光纤通信的理论教学而设计的，读者可以对光纤实验方法有一个初步了解。

(2) 实验原理可以参阅本书相关章节。

(3) 本章设计的实验没有指定实验仪器与器材的型号，实验单位可以在选定实验仪器与器材的型号的基础上，对实验中的实验仪器用法加以细化。

附录 A　SDH 系统光接口标准

本附录中列出了光接口分类与应用代码,STM-1、STM-4 和 STM-16 光接口参数规范,如表 A-1、表 A-2、表 A-3 和表 A-4 所示。

表中:I 为局间通信;S 为短距离通信;L 为长距离通信;E 为超长距离通信;S 点为紧靠光发送机(TX)的光连接器(C_{TX})后面的参考点;R 点为紧靠光接收机(RX)的光连接器(C_{RX})前面的参考点;NA 或"-"表示不要求。

表 A-1　光接口分类与应用代码

应　用	局内	短距离局间		长距离局间			超长距离局间	
标称波长/nm	1310	1310	1550	1310	1550		1550	
光纤类型	G.652	G.652	G.652	G.652	G.652 G.654	G.653	G.652 G.654	G.653
距离/km	≤2	约 15		约 40	约 80		约 120	
STM-1	I-1	S-1.1	S-1.2	L-1.1	L-1.2	L-1.3	-	-
STM-4	I-4	S-4.1	S-4.2	L-4.1	L-4.2	L-4.3	E-4.2	E-4.3
STM-16	I-16	S-16.1	S-16.2	L-16.1	L-16.2	L-16.3	E-16.2	E-16.3

注:这些距离仅用于分类而不是用于规范(BER≤$1×10^{-10}$)。

表 A-2　STM-1 光接口参数规范

项目	单位	数值 STM-1									
标称比特率	kb/s	155520									
应用分类代码		I-1		S-1.1	S-1.2		L-1.1		L-1.2	L-1.3	
工作波长范围	nm	1260~1360		1261~1360	1430~1576	1430~1580	1280~1335	1280~1335	1480~1580	1534~1566 / 1523~1577	1480~1580
光源类型		MLM	LED	MLM	MLM	SLM	MLM	SLM	SLM	MLM	SLM
发送机在 S 点特性 — 最大均方根谱宽 σmax	nm	40	80	7.7	2.5	-	4	-	-	3 / 2.5	-
最大 -20dB 谱宽	nm	-	-	-	-	1	-	1	1	-	1
最小边模抑制比	dB	-	-	-	-	30	-	30	30	-	30
最大平均发送功率	dBm	-8		-8	-8	-8	0	0	0	0	0
最小平均发送功率	dBm	-15		-15	-15	-15	-5	-5	-5	-5	-5
最小消光比	dB	8.2		8.2	8.2	8.2	10	10	10	10	10
S、R 点光通道特性 — 衰减范围	dB	0~7		0~12	0~12	0~12	10~28	10~28	10~28	10~28	10~28
最大色散	ps/nm	18	25	96	296	NA	185	NA	NA	246 / 296	NA
光缆在 S 点的最小回波衰减(含有任何活接头)	dB	NA		NA	NA	NA	NA	NA	20	NA	NA
S-R 点间最大离散反射衰减	dB	NA		NA	NA	NA	NA	NA	-25	NA	NA
接收机在 R 点特性 — 最差灵敏度	dBm	-23		-28	-28	-28	-34	-34	-34	-34	-34
最小过载功率	dBm	-8		-8	-8	-8	-10	-10	-10	-10	-10
最大光通道功率代价	dB	1		1	1	1	1	1	1	1	1
接收机在 R 点的最大反射衰减	dB	NA		NA	NA	NA	NA	NA	-25	NA	NA

表 A-3　STM-4 光接口参数规范

数　值

项　目	单位	I-4		S-4.1		S-4.2	L-4.1			L,(JE)-4.1	L-4.2	L-4.3	E-4.2*		E-4.3*	
标称比特率	kb/s	622080（STM-4）														
工作波长范围	nm	1261~1360		1293~1334	1274~1356	1430~1580	1300~1325	1296~1330	1280~1335	1302~1318	1480~1580	1480~1580	1530~1560		1530~1560	
光源类型		MLM	LED	MLM	MLM	SLM	MLM	MLM	SLM	MLM	SLM	SLM	SLM		SLM	
发送机在 S 点特性 —— 最大均方根谱宽 σ_{max}	nm	14.5	35	4	2.5	-	2	1.7	-	<1.7	-	-	-		-	
最大 -20dB 谱宽	nm	-	-	-	-	1	-	-	1	-	<1*	1	<1		<1	
最小边模抑制比	dB	-	-	-	-	30	-	-	30	-	30	30	30		30	
最大平均发送功率	dBm	-8	-8	-8	-8	-8	2	2	2	2	2	2	+2	+14	+2	+14
最小平均发送功率	dBm	-15	-15	-15	-15	-15	-3	-3	-3	-2	-3	-3	-3	+11	-3	+11
最小消光比	dB	8.2	8.2	8.2	8.2	8.2	10	10	10	10	10	10	10		10	
S R 点光通道特性 —— 衰减范围	dB	0~7	0~7	0~12	0~12	0~12	10~24	10~24	10~24	27	10~24	10~24	20~35		20~35	
最大色散	ps/nm	NA	NA	46	74	NA	92	109	NA	109	1640*	NA	2450		450	
光缆在 S 点的最小回波损耗（含有任何活接头）	dB	NA	NA	NA	NA	24	20	20	20	24	24	20	24		24	
SR 点间最大离散反射	dB	NA	NA	NA	NA	-27	-25	-25	-25	-25	-27	-25	-27		-27	
接收机在 R 点特性 —— 最差灵敏度	dBm	-23	-23	-28	-28	-28	-28	-28	-28	-30	-28	-28	-39	-28	-38	-28
最小过载功率	dBm	-8	-8	-8	-8	-8	-8	-8	-8	-8	-8	-8	-19	-8	-19	-8
最大光通道功率代价	dB	1	1	1	1	1	1	1	1	1	1	1	1		1	
接收机在 R 点的最大反射衰减	dB	NA	NA	-27	-27	-27	-27	-27	-27	-14	-27	-14	-27		-27	

* 参考值,并需继续研究。

表 A-4 STM-16 光接口参数规范

项 目	单位	数 值 STM-16									
标称比特率	kb/s	2488320									
应用分类代码		I-16	S-16.1	S-16.2	L-16.1	L(JE)-16.1	L-16.2	L(JE)-16.2	L-16.3	E-16.2*	E-16.3*
工作波长范围	nm	1266~1360	1260~1360	1430~1580	1280~1335	1280~1335	1500~1580	1530~1560	1500~1580	1530~1560	1530~1530
光源类型		MLM	SLM	SLM	SLM	SLM	SLM	SLM(MQW)	SLM	SLM(MQW)	SLM
发送机在S点特性 最大均方根谱宽 σ_{max}	nm	4	-	-	-	-	-	-	-	-	-
最大-20dB谱宽	nm	-	1	<1*	1	<1	<1*	<0.6	<1*	<1(0.6)	<1
最小边模抑制比	dB	-30	30	30		30		30	30	30	
最大平均发送功率	dBm	-3	0	0	+3	+3	+3	+5	+3	+3 / +16*	+3 / +16*
最小平均发送功率	dBm	-10	-5	-5	-2	-0.5	-2	+2	-2	-2 / +12	-2 / +12
最小消光比	dB	8.2	8.2	8.2	8.2	8.2	8.2	8.2	8.2	8.2	8.2
S~R点光通道特性 衰减范围	dB	0~7	0~12	0~12	10~24	26.5	10~24	10~28	10~24	20~35	20~35
最大色散	ps/nm	12	NA		NA	216	1200~1600	1600	300*	3000	550
光缆在S点的最小回波衰减(含有任何活接头)	dB	24	24	24	24	24	24	24	24	24	24
SR点间最大离散反射	dB	-27	-27	-27	-27	-27	-27	-27	-27	-27	-27
接收机在R点特性 最差灵敏度	dBm	-18	-18	-18	-27	-28	-28	-28	-27	-38 / -28	-37 / -27
最小过载功率	dBm	-3	0	0	-9	-9	-9	-9	-9	-19 / -9	-19 / -9
最大光通道功率代价	dB	1	1	1	1	1	2	2	1	2	1
接收机在R点的最大反射衰减	dB	-27	-27	-27	-27	-27	-27	-27	-27	-27	-27

*参考值,并需继续研究。

附录 B　光纤通信常用英文缩写

ADM (Add and Drop Multiplexer)　　　　　　　　　分插复用器

ADSL (Asymmetric Digital Subscribe Line)　　　非对称数字用户环路

AFC (Automatic Frequency Control)　　　　　　　自动频率控制

AGC (Automatic Gain Control)　　　　　　　　　自动增益控制

AM (Amplitude Modulation)　　　　　　　　　　振幅调制,调幅

A/D conversion　　　　　　　　　　　　　　　A/D 转换,模拟/数字转换

A/D converter　　　　　　　　　　　　　　　A/D 转换器,模拟/数字转换器

AON (Active Optical Network)　　　　　　　　　有源光网络

APC (Automatic Power Control)　　　　　　　　自动功率控制

APD (Avalanche PhotoDiode)　　　　　　　　　雪崩光电二极管

APON (ATM PON)　　　　　　　　　　　　　支持 ATM 业务的 PON

APS (Automatic Protection Switching)　　　　　自动保护倒换

ASE (Amplified Spontaneous Emission)　　　　　放大自发辐射

ASK (Amplitude Shift Keying)　　　　　　　　幅移键控

ATM (Asynchronous Transfer Mode)　　　　　　异步传送模式

AWG (Arrayed Waveguide Grating)　　　　　　阵列波道光栅

BBE (Background Block Error)　　　　　　　　背景误块码

BBER (Background Block Error Ratio)　　　　　背景误块比

BER (Bit-Error Rate)　　　　　　　　　　　比特误码率,误码率

BH (Buried Heterostructure)　　　　　　　　掩埋异质结

Binary FSK　　　　　　　　　　　　　　　二进制频移键控

B-ISDN (Broadband ISDN)　　　　　　　　　宽带综合业务数字网

BPF (BandPass Filter)　　　　　　　　　　带通滤波器

BU (Branching Unit)　　　　　　　　　　　分支单元

C^3 (Cleaved-Coupled Cavity) laser　　　　　切开的耦合腔激光器

CATV [Common-Antenna (cable) TeleVision]　共用天线(电缆)电视

CCIR (International Consultative Committee for Radio)　国际无线电咨询委员会

CCITT (International Consultative Committee for　国际电话电报咨询委员会
Telephone and Telegraph)

CDM (Code-Division Multiplexing)　　　　　码分复用

CDMA (Code-Division Multiple Access)　　　码分多址,码分多路接入

CLP (Cell Loss Priority)　　　　　　　　　信元丢弃优先级

CNR (Carrier-to-Noise Ratio)　　　　　　　载噪比

COFC (Coherent Optical Fiber Communication)　相干光通信

CP-FSK (Continuous-Phase Frequencyshift Keying)	连续相位频移键控
CS (Convergence Sublayer)	会聚子层
CSMA/CD (Carrier-Sense Multiple Access with Collision Detection)	具有碰撞检测的载波监听多路接入（访问）
CSO (Composite Second Order)	组合二次
CTB (Composite Triple Beat)	组合三次差拍
CVD (Chemical-Vapor Deposition)	化学气相外延
dBm	以 1mW 为参考的功率单位（0dBm ＝1mW）
DBR (Distributed Bragg Reflector) laser	分布布喇格反射激光器
DCF (Dispersion Compensating Fiber)	色散补偿光纤
DCS (Digital cross Connect System)	数字交叉连接系统
DEMUX (DEMUltipleXer)	解复用器
DFB (Distributed FeedBack) laser	分布反馈激光器
DH (Double Heter structure)	双异质结结构
D/A conversion	D/A 转换，数字/模拟转换
D/A converter	D/A 转换器，数字/模拟转换器
DLL (Data Link Layer)	数据链路层
DPLL (Digital Phase-Locked Loop)	数字锁相环
DPSK (Differential Phase Shift Keying)	差分相移键控
DQDB (Distributed Queue Dual Bus)	分布式排队双总线
DSB (Double SideBand) modulation	双边带调制
DSF (Dispersion Shifted Fiber)	色散移位光纤
DSM (Dispersion Shift single Mode fiber)	色散移位单模光纤
DXC (Digital Cross Connect Equipment)	数字交叉连接设备
ECC (Embedded Control Channel)	嵌入控制通路
EDFA (Erbium-Doped Fiber Amplifier)	掺铒光纤放大器
EMS (Element Management System)	单元管理系统
E/O (Electronic/Optical)	电-光转换
ES (Errored Second)	误码秒
ESR (Errored Second Ratio)	误码秒比
FDDI (Fiber Distributed Data Interface)	光纤分布数据接口
FDM (Frequency-Division Multiplexing)	频分复用
FDMA (Frequency Division Multiple Access)	频分多址，频分多路接入
FDM-FM	频分复用信号调频
FEC (Forward Error Correction)	前向纠错
FSN (Full Service Network)	全业务接入网

FIT (failures per billion hours of operation)	菲特(在 10^9 小时内发生 1 次故障为 1 菲特)
FM (Frequency Modulation)	调频
FP (Fabry-Perot) laser	法布里-珀罗激光器
FSK (Frequency Shift Keying)	频移键控
FTTC (Fiber to The Curb)	光纤到路边
FWHM (Full Width at Half Maximum)	半最大值全宽
FWM (Four-Wave Mixing)	四波混频
GFC (Generic Flow Control)	流量控制域
GI (Graded Index) fiber	渐变型光纤
GNE (Gateway Network Element)	网关,网间接口单元
GOS (Grade Of Service)	服务等级
GVD (Group-Velocity Dispersion)	群速度色散
HDTV (High-Definition TeleVision)	高清电视
HEC (Header Error Control)	信头校验码
HRDL (Hypothetical Reference Digital Link)	假设参考数字链路
HRDS (Hypothetical Reference Digital Section)	假设参考数字段
HRP (Hypothetical Reference Path)	假设参考通道
HRX (Hypothetical Reference Connection)	假设参考连接
IC (Integrated Circuit)	集成电路
IE (Intermediate Frequency)	中频
IF (Information Field)	信息域
IL-SLA (Injection Loching-SLA)	注入式半导体激光放大器
IMD (InterModulation Distortion)	互调失真
IM/DD (Intensity Modulation with Direct Detection)	强度调制/直接探测
IMP (InterModulation Product)	互调产物
ISDN (Integrated-Services Digital Network)	综合业务数字网
ISI (InterSymbol Interference)	码间干扰
LAN (Local-Area Network)	局域网
LCM (Loopback Coupler Module)	反馈环耦合器组件
LCN (Local Communications Network)	本地通信网
LD (Laser Diode)	激光二极管
LED (Light Emitting Diode)	发光二极管
LLC (Logical Link Control)	逻辑链路控制
LO (Local Oscillator)	本振
LPF (Low-Pass Filter)	低通滤波器
LTE (Line Termination Equipment)	线路终端设备
MAC (Medium Access Control)	媒质接入控制
MAN (Metropolitan Area Networks)	城域网

MFD (Mode Field Diameter)	模场直径
ML-EDFRL(Mode-Locking Er-Doped Fiber Ring Laser)	锁模掺铒光纤环路激光器
MLM (Multi-Longitudinal Mode)	多纵模
MONET (Multidimensional Optical Network)	多维光网络
MPN (Mode-Partition Noise)	模分配噪声
MQW (MultiQuantum Well)	多量子阱
MSK (Minimum Shift Keying)	最小频移键控
MSP (Multiplexer Section Protection)	复用段保护
MSR (Mode-Suppression Ratio)	边模抑制比
MST (Multiplexer Section Termination)	复用段终端
MTBF (Mean Time Between Failures)	平均故障间隔时间,平均无故障时间
MTTF (Mean Time to Failure)	平均失效时间
MTTR (Mean Time to Repair)	平均维修时间
MUX (Multiplexer)	复用器
MZ (Mach-Zehnder)	马赫-曾德尔
NA (Numerical Aperture)	数值孔径
NE (Network Element)	网络单元,网络元
NEP (Noise-Equivalent Power)	噪声等效功率
NNI (Network-Node Interface)	节点接口
NOLM (Nonlinear Optical Loop Mirror)	非线性光纤环路镜
NRZ (Non-Return to Zero)	非归零(脉冲)
NSE (Nonlinear Schrodinger Equation)	非线性薛定谔方程
OAM (Operation,Administration and Maintenance)	运行、管理和维护
OAMC (Operation And Maintenance Cell)	运行维护信元
O/E (Optical/Electronic)	光-电转换
OEIC (Optoelectronic Integrated Circuit)	光电集成电路
OH (Overhead)	开销
OHA (Overhead Access)	开销接入
ONU (Optical Network Unit)	光网络单元
OOK (On-Off Keying)	通断键控
OLT (Optical Line Terminal)	光线路终端
OS (Operation System)	操作系统
OSI (Open System Interconnection)	开放系统互连
OTDR (Optical Time-Domain Reflectometer)	光时域反射计
OTDM (Optical Time Division Multiplexing)	光时分复用
PCM (Pulse-Code Modulation)	脉码调制
PBX (Private Brance Exchange)	专用交换机

PD (Phase Discriminator)   鉴相器
PD (Photo Detection)   光检测器
PDF (Probability Density Function)   概率密度函数
PDH (Plesiochronous Digital Hierarchy)   准同步数字体系
PIN photodiode   PIN 光电二极管
PLC (Planer Lightwave Circuit)   平面波导电路
PLL (Phase Locked Loop)   锁相环
PON (Passive Optical Network)   无源光网络
PM (Phase Modulation)   相位调制,调相
PMD (Physical Medium Dependent)   物理媒质相关
Post ROPA   远泵后置放大器,远泵功率增强放
                                                        大器
POTS (Plain Old Telephony Service)   普通电话业务
Pre ROPA   远泵前置放大器
PSK (Phase Shift Keying)   相移键控
PT (Payload Type)   净荷类型
PZT (PieZoelectric Transducer)   压电换能器
RES (REServed)   保留位
RF (Radio Frequency)   射频
RIN (Relative Intensity Noise)   相对强度噪声
ROPA (Remotely Pumped Amplifier)   远端泵浦放大器
RZ (Return to Zero)   归零(脉冲)
SAGM (Separate Absorption,Grading and   分别吸收、渐变和倍增
Multiplication)
SAM (Separate Absorption and Multiplication)   分别吸收和倍增
SAR (Segmentation And Reassembly) sublayer   装拆子层
SBS (Stimulated Brillouin Scattering)   受激布里渊散射
SCM (SubCarrier Modulation)   副载波调制
SCM (SubCarrier Multiplexing)   副载波复用
SDH (Synchronous Digital Hierarchy) network   同步数字体系网(光同步传输网)
SDM (Space Division Multiplexing)   空分复用
SDXC (Synchronous Digital cross Connect equipment)   同步数字交叉连接设备
SES (Severely Errored Second)   严重误码秒
SESR (Severely Errored Second Ratio)   严重误码秒比
SH (Single-Heterostructure)   单质结结构
SIF (Step Index Fiber)   突变折射率光纤
SDV (Switched Digital Video)   交换式数字视频
SLA (Semiconductor Laser Amplifier)   半导体激光放大器
SLM (Single Longitudinal Mode) laser   单纵模激光器

SM（Synchronous Multiplexer）	同步复用器
SMN（SDH Management Network）	同步数字体系管理网
SMSR（Side Mode Suppression Ratio）	边模抑制比
SNR（Signal-to-Noise Ratio）	信噪比
SOH（Section OverHead）	段开销
SONET（Synchronized Optical NETwork）	同步光网络
SPM（Self-Phase Modulation）	自相位调制
SRS（Stimulated Raman Scattering）	受激喇曼散射
S-SEED	自电光效应器件
STM（Synchronous Transfer Mode）	同步传送模式
TDM（Time-Division Multiplexing）	时分复用
TDMA（Time Division Multiple Access）	时分多址,时分多路接入
TEM（Transverse Eletric Mode）	横向电流,横电模
TMM（Transverse Magnetic Mode）	横向磁波,横磁模
TMN（Telecommunications Management Network）	电信管理网
TU（Tributary Unit）	支路单元
TW-SLA（Travelling Wave-SLA）	行波半导体激光放大器
UNI（User Network Interface）	用户网络接口
VCO（Voltage Controlled Oscillator）	压控振荡器
VC（Virtual Container）	虚容器,虚通路包
VC（Virtual Channel）	虚信道
VCI（Virtual Channel Identifier）	虚信道识别符
VDSL（Very High Speed Digital Subscribe Line）	超高速数字用户环路
VP（Virtual Path）	虚通道
VPI（Virtual Path Identifier）	虚通道识别符
VSB（Vestigial SideBand） modulation	残留边带调制
WAN（Wide Area Network）	宽域网
WDM（Wavelength Division Multiplexing）	波分复用
WDMA（Wavelength Division Multiple Access）	波分多址,波分多路接入
WS（Work Station）	工作站
XPM（Cross-Phase Modulation）	交叉相位调制

参 考 文 献

[1] 程守洙,江之永.普通物理学.北京:高等教育出版社,1982.

[2] 姚启钧.光学教程.北京:人民教育出版社,1981.

[3] 郭硕鸿.电动力学.北京:人民教育出版社,1979.

[4] 谢处方,饶克谨.电磁场与电磁波.北京:高等教育出版社,1980.

[5] 褚圣麟.原子物理学.北京:人民教育出版社,1979.

[6] 周世勋.量子力学.上海:上海科学技术出版社,1963.

[7] 黄昆,韩汝琦.半导体物理基础.北京:科学出版社,1979.

[8] 何晓东,于荣金.光通信物理导论.北京:科学出版社,2000.

[9] 杨祥林.光纤通信系统.北京:国防工业出版社,2000.

[10] 黄章勇.光纤通信用光电子器件和组件.北京:北京邮电大学出版社,2001.

[11] [美]S.V.塔洛颇罗斯.密波分复用技术导论.北京:人民邮电出版社,2001.

[12] 解金山,陈宝珍.光纤数字通信技术.北京:电子工业出版社,2002.

[13] 杨世平,张引发,邓大鹏,等.SDH光同步传输设备与工程应用.北京:人民邮电出版社,2001.

[14] Diafar K Mynbaev,Lowell L Scheiner.光纤通信技术.北京:科学出版社,2002.

[15] 原荣.光纤通信.北京:电子工业出版社,2002.

[16] 马声全.高速光纤通信 ITU-T 规范与系统设计.北京:北京邮电大学出版社,2002.

[17] 张宝富,刘忠英,万谦,等.现代光纤通信与网络教程.北京:电子工业出版社,2002.

[18] 孙学康,毛京丽.SDH 技术.北京:人民邮电出版社,2002.

[19] 李玉权,崔敏光.波导理论与技术.北京:人民邮电出版社,2002.

[20] 邓大鹏,等.光纤通信原理.北京:人民邮电出版社,2003.

[21] 孙学康,张金菊.光纤通信技术.北京:人民邮电出版社,2004.

[22] 张宝富,谭笑,蒋慧娟.光纤通信系统原理与实验教程.北京:电子工业出版社,2004.

[23] 马军山.光纤通信原理与技术.北京:人民邮电出版社,2004.

[24] Jeff Hecht.光纤光学.北京:人民邮电出版社,2004.

[25] 李立高.光缆通信工程.北京:人民邮电出版社,2004.

[26] 乔桂红.光纤通信.北京:人民邮电出版社,2005.

[27] 顾畹仪.光纤通信.北京:人民邮电出版社,2006.

[28] 胡先志.光纤与光缆技术.北京:电子工业出版社,2007.

[29] 胡先志.构建高速通信光网络关键技术.北京:电子工业出版社,2008.

[30] 李长春,等.超长距离光传输技术基础及其应用.北京:人民邮电出版社,2008.

[31] 杜庆波,曾庆珠,李洁,等.光纤通信技术与设备.西安:西安电子科技大学出版社,2008.

[32] 王丽.光电子与光通信实验.北京:北京工业大学出版社,2008.

[33] 赵同刚,任建华,崔岩松,等.通信光电子器件与系统的测量及仿真.北京:科学出版社,2010.

图书资源支持

感谢您一直以来对清华版图书的支持和爱护。为了配合本书的使用，本书提供配套的素材，有需求的用户请到清华大学出版社主页(http://www.tup.com.cn)上查询和下载，也可以拨打电话或发送电子邮件咨询。

如果您在使用本书的过程中遇到了什么问题，或者有相关图书出版计划，也请您发邮件告诉我们，以便我们更好地为您服务。

我们的联系方式：

地　　址：北京海淀区双清路学研大厦 A 座 707

邮　　编：100084

电　　话：010－62770175－4604

资源下载：http://www.tup.com.cn

电子邮件：weijj@tup.tsinghua.edu.cn

QQ：883604(请写明您的单位和姓名)

扫一扫
资源下载、样书申请
新书推荐、技术交流

用微信扫一扫右边的二维码，即可关注清华大学出版社公众号"书圈"。

图书在版编目

本书封面贴有清华大学出版社防伪标签，无标签者不得销售。

版权所有，侵权必究。举报: 010-62782989, beiqinquan@tup.tsinghua.edu.cn。

地　址：北京清华大学学研大厦A座 邮编：100084
社　总　机：010-62770175 邮　购：100084
投　稿　与　读　者　服　务：010-62776969, c-service@tup.tsinghua.edu.cn
质　量　反　馈：010-62772015, zhiliang@tup.tsinghua.edu.cn

网　址：http://www.tup.com.cn
电子邮件：tup@tsinghua.edu.cn

QQ: 883604041（请写明您的单位和姓名）